THE OBSERVER

IS

THE OBSERVED

THE COLLECTED WORKS OF
J.KRISHNAMURTI

学会思考

克里希那穆提 著
常霜林 译

九州出版社
JIUZHOUPRESS 全国百佳图书出版单位

出版前言

《克里希那穆提集》英文版由美国克里希那穆提基金会编辑出版，收录了克里希那穆提1933年至1967年间（38岁至72岁）在世界各地的重要演说和现场答问等内容，按时间顺序结集为17册，并根据相关内容为每一册拟定了书名。

1933年至1967年这35年间，是克里希那穆提思想丰富展现的重要阶段，因此，可以说这套作品集是克氏最具代表性的系列著作，已经包括了他的全部思想，对于了解和研究他的思想历程和内涵，具有十分重要的价值。为此，九州出版社将之引进翻译出版。

英文版编者只是拟了书名，中文版编者又根据讲话内容，为每一篇原文拟定了标题。同时，对于英文版编者所拟的书名，有的也作出了适当的调整，以便读者更好地把握讲话的主旨。

克里希那穆提系列作品得到台湾著名作家胡因梦女士倾情推荐，在此谨表谢忱。

需要了解更多克氏相关信息的读者可登录 www.jkrishnamurti.

org，或"克里希那穆提冥思坊"的微博：http://weibo.com/jkmeditationstudio，以及微信公众账号"克里希那穆提冥思坊"，微信号：Krishnamurti_KMS。

九州出版社

英文版序言

克里希那穆提1895年出生于印度南部的一个婆罗门家庭。十四岁时，他被时为"通神学会"主席的安妮·贝赞特宣称为即将到来的"世界导师"。通神学会是强调全世界宗教统一的一个国际组织。贝赞特夫人收养了这个男孩，并把他带到英国，他在那里接受教育，并为他即将承担的角色做准备。1911年，一个新的世界性组织成立了，克里希那穆提成为其首脑，这个组织的唯一目的是为了让其会员做好准备，以迎接世界导师的到来。在对他自己以及加诸其身的使命质疑了多年之后，1929年，克里希那穆提解散了这个组织，并且说：

真理是无路之国，无论通过任何道路，借助任何宗教、任何派别，你都不可能接近真理。真理是无限的、无条件的，通过任何一条道路都无法趋近，它不能被组织；我们也不应该建立任何组织，来带领或强迫人们走哪一条特定的道路。我只关心使人类绝对地、无条件地自由。

克里希那穆提走遍世界，以私人身份进行演讲，一直持续到他九十岁高龄，走到生命的尽头为止。他摒弃所有的精神和心理权威，包括他自己，这是他演讲的基调。他主要关注的内容之一，是社会结构及其对个体的制约作用。他的讲话和著作，重点关注阻挡清晰洞察的心理障碍。在关系的镜子中，我们每个人都可以了解自身意识的内容，这个意识为全人类所共有。我们可以做到这一点，不是通过分析，而是以一种直接的方式，在这一点上克里希那穆提有详尽的阐述。在观察这个内容的过程中，我们发现自己内心存在着观察者和被观察之物的划分。他指出，这种划分阻碍了直接的洞察，而这正是人类冲突的根源所在。

克里希那穆提的核心观点，自1929年之后从未动摇，但是他毕生都在努力使自己的语言更加简洁和清晰。他的阐述中有一种变化。每年他都会为他的主题使用新的词语和新的方法，并引入有着细微变化的不同含义。

由于他讲话的主题无所不包，这套《克里希那穆提集》具有引人入胜的吸引力。任何一年的讲话，都无法涵盖他视野的整个范围，但是从作品集中，你可以发现若干特定主题都有相当详尽的阐述。他在这些讲话中，为日后若干年内使用的许多概念打下了基础。

《克里希那穆提集》收录了他中年及以后出版的讲话、讨论、对某些问题的回答和著作，涵盖的时间范围从1933年直到1967年。它们是他教诲的真实记录，取自逐字逐句的速记报告和录音资料。

美国克里希那穆提基金会，作为加利福尼亚的一个慈善基金会，其使命包括出版和发布克里希那穆提的著作、影片、录像带和录音资料。《克里希那穆提集》的出版即是其中的活动之一。

目录

出版前言 / 1
英文版序言 / 3

美国 1945 年

走出二元对立的思维模式 / 3
培养正确的认知方法，必须摒弃比较 / 11
静止和变得静止是截然不同的境地 / 21
你是怎样，世界就是怎样 / 31
觉察可分为三个阶段 / 43
撇开防卫和进攻进行思考 / 52
寻找安全感是一个自我毁灭的过程 / 61
重要的是理解渴望本身，而不是渴望的对象 / 72
正确的思维需要无为的、无选择的觉察 / 83
心灵必要每日逝去，才能得到永生 / 92

美国 1946 年

　　首先我们必须对自己的意向非常清楚 / 105
　　悲伤的根源就是自我的扩张活动 / 114
　　紧握自己的信仰或经历不放，只会滋生偏执 / 122
　　如何才能终结自我 / 131
　　实现觉察才能转化理智 / 140
　　理智不能解决我们的问题和悲伤 / 148

印度 1947 年

　　只有在自知中，才能得到救赎 / 159
　　要理解生命，就不能有任何结论 / 167
　　问题不在于世界，而在于你 / 175
　　使思想从次要的事情中解放出来 / 186
　　停止找寻，快乐才会出现 / 197
　　努力就是分心 / 207
　　停止努力才会有创造出现 / 219
　　"变成"本身就是贪婪 / 230
　　苦难要去理解而不是去克服 / 243
　　正确的思考是随着对"当下实相"的理解而来 / 253
　　冥想就是终结思想 / 262

在印度的电台演讲 1947—1948 年

　　一种崭新的生活方式 / 279
　　生存之道 / 285
　　和平之路 / 290

印度 1948 年

真理必须在当下认知 / 299

无为地对待问题 / 305

仅是外界的转化不会给你带来任何快乐 / 315

只有当思考者消失,真实才会出现 / 321

应对悲伤涉及三个方面 / 329

正确的思想和正确的思考是两种不同的状态 / 337

卸下偏见的装甲 / 347

生命一定要经历挣扎和痛苦吗? / 357

能够不加任何斗争地生活吗? / 367

自知不需要任何积累起来的知识 / 377

自知是智慧的开端 / 385

PART 01

美国1945年

走出二元对立的思维模式

要了解存在于我们自身也存在于这个世界的混乱与痛苦，我们必须首先从自身找到明晰，而这种明晰是通过正确的思考而得来的。这种明晰不能够加以组织，因为它并不能拿来与别人交换。集体思想一旦被组织起来，就会变得很危险，不论它看起来有多美好。被组织起来的集体思想可以被利用，被开发，集体思想也由此不再是正确的思考，而仅仅是在重复罢了。明晰很重要，因为没有明晰，改变和革新只会导致更多的混乱。明晰不是来自口头的断言，而是源自强烈的自我觉识及正确的思考。正确的思考并不是仅仅对智力培养所产生的结果，也不是对模式的遵循，不管这听起来有多高尚、多有价值。正确的思考伴随着对自我的认识而来。如果不了解你自己，你就没有思考的基础；没有这种自知，你所思考的就不是真实。

你和这个世界并不是怀有各自独立问题的两个截然不同的实体。你和世界其实是统一体。你的问题就是这个世界的问题。你们可能受某些倾向或环境的影响，但是你们之间并没有根本的不同。我们内在非常相似，都被贪婪、恶念、恐惧、野心等等所驱使。我们的信念、希望以及抱负都有一个共同的基础。我们是统一的；我们是统一的人类，即使经济、政治及偏见这些表面的边界将我们分隔开来。如果你杀掉另一个人，其实你是在毁灭你自己。你是整个存在的中心，而若是不了解你自己，你就不可能了解真实。

我们对这个统一体有一个理智上的认识，但是我们把认识和感受存放在不同的隔间，因此我们永远不能体验到人类非凡的整体性。当认识和感受相遇，体验就会出现。若是你在聆听的时候不去体验，那么这些演讲将会毫无用处。不要说"我过会儿就明白了"，而是现在就要去体验。不要将你的认识和感受分开，因为混乱和痛苦正是由于这种分隔而产生的。你必须体验现行的人类整体。你并没有和日本人、印度人、黑人或是德国人分隔开来。你要去体验这个浩瀚的整体，开放自己，意识到这种认识和感受的分隔，而不要沦为片面哲学的奴隶。

没有自我认识，了解便无从谈起。认识自我是一个异常艰难的过程，因为你是一个复杂的实体。你必须只是进行自我了解，不能带有任何强求，也不能掺杂任何理论。如果我想要了解你，我不能怀有任何预先设想的关于你的定论，也不能怀有任何偏见。我必须敞开自己，不去判定，也不去比较。这非常困难，因为对于我们大多数人来说，思想就是比较和判定的结果。我们以为我们正在通过近似的东西而获得了解。然而，了解是由比较和判定而生的吗？抑或它是不加比较的思想所产生的结果呢？如果你想了解什么事情，你是拿它跟别的事情作比较，还是只去探究它本身呢？

源于比较的思考并不是正确的思考。然而我们在探究自身的过程中却在不停比对、寻求近似。正是这样才阻碍了我们了解自身的进程。为什么我们要判定自己？我们的判定难道不是欲望的结果吗？我们渴望成就些什么，渴望得到、遵循、渴望保护自己。正是这种欲望阻挡了了解的步伐。

正如我所说的，你是一个复杂的实体，而且要了解这个实体，你必须去检视它。如果你拿它和昨天或是明天来比较，那么你就不可能了解它。你是一个错综复杂的机制,然而比较、判定、辨识却阻碍了理解。不要害怕你会因为不去竞争、比较而变得怠惰、自满。一旦你认识到比较毫无意义,你便能获得极大的自由。此时你就不会再竭力去变得怎样,你将会在自由的状态中了悟。要觉察到你的思想的这个对比的过程——在我阐释的同时体验所有这些——还要去体验它的虚妄,以及它机械性的本质,这时你就会体验到一种极大的自由,就好像卸下了一个令人厌倦的负担一样。在这种从寻求近似、辨认识别里解脱出来的自由当中,你将能够发现和了解真实的自己。如果你不去比较、判定,你就会与自我邂逅,由此带来明晰和力量,去揭示极度的深邃。这对理解真实至关重要。当寻求自我近似的过程不复存在,思想就会从二元对立中解放出来,此时与对立方之间的问题和冲突就会烟消云散。在这种自由的境地中,存有一种革新性、创造性的理解。

我们当中没有一个人不会遇到像杀不杀戮、暴力还是非暴力这样的问题。你们有些人因为自己的儿子、兄弟或是丈夫没有被卷入叫做"战争"的大屠杀里,所以也许会觉得自己不会直接考虑这个问题。但是如果你稍进一步观察,你就会看到自己与这个问题的关系有多密切。你不能逃避它。作为一个独立个体,你必须对杀不杀戮这个问题有明确的态度。如果你以前没有意识到,那么要知道你现在就面临着这个问题。你必须面对它,面对诸如爱还是恨、资本主义还是社会主义、杀还是不杀此类二元性的问题。你怎样才能找到事情的实相?有没有什么方法可以从没有尽头的二元回廊中解脱出来?许多人相信,正是在对立的挣扎中创造性才会出现,这种冲突便是人生,而且认为从中逃离只是一种幻想。真是这样的吗?一个对立面之中其实也包含自身的对立元素,由此就会产生无穷尽的冲突和痛苦,难道不是这样吗?冲突对于创造来说是必要的吗?创造的到来难道是斗争和痛苦的结果吗?当所有的痛苦和挣扎都完全终止,创造的状态就会产生,难道不是吗?你可以自己体验一下。

这种从对立中解脱的自由并不是幻想，在其中自有解决我们所有关于混乱及冲突问题的答案。

你面对着这样的问题：要以宗教、和平、国家等等之名义杀害你的兄弟。你怎样找到一种答案，其中不会再有内在的更多的冲突、对立着的问题呢？要找到一个真实、持久的答案，你难道不应该从二元对立的思维模式中走出来吗？你去杀戮，因为你的财富、安危或是声望受到威胁。个人如此，群体、国家亦然。要从暴力或是非暴力这样的问题之中解脱，首先必须远离贪婪、恶念、欲望等等，从而获得自由。但是我们大多数不去深入问题，而是满足于革新和二元对立模式内部的转化。我们接受二元对立所带来的冲突，就像它是不可避免的一样，而且在其模式内试着加以修饰或改变；在二元对立的模式中，我们为自己谋求更好的位置，谋求一个对自己更加有利的居点。仅在二元对立模式内部进行的改变或革新只会带来更多迷惑和痛苦，也因此实则是一种倒退。

你必须跳出二元的模式，从而永久地解决对立的问题。在模式中没有真理，不论我们陷入其中的程度有多深。如果我们在模式中寻求真理，我们将会被引向诸多错觉。我们必须跳出"我"还是"非我"、拥有者还是被拥有者的二元模式。真理存于无尽的二元回廊之外。超越对立产生的冲突和痛苦的问题，就会出现创造性的理解。这是需要体验的，不是能够推测或公式化的，而需要通过深入觉察这种二元所造成的阻碍才能实现。

问：我肯定我们大多数人都在电影或杂志上看到过关于集中营如何恐怖和残暴的真实画面。在您看来，我们对于那些犯下如此惨绝人寰的罪行之人应当怎么对待呢？他们不应该受到惩罚吗？

克：该由谁去惩罚他们呢？那些法官难道不是常常正如被告一样罪恶吗？是我们每一个人建立了文明，每个人都要为它所带来的苦难负责。

每个人也都要为文明所导致的行为负责。我们是彼此作用和反应的结果。这种文明是集体产物。没有任何国家或人民是独立而存的，我们都彼此关联：我们是统一体。不管你有没有意识到，不论是灾难还是好运降临于一方人民，我们都会共同承担或分享，你并不会置身事外地去谴责或感激。

压制的力量是邪恶的，每个组织有序的大集体都会变成潜在的邪恶根源。你觉得通过大肆斥责其他国家的暴行就可以对自己国家的劣迹视而不见。其实不单单是那些战败的国家，每个国家都要对战争所带来的恐怖负责。战争是最大的灾难之一，最大的恶是杀害他人。一旦你承认自己心中怀有这样的恶念，你就会对无数的小灾难释怀。你没有谴责战争本身，而是在谴责战争中的施暴者。

你对战争负有责任，因为你每天都怀有贪婪、恶念和欲望。是我们每个人建立了这个充满竞争、残忍无情的人与人斗争的文明。你想要根除战争的本源和他人的残暴，与此同时，你自身却又沉溺于其中。这只会导致伪善和更多的战争。你必须根除存于自己体内的战争本源和暴力，这需要耐心和温和，而不是以残暴的方式去谴责别人。

人类并不是需要更多的遭遇才能了悟。你需要做的是觉察到你自己的行为，清醒地认识到你自己的无知和悲哀，由此在内心产生怜悯和宽容的情怀。你不应该想着怎样去惩罚或奖赏，而是要考虑将自己内心的这些恶源根除。这些恶源在暴力、憎恶、对抗以及恶念中自有呈现。若是你杀掉了谋杀者，你就会开始像他一样，成为罪犯。错误不是通过错误的方法来纠正的，只有通过正确的方法才能产生正确的结果。如果你想要和平，你就必须凭借和平的方法。大肆屠杀和战争只能导致更多的杀戮，更多的苦难。爱不是能够通过流血和杀戮而得来的，军队也不是和平的工具。只有善念和悲悯才能给世界带来和平，而不是权势或狡诈，也不是单靠法制。

你要为存于世间的痛苦和灾难负责，因为你在日常生活中残忍、压制、贪婪、野心勃勃。只有将自己内心中滋生欲望、贪婪、残忍的诱因根除，苦难才会结束。内心平静，怀有悲悯，你便会找到问题的答案。

问：在当今我们现存的生活方式中，我们的感觉变得迟钝、贫乏。什么样的生活方式可以使我们更加敏感，您能给出一些建议吗？在喧嚣、匆忙中，在所有这些充满竞争的职业和追求中，我们能变得敏感吗？如果我们不将自己奉献于更高的生命形式，我们可以变得敏感吗？

克：对于清晰和正确的思考来说，敏感难道不是必要的吗？要深刻地去感觉，难道不是必须要敞开内心吗？身体难道不是必须健康，才能够积极反应吗？由于信仰和邪念，由于一些强烈和僵硬的刺激，我们的头脑、感觉和身体钝化了。敏感和积极正确的反应是至关重要的，但是我们因为欲求而变得迟钝、僵硬。并没有什么独立于有机整体而存的叫做头脑的实体，当有机整体没有得到正确的对待，或是被浪费、被分散，不敏感就会乘虚而入。我们的环境和现存的生活方式将我们钝化、退化。当你每日沉溺于阅读或是观看那些屠杀生灵的画面，你又怎能变得敏感呢？这些大屠杀就像是一场胜利的游戏一样被报道出来。也许你头一次看到这样的报道会感到恶心，但是持续反复的残忍冷酷则麻木了你的心灵，使你对现代社会的极度残暴产生了免疫。收音机、杂志、电影一直在消损你敏感的柔韧性；你被强迫、被威胁、被控制，你身处喧闹、匆忙和错误的追求之中，因此你怎能保持敏感，从而培养出正确的思索呢？

如果你不想让自己的感觉迟钝僵硬，你就必须为此付出代价。你必须抛弃匆忙、纷乱，抛弃错误的职业和追求。你必须觉察到自己的欲求，觉察到限制你的环境。通过对它们的正确理解，你便可以开始重新唤醒你的敏感了。通过对自己思想和感觉的不断觉察，导致自我封闭和狭隘的根源才会瓦解。如果你想要高度敏感和清醒，你必须刻意去做些努力。

你不可能既世俗而又在追求真实的道路上保持纯粹。我们的困难在于我们想要两者兼有——燃烧的欲望和平静的真实。你必须二者选其一，不可能同时拥有。你不可能放纵而又警觉。若想要灵敏地觉察，就必须要从裹住我们视线、钝化我们心灵的影响因素中解脱出来。

我们以牺牲更为深刻清晰的感觉为代价，过度开发了人类的智力。而以培养智力为基础的文明则必然会带来冷酷及对成功的崇拜。对智力或情感的强调会导致不平衡，且智力总是不断地寻求保护自我。若是单有决定，这只会增强智力，且使其钝化和僵硬。而在成为或是不成为的过程中，智力自身永远处于挑衅攻击的状态。要了解智力的运作方式，必须通过自始至终全然的觉察，且若想要重塑智力，则必须超越自身的理性。

问：我发现我的工作和我的关系世界之间存有冲突。它们朝不同的方向发展。我怎么能使它们统一方向呢？

克：我们大多数的工作都是在遵从传统，受到贪婪或者是野心支配。在工作中，我们冷酷狡猾、竞争欺骗，具备高度的自我保护意识。如果我们在任一时间变弱，那么就有可能落后，所以我们必须和公司这种贪婪的机器同步高效。要跟上步伐，要变得机敏、聪明，就会一直处在挣扎之中。野心永远不会得到永恒的满足，它会一直为自己的独断专行寻找更广阔的空间。

但是在关系当中却有另一番过程。关系中必须要有关爱、体恤、调整、屈从，还有自我否定——不是为了征服，而是为了快乐地生活。在关系中必须要有淡化自我的和善，要摆脱控制和占有欲。而关系中的空虚和恐惧会滋生嫉妒和痛苦。关系是一个自我发现的过程，在其中有更加宽广、更加深入的理解；关系还是一个在自我发现中不断调整的过程，它需要耐心和极度的柔韧性，以及一颗质朴的心。

但是爱和独断专行，关系和工作，这两方面怎能有交汇呢？一个冷酷无情、充满竞争、雄心勃勃；而另一个则自我否定、关怀体贴、轻柔温和——它们不可能交汇。人们用一只手与鲜血和金钱打交道，而另一只手则试着去仁慈、关爱、体贴。他们在关系中寻求舒适和安慰，作为对自私、沉闷工作的缓解。但是关系不会生产慰藉，因为它是一个自我发现和理解的与众不同的过程。工作当中的人们试着通过他们的关系生活寻求安慰和快感，作为他们疲倦且乏味事业的一种补偿。他每日野心勃勃、贪婪残酷的工作一步步地导致了战争，促就了现代文明的残暴性。

正确的工作不会听从于传统、贪婪或是野心。如果每个人都认真参与到建立正确的关系的行动中来——不是只对一个人，而是和所有人如此建立关系——那么他就会找到正确的工作了。正确的工作伴随着更新，伴随着心灵的转化而来，而不是仅仅在智力层面要找到它的决心所能够带来的。

只有在我们意识的所有不同层面都存有明晰，整合才有可能出现。爱和野心，欺骗和明晰，悲悯和战争都不可能相互整合。只要工作和关系被分隔开，冲突和苦难就永远不会消失。所有存于二元模式之内的革新只能是退化，只有超越二元，才会创造出和平。

（在加州欧加橡树林的第一次演讲，1945年5月27日）

培养正确的认知方法，必须摒弃比较

我们每天都会面对二元的问题，这些问题不是理论上或是哲学上的，而是实际生活中的种种问题，不是吗？我们每天都面对言辞、情感、理智上的问题：好的还是坏的，你的还是我的，集体主义还是个人主义，转变还是维持，世俗还是脱俗等等——在对立的无尽回廊里，思想和感情来来回回穿梭。这些诸如贪婪还是寡欲，战争还是和平的问题要在二元模式中解决吗？还是思想和感受必须超越出来才能找到永恒的答案呢？在二元模式中没有永恒不变的答案。每个对立方都含有自身的对立因素，因此在对立面冲突之中绝不可能有永恒的答案。亘古不变、独一无二的答案只存于这个模式之外。

要尽可能地深入了解二元这个问题，这很重要。我不是将其作为一个抽象、理论的课题来研究，而是把它作为一个存在于我们日常生活和行为的实际问题来对待。我们意识到自己的思想一直在二元模式中挣扎：好的还是坏的，转变还是维持，你的还是我的，不是吗？在这个模式中有冲突也有痛苦；在这个模式中所有的关系都只是一个悲伤的过程；在这个模式中没有希望，只有辛劳。那么，爱与恨这个问题是要在其内部矛盾的领地里解决，还是思想感觉必须超越其已知的模式呢？

想要找到一个永恒的答案来解决二元冲突及选择所带来的痛苦，我们必须在安静的观察中对冲突的所有的暗示含义怀有强烈的意识。只有这样，我们才能够发现有一种这样的境地，在其中二元冲突可以终止。对立和对立之间是不可能整合的，比如说贪婪和寡欲不可能统一：一个贪婪的人，当他尝试着去成为不贪婪的人，他依旧处于贪婪之中。难道他不应该将贪婪和不贪婪都丢弃，从而跃出两者所带来的影响吗？任何成为都包含着不成为，而且只要有成为，就必然会存有包含无尽冲突的二元对立。

二元对立的根源是欲望与渴求。通过认知、感觉还有接触，便会产生欲望、快感、痛苦、期求、不期求，这样一来，就会导致像"我的"还是"你的"这样的辨识，二元对立的过程也由此开始运行了。这种冲突难道不是现世存在的吗？只要思考者将自身和自己的思想分隔开，对立面之间的冲突就会自行延续下去。只要思考者只是考虑怎样修正这个想法，而不是考虑将自身根本上转化，冲突和悲伤就会继续下去。

思考者和其思想是分离的吗？思考者和他的思想难道不是一个不可分割的现象吗？为什么我们要把思想和思考者分开呢？思想难道不是头脑的一个狡猾的把戏，从而思考者可以根据环境而改变他的装束，而其实还是一样的吗？外在表面上发生了改变，但是内在层面上，思考者依旧是他原来的模样。对持续和永恒的渴求创造了思考者和其思想的裂痕。只有思考者和他的思想成为不可分割的统一体，才会超出二元对立的模式，才会有真正的宗教体验。只有思考者终止，才会出现真实。这种思考者和其思想的不可分割的统一性是要去经历的，而不是要去推测的。这种经历是一种自由，其中有难以言表的愉悦。

正确的思考本身就可以带来了悟，并可以超越因果和二元过程。当思考者和他的思想通过正确的调和而整合统一，你就会感受到真实所带来的极乐。

问：这些穷凶极恶的战争都大声疾呼持久的和平。大家都已经在谈论会有第三次世界大战爆发。您觉得这个新的大灾难有可能避免吗？

克：如果那些导致战争的因素和价值观还继续存在，我们怎能期求去避免它呢？刚刚结束的那场战争使人类产生了深刻而根本的变化了吗？帝国主义和压迫仍在肆虐；四分五裂的统治依然在继续；各个国家都在为争取新的权力地位而奔忙；强势仍旧压制弱势；统治精英仍然剥削着被统治者；社会和阶级的冲突从未停止；偏见和仇恨燃烧在各个角落。只要那些职业牧师还带着有组织的偏见，以捍卫你的国家和保护你的利益与意识形态为旗号去粉饰不宽容或清除他人的行为，那么战争就永远不会停止。只要感官价值依然支配着永恒价值，战争就不会停止。

你怎样，世界就会怎样。如果你是民族主义者，爱国主义者，你争强好胜，雄心勃勃，贪婪无度，那么你就是冲突和战争的根源。如果你属于某种特别的意识形态，带有某种特定的偏见——即使你称之为宗教——那么你就会成为斗争和苦难的根源。如果你深陷感官价值，那么你就会变得无知和迷惑。因为你怎样，世界就会怎样，你的问题就是这个世界的问题。

你因为当下的这些灾难脱胎换骨地改变了吗？你难道不是仍旧称自己为美国人、英国人、印度人、德国人等等吗？你难道不是仍旧垂涎于地位和权利，金钱和财富吗？如果你一直在滋养战争的根源，那么膜拜神灵就会变成虚伪的行为。如果你在仇恨和世俗之中放纵自己，那么你的祷告就将会把你引入幻象。如果你不将存于自身内部的敌意、野心、贪婪根除掉，那么你的神明就是伪神，他会将你引入苦难之中。只有善良和悲悯才能给世界带来秩序与和平，而不是政治性的宏伟蓝图和种种会议。你必须为和平付出代价，而且是自发、愉悦地付出。代价就是：你必须从欲望和恶念，世俗与无知，偏见和仇恨中解脱出来。如果在你自身内发生了这样根本性的改变，那么你就会为一个和平而健全的世界之诞生做出贡献。要得到和平，你必须富有同情心，关心体贴他人。

或许你没有能力阻止第三次世界大战，但是你可以将你的心灵和头脑从暴力，还有那些带来仇恨、阻挡爱到来的诱因中解放出来。到那时，在这个昏暗的世界里，就会出现一些拥有纯洁心灵和头脑的人们，而一个真正的文明或许也会因为他们的出现而播撒出种苗。净化你的心灵和头脑吧，因为只有通过你的生活和行为才能带来和平与秩序。不要在组织之中迷惑或迷失，要维持完整的个体状态，保持质朴。不要仅仅只是寻求阻止灾难发生的办法，而是要让每一个人深入根除那些滋生敌对和斗争的源头。

问： 按照您去年给我的建议，我写下了自己几个月间的思想和感受，但是我好像坚持不下去了。这是为什么呢？我还应该做些什么呢？

克： 去年我曾建议，作为一个了解自我和正确思考的途径，一个人要记录下所有思想和感觉，无论是高兴的还是沮丧的。由此，你就会开始觉察你意识的全部内容，觉察隐蔽的思想和秘密的动机、意图及束缚。由此，通过自始至终的自我觉察，就会达到能够带来正确思想的自知境地。因为没有自知就不会有了悟。了悟的源头存于你自身，而没有对自己深入的了解，就不会理解这个世界以及你与世界的关系。

这个提问者想要知道为什么他不能深入渗透自己的内心来发掘隐藏于对自知肤浅尝试之外的宝藏。要想深入地挖掘，你必须拥有正确的方法，而不是仅仅有想要挖掘的欲望。要培养自知，必须要有能力，而不是只有茫然的愿望。拥有和希望是两回事。

要培养正确的认知方法，思想必须停止斥责、否定、对比、评判，或者说停止寻求慰藉和安全感。如果你开始对所写下的文字进行斥责或是表示满足，那你也就将思想感觉之流冻结了，也因此不可能达到了悟。如果你希望理解其他人所说的是什么，毫无疑问你必须不带有任何偏见地聆听，也不能去想任何与话题无关的事。同样的，如果你想要了解自己的思想感觉，你必须温和而无偏见地观察它们，不能带有任何指责或认可的态度。辨识会阻挡和曲解思想感觉之流；宽容的公正对自知至关重要；而自知则打开了通往深邃和宽广的了悟境地之门。但是到了对待自己，对待自己反应等等的时候，保持平静就变得困难起来，因为我们已经建立一种自我斥责、自我辩护的习惯，我们必须觉察到这种习惯。通过自始至终机敏的意识，而非通过否定，思想才能从这个习惯中解脱。这种解脱不是时间的解脱，而是了悟的自由。了悟从来都是存于当下的。

要培养正确的认知方法，就必须摒弃比较，因为当你开始比较，你就会停止理解。如果你比较、类比了，那么你就仅仅是处在竞争和野心中，这样一来你的目标就仅仅是成功，而它其实注定是失败的。比较暗含了一种权威模式，你会根据这个模式来衡量、指导自己。权威的压制绊住了了悟的步伐。比较可能会带来欲望，但欲望是自知的障碍。比较就意味着时间，而时间则不能带来了悟。

你是一个复杂的、活生生的有机体。要了解自己，不能通过比较，而是要通过对"当下之存在"的认知，因为当下是通往过去和通向未来之门。当思想从比较、辨识以及它们毫无创造性而言的负担中解脱出来，思想才会平静而明晰。这种比较、指责和认可的习惯导致了遵从，而在遵从中并没有了悟。

自我并非一个静止不变的实体，它非常活跃，机敏地要求、追求。要跟随、理解自我的无止境的运动，则必须拥有一个敏锐、柔韧，且具备强烈自我觉察能力的心灵。想要得到了悟，心灵必须深入探究，而且又必须知道何时处于机敏的无为状态。一直不停地挖掘下去，而缺少无为状态所具备的复原和愈合的力量，这种行为是愚蠢的，是不平衡的。我们探究、分析、查索自己的内心，可要知道，这是一个斗争和痛苦的过程。这个过程中没有愉悦，因为我们是在判定、辩护或是在对比。其中也并无安静的觉察，也没有不做选择的无为。然而，正是这种不做选择的觉察，这种创造性的无为，甚至要比自我观察和探索都更为重要。正如田地要经历培育、播种、收获和休耕一样，我们一天之中也要经历四个季节。如果你只是一味地培育、播种、收获，不给土壤休养生息的时间，那么土壤不久便会变得贫瘠了。休耕的时期和耕作一样重要。当大地卸下所有行装，风雨和阳光会给它带来创造性的生产力，而它也会自我更新。所以心脑在奔行之后必须要回归平静，回归机敏的无为，从而完成自我更新。

因此，通过所有思想感觉的自我意识，你便可以知晓、了解通往自身的途径。这种自我意识、自我观察，以及机敏的无为会带来深邃、宽广的自知。自知会带来正确的思考；而没有正确的思考，冥想就无从谈起。

问：我们中的大多数人都在为怎样争取一种更体面的生活这个问题所累。由于世界的经济现状相互依存是不可改变的，我发现我做的几乎任何事情如果不是在剥削他人，就是引起战争的导火索。若是一个人真诚地希望得到正确的生活方式从而远离剥削和战争之车轮，他究竟需要怎么做呢？

克：对于一个真挚希望找到正确生活方式的人，在以现如今这般方式组织着的经济生活中确实不是件易事。正如这个提问者所说，当今的经济状况相互依存，因此这是个复杂的问题，而就像解决所有人类遇到的复杂问题那样，这个问题也必须用简单的方式来解决。随着社会变得越来越复杂，越来越组织化，人的思想和行动也因要追求高效而越来越系统化。当感官价值处于支配地位，而永恒价值被搁置一旁之时，高效就会变得冷酷残忍。

显然，当前存有错误的生活方式。毫无疑问，那些忙于组织军队，想方设法杀掉其他人类同胞的人被愈演愈烈的暴力充斥了头脑，而暴力永远不会给这个世界带来和平。那些无论是为了国家的利益、自己的利益还是为了某种意识形态而操劳的政治家，都在忙于统治、剥削他人，而他们毫无疑问选择了一种错误的生活方式，这种生活方式导致了战争，导致了人类的苦难和悲伤；那些坚持某种特别的偏见、教条或是信仰的牧师同样以一种错误的生活方式奔忙，因为他仅仅是在散播一些致使人与人之间相互对抗的无知又褊狭的思想。任何导致或是维持人与人之间的分裂或冲突的工作都显然是一种错误的生活方式。这样的工作诱发了剥削和斗争。

我们的生活方式都是听从于传统，或受命于贪婪和野心，难道不是吗？一般来讲，我们都没有为选择正确的生活方式而特意付出过努力。我们对于自己所能得到的东西过于感激，于是盲目地追随我们周围的经济体系。但是这个提问者想要知道怎样才能从剥削和战争之中撤回。要从剥削和战争之中抽离，他必须控制自己不受影响，不去追随传统的工作，也一定不能心存嫉妒或野心勃勃。我们许多人之所以选择了某种职业，要么是因为遵循传统，要么是因为我们出身于律师家庭、部队家庭、政治家庭或是商人家庭，或者是因为我们的工作受到自己对权力和地位的贪欲所使。野心驱使我们在渴望成功的欲望中竞争，从而变得冷酷。因此，那些不愿剥削、不愿诱发战争的人必须终止对传统的追随，终止贪婪、野心及自我寻求。如果戒绝了这些，那么他就会自然而然找到正确的工作了。

然而尽管正确的工作重要且有益，但它本身却不是目标。你可能有了一个正确的生活方式，但是如果你内在空虚又贫乏，那么不论对自己还是对别人而言，你将会是痛苦的根源，你将会轻率、暴力、自命不凡。没有内在的绝对真实，你就不会得到喜悦与和平。只有在寻求和发现内在真实的过程中，我们不但能够满足于点点滴滴，并且能够超越一切衡量标准去觉察真实。因此我们要首先找寻到内在真实，而后其他一切事物便都会清晰明了。

这种创造性真实的内在自由并不是一种天赋，它是需要去发现和体验的。它不是一种你得到之后可以拿来炫耀自己的东西。这种自由是一种存在的状态，就如安静这种状态一样，其中存有全然完整，而没有任何成为的过程。这种创造性并没有必要去寻求表达，它不是一种需要外在表现的才能。你不需要是一个伟大的艺术家，也不需要任何观众；如果你追求这些名望，那么你就会错过内在的真实。它既不是天赋，也不是才能所带来的。当思想从欲望、恶念和无知中解脱，跳出世俗和个人的渴望，你便会找到这不朽的珍宝。它是需要通过正确的思考和冥想来体验的。没有这种内心的真实自由，生存便是痛苦。我们必须去寻求，就像一个口渴的人寻求水源一样。只有真实才可以解除短暂的渴求。

问：我烟瘾很大，好几次尝试着戒烟，但是每次都失败了。我怎么样才能一次性完全地戒掉烟瘾呢？

克：不要努力去戒掉它。就像很多其他的习惯一样，徒有与它们的对抗只能使其更加巩固。要将习惯作为一个整体问题来了解，不论是精神上的、情感上的还是心理上的习惯。习惯就是不加思考的机械，以固执的无知去对抗机械是徒劳、愚蠢的。你必须通过对思绪的纹理脉络以及对习惯性的情感反应自始至终地觉察，才能了解习惯的全过程。随着对习惯更深层次的了解，肤浅的问题也就不复存在了。如果你不去了解习惯的更为深入的原因，即使你能够控制吸烟的习惯或其他的习惯，你依旧是在维持原状——机械、空虚、被环境所玩弄。

怎样戒掉某种习惯确实不是一个首要问题，因为其中还含有更为深入的层面。没有任何问题是可以在自身所处的层面得到解决的。有什么问题是在对立模式中得到解决的吗？很显然，这个模式中存有冲突，但是这种冲突解决问题了吗？难道你不应该走到冲突模式之外，去寻找一个永恒的答案吗？与某种习惯的抗争不一定就会达到摒弃它的目的；相反，在这个过程中，其他的一些习惯反而可能会被培养起来，代替旧的习惯。如果不去揭示习惯更深的意义，而只是为了克服它们而去与之抗争，那么你的心灵就会变得机械、肤浅、迟钝。就像在愤怒中，或是在军队里那样，斗争虽然结束了，但是主要问题依旧没有解决。同样的，对立面之间的斗争只会钝化我们的心灵，而正是这种迟钝阻碍了对问题的理解。请认识到这点的重要性。两个对立欲望之间的斗争肯定只会在疲劳和机械中结束。

我们必须要考虑到这种机械，而不是仅仅想着去戒掉某种习惯或是摆脱某种斗争。如果你开始思考，开始敏感，那么你就会自然而然抛弃习惯。这种敏感由于对立着的欲望不停的斗争而被钝化，变得僵硬。因此，如果你想吸烟，那就吸烟。但是你要对所有习惯所有的含义保持高度的觉察：机械、依赖、孤独、恐惧等等。不要仅仅与习惯对抗，而是要觉察到它的全部意义。

人们认为在对立面之间的斗争中充满了智慧。善与恶的斗争、集体主义与个人主义的斗争，这些都被认为是人类成长的过程中所必须经历的。神明与魔鬼的斗争被看作不可避免的过程。而这种对立面之间的斗争会带来真实吗？难道不正是它带来了无知与虚妄吗？你会因为邪恶的对立面而超越邪恶吗？难道思想不应该将对立两者之间的冲突都超越吗？这种对立面之间的冲突不会带来正义，也不会带来了悟；它只能带来疲劳、机械和迟钝。或许有些犯人、罪人比一些在对立欲望里斗争着的、自以为正义的人们更加接近顿悟。因为这些罪犯可能会意识到自己的罪行，所以他就是有希望的；然而，那些在对立面之间的冲突里挣扎却自以为是的人们则恰恰迷失在他们自身可怜的追求成为的野心之中了。当后者的心灵被圈附，被冲突所加固，前者还保持着敏锐；当后者因为冲突和为了成为一直所做的努力而带来的痛苦而变得钝化，前者却依旧维持着善感状态。

不要让自己在对立面之间的斗争和痛苦中迷失。不要去比较,去努力成为与自己相反的那一面。要全然、不做选择地察觉实体的本质,觉察你的习惯、你的恐惧、你的倾向,而在这种对实体存在的察觉之焰中,事情就会自然而然地发生转化。这种转化并不是存于二元模式之内的转化,它是根本性、创造性、带有真实气息的转化。在这种察觉之焰中,所有的问题都将最终得到解决。没有这种转化,人生就只剩下斗争与痛苦,没有喜悦,也没有和平。

(在加州欧加橡树林的第二次演讲,1945年6月3日)

静止和变得静止是截然不同的境地

理解冲突从而超越冲突难道不是一件很重要的事吗？我们中的大多数人生活在一种内心冲突的状态，这种状态产生了外在的混乱和纷扰。很多人为了从冲突之中逃离出来而最终陷入了虚妄，陷入了各种活动、知识和观念之中，抑或变得愤世嫉俗，抑郁消沉。而有一些人却能理解冲突，从而超越冲突的限制。如果不能理解冲突内在的本质，那么在我们自身这片战土上就不会有和平，也不会有喜悦。

我们大多数都被无止境的内心冲突所困，而若不解决这些问题，生命就完全是一种浪费和空虚。我们意识到欲望相对立的两极：想要与不想要。我们接受理解和无知之间的冲突作为我们本质的一部分。我们没有认识到要想在二元模式之内解决这个问题是不可能的，因此我们接受它，把冲突当做美德来看待。我们渐渐把冲突看作是人类成长、完善自己的重要因素。难道我们没有说过我们要通过冲突来学习、了悟吗？我们把这种对立面之间的冲突赋予了宗教的意义，但是它将我们引向美德和明晰了吗？或是它将我们引向了无知、迟钝和死亡呢？难道你从未注意到：在冲突之中根本没有了悟，有的只是盲目的挣扎吗？冲突不可能会带来了悟。正如我们所说，冲突只能带来冷漠和欺骗。我们必须走出二元模式，去寻找创造性、革命性的了悟。

难道不是冲突——这种成为和不成为之间的斗争，导致了一个自我圈附的过程吗？它并没有创造出自我意识，不是吗？难道不正是自我的本质导致了冲突和痛苦吗？你什么时候意识到自己了呢？当有了对立，有了摩擦，有了抗争的时候。在喜悦的时刻，自我意识是不存在的。当快乐到来之时，你不会说："我很高兴"；只有当快乐不在，当发生冲突的时候，你就会开始意识到自我了。冲突召回了自我，使自我觉察到了其局限所在——这点正是导致自我意识的原因。这种不停的冲突导致了许多形式的逃避，也导致了虚妄。如果不理解冲突的本质，那么对权威、信仰或是意识形态的接受只能导致无知和更进一步的悲伤。有了对冲突的理解，这些都会变得毫无效力，毫无价值了。

在对立着的欲望之间选择只会使冲突继续。选择就意味着二元。你不会通过选择得到自由，因为意愿仍旧会带来冲突。那么思想怎样才可能从二元模式之中超越出来呢？只有当我们理解了渴求和自我满足的运作方式，我们才可能超越无止境的对立面之间的冲突。我们一直都在寻找快感，回避悲伤；持续的要成为的欲望僵化了心灵，导致了斗争和痛苦。你注意到了人类在要成为的欲望面前变得有多冷酷无情了吗？在真实世界里变成什么和在所谓的精神世界中变成什么基本相同。无论在真实世界还是在精神世界，人们都会被"想要成为"的欲望所驱使，而且这种渴求导致了持续不断的冲突，导致了非同寻常的残忍与对抗。此时，即便是你放弃，其实也是一种获取，而获取就是冲突的种子。这种放弃和获取、成为与不成为的过程就是无止境的悲伤链条。

怎样超越这种冲突是我们所面临的问题。这不是个理论上的问题，而是我们几乎每时每刻都会遇到的问题。我们可以逃到一些幻想里面，这些幻想可以被编织得看似合理又真实，但是尽管如此，它仍旧是幻象，它并不会因为一些狡猾的解释或是因为拥有一些支持者而变得真实。要超越冲突，你就必须体验和理解想成为的渴求。想成为的欲望复杂而又微妙，但就像对待所有复杂的事物一样，它必须用简朴的方法来解决。要强烈觉察到想要成为的欲望。要觉察到成为所带来的感觉。敏感会随着感觉而来，这种敏感就会开始揭示成为的许多含义。感觉会被理智以及它许多狡猾的合理化而变得僵硬，而无论理智可能会剖解开多少成为的复杂性，它始终不可能去经历体验。你可能口头上领会了所有这些我说的话，但是这样是远远不够的，因为只有体验和感觉才能带来创造性的了悟之焰。

不要去斥责成为，而是要在你自己的体内去觉察它的前因后果。斥责、评判和比较都不会带来了悟的体验；恰恰相反，它们会使你停止体验。要觉察辨识和斥责、评判及比较。一旦你察觉到了，它们就会不复存在。安静地觉察成为，体验这种寂静的觉察。静止与变得静止是两种截然不同的境地。变得静止是永远不能体验到静止的境界的。只有通过静止，所有的冲突才能被超越。

问：能请您谈一下死亡吗？我并不是指对死亡的恐惧，我指的是那些穷其一生也未在现世找到归属感的人们必定认为死亡就是一种承诺和希望。

克：为什么我们考虑死亡要多于考虑生存呢？为什么我们将死亡看作一种解脱，看作一种希望的承诺呢？为什么死亡里会有比生命更多的快乐和喜悦呢？为什么我们需要把死亡，而非生命看作是一种新生呢？我们想要从存在的痛苦中逃离到一种未知力量所掌控的承诺和希望里。生存就意味着冲突和苦难，而既然我们一直告诫自己死亡是不可避免的，我们就向死亡诉求奖赏。死亡究竟是一种荣耀还是一种逃避，这要看生命中经历过多少艰辛；我们要忍受生活，要迎接死亡。又一次的，我们陷入了对立面间的冲突之中。对立中不存在真相。我们不理解生活，不理解当下，所以我们指望未来，指望死亡。而明天、未来和死亡能带来了悟吗？时间会打开通往真实之门吗？我们一直在关注时间，于是过去与现在、未来交织在一起；我们是时间，是过去的产物，所以我们逃离到未来，逃离到死亡之中。

当下才是永恒的。永存是无法通过时间来体验的。现在永远存在。即使你逃离到了未来，现在永远是当下。当下可以通向过去。如果你不在当下理解现在，那么你能在未来理解它呢？如果你不理解当下，那么你现在是怎样，以后还将会是怎样。只有当下才能带来了悟；推延则不会产生理解。时间只有在当下的静止中才能被超越。这种平静并不是通过时间，通过变得平静而得到的。我们要保持静止，而非变得静止。我们把时间当成变成的手段；这种变成是无止境的，它并不是永恒、永存的。变成是无止境的冲突，并且会将你引向幻象。在当下的静止中才存有永恒。

然而思想感情却前前后后地不停编织，如同梭子一般，穿行于过去、当下和未来之间。它一直在重新布置它的回忆，一直在为自己争取一个更好的位子，使自己处于更加有利、更加安逸的状态。它永远在浪费精力，在规划构想，而这样一种头脑怎么可能处于安静、创造性的空灵状态呢？它持续不断地努力成为，而这样一种头脑怎么能够理解当下的静态存在呢？只有正确的思考及冥想才会带来了悟的明晰，而也只有在这种状态中，才会有真正的平静。

你所爱之人的死亡会带给你悲伤。这种悲伤所带来的打击会麻痹你，使你变得迟钝，而当你从中走出之时，你又会想要逃离那种悲伤。没有人陪，于是养成独自一人的习惯，死亡带来的失落感和孤独感引发了痛苦，而你本能地想要从这种痛苦中逃离。你希望得到安慰，能暂时缓解这种折磨。折磨是无知的表现，而通过寻求能够逃离这种折磨的方法，我们只会进一步滋养无知。不要使逃避、慰藉、解释和信仰钝化身处悲伤之中的心灵，要强烈觉察到痛苦的狡猾的防卫及对安慰的需求，此时，空虚和悲伤就可以得到转化。因为你寻求逃避，悲伤就会继续；因为你找寻慰藉和依靠，孤独感就会被加深。想要不去逃避，不寻求慰藉，这的确非常困难，但是唯有强烈的自我觉察能力才能够根除悲伤的根源。

我们在死亡中寻求不朽，在生与死的运动中渴望永恒。我们陷入时间的不断变迁里，因此我们渴求无限。而处在阴影之中，我们又信仰光明。死亡不会带来不朽，而只有在没有死亡的生命里，不朽才会存在。在生命里我们了解死亡，因为我们依附于生命。我们不断收集，我们不停成为；因为我们不断收集，死亡便随之而来，而又因为了解死亡，于是我们紧握住生命。

对于不朽的希望和信仰并不是对不朽的体验。信仰和希望必定会终止不朽的步伐。你这个信仰者，欲望的制造者，必定会终止不朽的进程。正是你的信仰和希望加强了自我，于是你所知晓的就只有生与死了。随着渴望的休止，冲突根源的终结，创造性的安静就会到来，且在这种安静之中，生与死都不复存在了。此时，生命与死亡便会统一。

问：从性欲中解脱要比从微妙的野心中解脱容易一些。因为作为个体，人每时每刻都希望表达自己。要摆脱一个人的自我中心意味着在思想上完全的变革。那么一个人怎样才能持续待在这个违背头脑的世界中呢？

克：为什么我们想要继续待在这个冷酷无情、愚昧无知且欲望充斥的世界呢？我们可能不得不生活在这个世界中，而只要我们被这个世界所同化，生存就会变得痛苦。当我们野心勃勃，敌对反抗，当感官价值变得最为重要，这时我们就会迷失自己，被这个世界所把持。在贪婪的世界，我们能够知足常乐不贪婪吗？在不健康的环境中，我们能活得健康吗？世界并没有与我们分开，我们就是世界。是我们将它变成现在的样子。它因我们而变得世俗，而若想离开它，我们必须将自身的世俗摒弃。

只有这时,我们才能生活在这个世界中,而不是被这个世界所同化。

如果没有爱,无论是摆脱性还是摆脱野心都是没有意义的。纯贞并不是智力的产物。如果心灵计划或是策划要保持纯贞,那么它就不再是纯贞的了。只有爱才是纯贞。没有爱,仅仅是从欲望中解脱是徒劳的,还会因此导致无止境的斗争与悲伤。

想要摆脱野心的欲望依旧是存于二元模式之内的冲突。如果在这个模式里你将自己训练成为没有野心的人,你就仍然处在对立之中,因此你也不会得到自由。你只是换了另一个标签,所以冲突仍在继续。我们难道就不能直接去体验那种超越二元对立模式的境界吗?我们难道不应该想一想"成为"这个词吗?成为便意味着对立面之间的冲突,不是吗?"我现在是这样的人,而我想成为那样的人",这种想法只会加深冲突,而且会钝化我们的心灵。

我们习惯从未来的角度进行思考,寻思是要维持现状还是要变成为。我们有可能去觉察"当下实相"①吗?当我们不加比较和判定,用全然完整的思考者的头脑去思考、感受"当下实相",那么此时,这种状态就会完全转化了。但是这种转化却永远不可能在二元的领地发生。所以让我们去觉察野心,而不是变得能够觉察野心。当我们这样察觉了,我们就会意识到它所有的含义。我们不能仅仅只对野心的前因后果进行理智上的分析,这种感觉也非常重要。当你觉察到野心,你就会意识到它的刚愎自用,它充满竞争的冷酷无情,它的快感和痛苦;你也同时可以意识到它对社会及关系的影响,意识到它在社会上和事业方面的道德性——它其实是不道德的;你还可以意识到它最终导致斗争的狡猾隐蔽的手段。野心培育了嫉妒和恶念,培育了这种控制和压制的力量。觉察

---

① 原著中多次使用"what is"。从文中语境看,此语有"事实所是"、"现在(当下)之在"、"现在(当下)之是"之意。在《克里希那穆提集》中,一般译为"当下实相"。——中文版编者

你自己的本身面貌以及你所创造出的这个世界，不要带有任何斥责或辩护，要静静地觉察你雄心勃勃的感觉。

正如我们所说明的那样，如果你静静地察觉了，那么思考者和他的思想就会统一，他们便会成为不可分离的统一体。只有此时，野心才会得到完全的转化。然而对于我们大多数人来说，就算我们觉察、意识到了野心的前因后果，但是很不幸，我们便就此止步了。然而如果我们更进一步观察这个选择的过程，我们就能够将之摒弃，因为了悟不会带来冲突。在摒弃选择的过程中，我们就可以与真正的思考者及其思想邂逅。就像特质无法从本体分离，思想者也无法和他的思想分离。当这种完整出现，思考者就可以实现完全的转化。这是一项极其艰巨的任务，需要我们机敏的柔韧性和不做选择的觉察。冥想是由正确的思考而来的，而正确的思考则源于自知。没有自知，就不可能达到了悟。

问：我理解您所说的我们陶醉于创造性因而很难从中将自己解放出来。然而您又时常提到有创造性的人。如果这个人不是艺术家，也不是诗人或建筑师，他怎样才是有创造性的人呢？

克：一个艺术家、诗人或者建筑师一定是创造性的人吗？他难道不是同样充满欲望与世俗，一直在寻求个人的成功吗？所以，难道他就能够不为世间的混乱与痛苦、灾难与悲伤负责吗？当他追求名誉，心生嫉妒之时，当他变得世俗，只怀有感官的价值观之时，当他热切激昂之时，他都要为此负责。难道只是因为他怀有某种天赋，他就是一个富有创造性的人吗？

创造性要比仅仅能够表达的能力伟大得多。毫无疑问，仅仅是做到成功的表达并受到认可，这并不能构成创造性。在这个世界，成功就意味着要被这个充满压制和残暴、无知与恶念的世界所同化，难道不是吗？确实，野心产出了结果，但是野心难道不也随之给成功之人和其身边的人带来了痛苦和迷惑吗？科学家、建筑师可能会为人类带来某些利益，然而，难道他们没有也同时带来了毁灭以及无法言说的痛苦吗？这是创造性吗？创造性就是像政治家、统治者还有牧师所正在做的那样，将人与人对立起来吗？

只有当我们从渴望以及由渴望而来的冲突和悲伤中解脱出来，创造性才会出现。将自我以及由于自我而带来的刚愎自用、冷酷无情，以及无穷无尽的为了想成为的斗争丢弃，创造性的真实才会出现。在美丽的薄暮和静谧夜晚中，难道你就没有感受到那种强烈的、创造性的愉悦吗？在那一刻，自我存在才暂时抽离了，于是你变得敏感，并对真实敞开了胸怀。这种情形是可遇不可求的，它不受你的控制，但是一旦感受到了这种强烈，哪怕只有一次，自我便会想要更多地享受到它，于是冲突便又开始了。

我们都曾体验过自我的暂时逃离，也于当时感受过那种无与伦比的、创造性的极乐境地，但鉴于这种极乐罕见且偶然，有没有可能出现一种正确状态，在其中真实会永远存在呢？如果你开始寻求这种极乐，那么它便会成为一种自我的活动，虽然依旧会产出某些结果，但它却不是源自正确的思考和正确的冥想。我们必须要了解和领悟自我微妙的运作方式，因为只有自知才能带来正确的思考和冥想。

正确的思考是随着源源不断的自我觉察之流而来的——觉察世俗的行为，觉察那些冥想中的活动。只有从渴望中解放出来，创造性以及由此而来的极乐才会出现，这也便是美德。

问：在过去的几年里，您似乎在演讲中越来越注重对培养正确思维的阐述。而以前您则更着重讲述玄秘的体验。您现在是在刻意回避这个方面吗？

克：为正确的体验打下正确的基础难道不是必要的吗？没有正确的

思想，体验难道不是虚妄的吗？如果你想要拥有一栋漂亮且坚固的房子，你难道不是一定要把它建在一个牢固且合适的基地上吗？体验相对来说比较容易：我们根据环境条件来体验，也根据我们的信仰、理想来体验，但是所有这些体验都会带来自由吗？难道你没有注意到体验是随着一个人的传统信仰而来的吗？传统和教条将体验规制，而如果要体验传统和意识形态之外的真实，难道思想不应该超越它自身的限制吗？真实不可以去创造，难道不是这样吗？如果心灵要体验非创造出的事物，难道它不应该停止创造，停止规划吗？难道心灵不应该为了真实的存在而彻底地静止、沉寂吗？

就像所有的体验都会被错误地诠释一样，所有的体验都有可能以貌似真实的形态出现。如何解读还是依靠诠释者，如果解释者无知并存有偏见，且被某种思想模式所规制，那么他的理解就只会是符合他自身条件的理解。如果他是所谓的宗教信仰者，那么他就是在根据自己的传统和信仰来体验；如果没有宗教信仰，那么他的体验则来自他的背景状况。头脑的能力取决于其所用的工具；而头脑则必须使自己具备能力。它若非有能力体验真实，便会为自己创造幻象。要体验真实是非常艰辛的，因为这需要无限的柔韧性及幽深、基本的安静。这种柔韧性和安静不是欲望和意志的结果，因为欲望和意志是渴求的产物，而这种渴求则是是与否的二元动机。柔韧和平静也不是冲突的产物，它们会随着了悟而到来，而了悟则伴随着自知。

没有自知，你就会仅仅生活在矛盾和不确定的状态之中；没有自知，你的所想和所感就没有基础；没有自知，开悟便无从谈起。你就是这个世界，你就是你的邻居、朋友，还有你所谓的敌人。如果你想要达到了悟，你必须首先了解你自己，因为所有的了悟之源都存于你的内心。在你身上开始，在你身上结束。要理解这个广阔而复杂的实体，则必须要有一颗质朴的心灵。

要理解过去，心灵必须觉察到其当下的活动，因为只有通过当下，才可能理解过去，但是如果你还怀有对自我的辨识，那么你就不可能理解过去。

所以，通过当下可以揭示过去；通过及时的觉察，许多隐匿的层面都可以得到发现和理解。因此，通过自始至终的觉察，幽深和广阔的自知便会到来。

（在加州欧加橡树林的第三次演讲，1945年6月10日）

你是怎样，世界就是怎样

每一个应为存在于自我的以及这个世界的冲突和苦难负责的人，会允许自己的心灵被错误的哲学观念所钝化吗？如果你们这些创造了这种斗争和痛苦的人不从根本上改变，那么制度、会议、蓝图会带来秩序和善念吗？对你来说，自我的转化难道不是当务之急吗？因为你怎样，世界就怎样。你内在的冲突就体现在外在的灾难之中。你的问题就是这个世界的问题，而且只有你才可以解决问题，不是别人。你不能把问题留给他人。那些政治家、经济学家、改革家其实和你一样，都是机会主义者，他们会狡猾地设计某些计划。但是我们的问题是人类所面临的冲突和苦难，是致使人类遭受悲惨灾难的虚无存在，这些问题不只是需要政治家和宣传者那些表面化的改革和狡猾的设计。要想解决问题，需要人类的头脑进行彻底的改变，但是没有人可以为你带来这种转化，从而将你拯救。因为你是怎样，你的团队、你的社会、你的领导就是怎样。没有你，这个世界也就不会存在，所有的事物都发生在你的内部。在你身上开始，在你身上结束。没有任何组织、领导可以建立某种永恒的价值来拯救你。

当短暂的感官价值凌驾于永恒价值之上，灾祸和苦难就会发生。永久、永恒的价值不是信仰的结果。你信仰上帝，但这并不就意味着你体验了永恒价值，只有你自己的生活方式才会展示出永恒价值的真实面貌。

如果我们丢掉了这种真实，那么压制和剥削、野心以及经济上的残酷手段则会不可避免地接踵而至。当你表明对上帝的景仰，当你宽恕了对自己同胞的残害行为，当你以和平和自由的名义为大规模的杀戮辩解，那么你就已经丢掉了这种真实。只要你还分外重视感官价值，冲突、混乱和悲伤就会出现。杀戮的行为永远不可以得到辩解，而且当感官价值仍旧占主导地位，我们就会丢掉作为人类广袤的意义。

只要宗教还作为国家的一部分或是被当成国家的统治工具而存在，我们就会有苦难和艰辛。宗教会帮助宽恕那些所谓国家政策的有组织的暴力，由此鼓励了压制、无知和狭隘。如此一来，一个和国家联合的宗教怎么能实现它真正的作用——即揭示和维持永恒价值呢？当你丢失了真实，不再追寻它，此时就会出现不统一，就会出现人和人的对抗。混乱和苦难不能被时间这个善忘的过程排除，也不能被进化这个慰藉人心的想法所驱逐，因为这样的想法只会造成懒惰和自以为是的接受，于是不断朝灾难的方向发展。我们一定不能让别人来指导自己生命的航向，不论是为了他人还是为了未来。我们为自己而不是别人的生命负有责任，我们为自己而不是别人的行为负有责任，而别人也不能使我们转化。每个人都必须发掘和体验真实，只有在真实里才有喜悦、平静和至高的智慧。

我们怎样才能得到这种体验呢？通过外部环境的变换，还是通过自身内部的转化？如果外部产生了变化，就意味着我们通过立法、经济和社会改革，通过对事实的了解，通过激烈的或渐进的波动起伏的进步对环境进行了控制。但是对外部环境的更改会带来内部根本上的转化吗？难道内部的转化不是带来外部变化所必需的首要条件吗？你可能会通过立法来压制野心，因为你知道野心会滋生冷酷无情、刚愎自用，以及竞争和矛盾，但是野心可以从外围根除吗？难道它不是在一方面被压制，就会在另一方面表现出来吗？难道不是内在动机和个人的思想感觉总是决定着外在世界吗？想要外在的和平转化，难道不需要心理上首先产生深刻的变化吗？外部世界不管怎样充满欢愉，但是它可以带来持久的满足吗？

内心的渴求总是会修正外部的世界。从心理层面来讲，你是怎样的，你所处的社会、你的国家、你所信仰的宗教也会是怎样的。如果你贪得无厌、满怀嫉妒、愚昧无知，那么你所处的环境也会是一样的。是我们创造了我们所处的这个世界。想要彻底而和平地变更，就必须要有内在、自发的明智转化。这种心理上的转化当然不是通过强迫来实现，而如果运用了强迫的手段，则就会出现内心的冲突和混乱，就会又将社会拖入灾难之中。内心的革新必须是自发的、明智的，而不是被强迫的。我们必须首先寻找真实，只有寻到真实，我们才会拥有和平和秩序。

当你从外围出发试图解决"存在"这个问题的时候，二元模式就开始运行了。在二元当中会有永无止境的冲突，而这种冲突只会钝化我们的心灵。当你立足于内部去解决"存在"的问题之时，就不会出现外部和内部的分裂了——因为内部即外部，思考者及其思想是统一体，不可分割，于是分裂就不复存在了。但是我们错误地将思想和思考者分开，而后只试着处理其中一个部分，对一个部分进行教育和修正，希望由此将整体转化。而部分又会进一步分割成越来越多的从属部分，于是就会产生越来越多的冲突。因此我们必须从内部考虑思考者，而不是考虑修正某一部分，也就是说不能只修正其思想。

但是很不幸，我们大多数人都陷入了外围的不确定和内部的不确定之间。我们必须理解这种不确定。这是价值观的不确定，它会产生冲突、混乱和悲伤，这样不确定的价值观还会阻碍我们追随轨迹明晰的行动，无论是外在的还是内在的行动。如果我们带着全然的觉察能力去跟随外部的行为，认知到其全部的意义，那么这样的进程肯定会指引我们深入内部。但是非常不幸，我们在外部就迷失了，因为我们在自我探寻的过程中不够柔韧敏感。当你在检视那些支配我们思想感觉的感官价值之时，如果你能够不做选择地觉察到它们，你便会发现内部变得明晰了。这种发现会带来自由和创造性的愉悦。但是其他人不能代替你去经历这种发现和体验。当你看到其他人在吃饭，你就会不再饥饿吗？你必须通过你对自我的觉察从而对错误的价值保持清醒，因为这样才能发现永恒价值。只有当思想感觉从导致冲突和悲伤的感官价值中解脱出来，才会出现外部和内部的根本性变革。

问：在真正伟大的绘画、诗歌、音乐作品中，总会表现和传达出一些用语言无法描述的元素，这些元素看似可以映射出现实、真理或是上帝的影子。然而事实却是：对于大多数创作出这些作品的人来说，在他们个人生活中都未能从冲突的恶性循环中脱身。一个未获自由的人能够创造出一些可以超越对立面之间冲突的作品，这应该如何解释呢？或者反过来问：您也不得不得出创造是由冲突而生这个结论，难道不是这样吗？

克：冲突对创造来说是必要的吗？我们所说的冲突指的是什么？我们渴望成为或渴望不成为。这种持续不断的渴望滋生了冲突。我们认为这种冲突是不可避免的，甚至赋予它正当美好的意义；此外，我们还认为它是人类成长的关键因素。

当你身处冲突之中，会发生什么呢？因为被冲突所困，心灵就会变得疲惫、麻木、不敏感。冲突加强了自我保护能力，是自我兴盛的基础。从本质上来讲，自我是所有冲突的诱因，而只要出现了自我，就不会有创造。

冲突对于创造性的存在是必要的吗？你什么时候会感受到创造性的、压倒一切的极乐呢？只有当所有冲突都停止，当自我完全抽离，当全然的平静出现时，你才会感受得到。当心灵处于冲突、躁动不安之时，这种平静不可能会出现，而且这样只会加强自我圈附的过程。鉴于我们大多数人的内心都处在持续不断的斗争状态之中，所以我们很少能够体验到高度的敏感或极度的平静，即便是体验到了，那也是纯属偶然。因此我们试图重新抓住这些偶然时刻，而这样只会为逝去的昨天而加重心灵的负担。

不论是诗人，还是艺术家，难道他们没有经历和我们一样的过程吗？或许他可能更加敏锐警觉，因此心灵会更为敏感、开敞。但是毫无疑问，他也是在放弃自我、忘记自我之时，在全然的安静之中才经历了创造的过程。他试着在石雕或音乐中表达这种体验。但是在表达这种体验、完善辞藻的过程中，冲突就悄然来临，而体验的瞬间则不含有任何冲突，难道不是这样吗？只有当心灵处于安静之中，且未被束缚在成为的迷网之中，创造才会出现。这种面对现实的无为不是开放意愿和冲突所渴望的结果。

像我们一样，艺术家拥有某些安静的时刻，在其间他体验了创造；而后他将这种体验赋予绘画、音乐、格律之中。因为他画出了作品，所以他的表达就富有极大的价值。而野心、名誉便随之变得重要起来，他继而就会陷入无止境的愚昧斗争之中，也因此导致了这个世界的苦难、嫉妒、杀戮、欲望及恶念。他在这种斗争中迷失，而迷失得越深，他的敏感度、感知真实的能力就会减退得越多。虽然他技术上的能力帮助他带着空虚僵化的视野继续前行，但是他世俗的冲突已模糊了愉悦的澄明。

然而我们并不是伟大的画家、音乐家或诗人。我们没有特别的天赋和才能，也不会通过雕刻、绘画或是通过花环般的诗句释放情感。而虽然我们也处在冲突与悲伤之中，但我们同样偶尔会体验到真实之广博。此时，我们会暂时忘掉自己，但不久我们却就又回到日常的混乱当中来，又开始钝化、僵化我们的心灵。我们的心灵从不会静止下来；即使会这样，也是由于疲惫才变得静止。然而由于疲惫而获得的静止状态并不是了悟、智慧的静止。这种创造性的、令人期待的空灵并不是由意念或欲望所带来的。当自我的冲突停止，这种空灵便会自然而然地到来。

只有当价值观产生了彻底的变革而非仅仅相互替换，冲突才会停止。只有通过自我觉察，心灵才能从所有的价值观中解脱。这种对所有价值观的转化并非易事，而且并非能够通过练习而得来，这种转换需要我们深化觉察才能够出现。它并不是一种少数人才有的天赋或才能，只要付出艰辛，保持热切，所有的人都可以体验到创造性的真实。

问： 当下的情形非常恐怖，这是彻头彻尾的悲剧。为什么您坚持当下才是永恒呢？

克： 当下是冲突，是悲伤，偶尔闪过转瞬即逝的愉悦。当下穿梭于过去和将来之间，因此当下是躁动不安的。当下是过去的结果，我们的存在建立在当下的基础之上。要了解过去，除了通过它的结果——当下，还能有其他的途径吗？你不可能用其他的工具来挖掘过去，因为你只有一种工具，那就是当下。当下是通往过去之门，而且如果你愿意，它也是通向将来之门。你的现状是过去的结果，源自昨天，而要了解昨天，你则必须从今天开始。要了解自己，你必须从今天的自己开始。

如果不理解根生于过去的当下，你就不会达到了悟。当一个人可以通过当下之门觉察到产生当下的根源，他便可以了悟当下的痛苦了。你不能为了想要了解过去就把当下拂到一旁。只有通过对现在的觉察，过去才会开始自动展开。当下的情况悲惨而血腥，而毫无疑问，我们不能通过对它否定或为之辩解来理解它。我们必须要面对它的真实面貌，揭示导致当下的根源。你怎样对待当下，你的心灵怎样地受当下约束，这些都会揭示过去的运作过程。如果你心存偏见，是一个民族主义者，如果你心生仇恨，那么你现在的状态就会将你对过去的理解引入歧途。你现在所拥有的欲望、恶念和无知将会腐化你对那些引向当下之根源的理解。如果你理解了自己现在的状态，那么过去之卷轴就会自动展开。

当下是至关重要的。不论当下如何悲惨痛苦，它都是通往真实的唯一大门。未来是经由当下从而对过去的延续。通过对当下的理解，未来便可以得到转变。了悟只可能发生在当下，因为当下延伸到过去，延续到将来。当下是时间的整体。在当下的结籽中存有过去和将来。过去是当下，未来也是当下。当下是永恒的，是超越时间的。但是我们将当下、现在当做是通往过去或是将来的通道。在成为的过程中，当下是到达终点的一个途径，因此当下也就失去了其广博的意义。成为创造了延续、持久，但是它并非超越了时间，并非是永恒。渴望成为的欲望编织了时间的模式。难道你没有体验过无以伦比的极乐，体会到时间停止的状态吗？这种状态没有过去，也没有未来，但是却有着强烈的觉察和超越时间的现在。而一旦经历过这种状态之后，贪婪便开始行动了，于是重新创造出了时间，而且不断回忆、重演，并渴望未来拥有更多这样的体验，重新布局时间的模式，以便捕捉住超越时间的瞬间。因此贪婪和成为将思想感觉束缚在了时间之中。

因此，我们要觉察到当下，不论当下是悲伤的还是快乐的，此时当下就会作为一种时间过程而自我展开。而且如果思想感觉可以跟随上其微妙迂回的运作方式并超越其中，那么这种外延的觉察便是超越时间的当下。只关注当下，不要去看过去和未来，因为爱就是当下，爱超越了时间。

问：您公开谴责战争，然而事实上您难道不是在支持它吗？

克：我们所有的人难道不都是在维持这种恐怖的大屠杀吗？我们每个人都要为战争负责。战争是我们日常生活的最终结果，它通过我们每日的思想感觉及行动而产生。我们在工作、社会和宗教关系之中的面貌其实是我们内心在外部的投影；我们是怎样的，世界就是怎样的。

除非我们能够了解在要为战争所负起的责任中,何为首要问题何为次要问题,否则我们会一直心存迷惑,不能从灾难中脱身。我们必须要知道将重点放在何处,才会理解这个问题。战争是这个社会不可避免的结果。社会引发了战争,工业化导致了战争,社会的价值促进了战争。在社会的范围内,无论我们做什么事情,都会成为战争的促成因素。当我们购买商品时,税金引向战争;邮戳同样也会支持战争。我们不可能逃离战争,而后去我们想去的地方,特别是现在,因为整个社会就是为了战争而组织起来的。一项最简单、最没有恶意的工作也会因为各种各样的原因成为战争的促使因素。无论我们是否喜欢这样,可正是由于我们的存在,我们帮忙维持了战争。所以我们能做些什么呢?我们不可能退隐到一片孤岛或是回到原始社会,因为现今的文化弥漫于各个角落。所以我们能做什么呢?我们应该用不缴税、不买邮票的方法来拒绝对战争的支持吗?这是首要的问题吗?如果它不是首要问题而是次要问题,那么我们就不要让这个问题分散了注意力。

战争根源这个首要问题本身难道不是更加深刻的吗?如果我们能够理解战争的根源,那么我们也就可以从不同的角度解决次要的问题了。如果我们没有理解,那么我们就会迷失其中。如果我们可以使自己从战争的根源中解脱,那么或许次要问题根本不会出现。

因此重点必须要放在去发掘存于一个人内心中的战争根源之上。这种发掘必须由每个人来完成,而不能依靠组织团体,因为团体活动一般都仅仅是些无须思考的鼓吹和口号,而这只会滋生出更多的狭隘和战争。根源必须由自我来发现,因此对于每个人来说,通过直接的体验,便可以将自己从中解放出来。

如果我们深入地考虑,我们都会清醒地觉察到战争的根源:欲望、恶念、无知;感官、世俗,以及对个人名誉和自我延续的渴望;贪婪、嫉妒及野心;民族主义、各自为政、经济堡垒、社会分化、极端偏见,以及有组织的宗教。难道我们每个人都不能觉察到自己的贪婪、恶念、无知,从而将自身从中解脱出来吗?我们坚持民族主义,因为它是我们残忍、罪恶本性的出口。以国家或意识形态的名义,我们可以任意妄为地屠杀,不受惩罚并成为英雄,我们杀掉的同胞越多,从国家得到的荣誉就越多。

那么,从冲突和悲伤的根源中解脱出来难道不是首要的问题吗?如果我们不重视这一点,那么怎样停止战争这个次要问题该怎样解决呢?如果我们不将存于自己内心的战争诱因根除,只去盲目地修补实为源自内心状态的外部结果,这又有什么意义呢?我们每个人都必须深入地挖掘并清除欲望、恶念和无知;我们必须彻底摒弃民族主义、种族主义还有各种滋生敌对的根源;我们必须全心全意地关注最重要的问题,而不是被次要问题所迷惑。

问: 我觉得您很消极。我想要一些可以鼓励我向前行的启示,但您并没有用任何关于勇气和希望的字眼来激励我们。寻找鼓励难道也是错误的吗?

克: 为什么你想要受到鼓励呢?难道不是因为你的内心空虚、寂寞,而且并无创造性吗?你想要填满这种寂寞、这种空隙。你肯定试尽不同方式想要填满它,而后你又来到这里希望找到逃离它的方法。这其实是在掩盖贫瘠的寂寞,这个过程就叫做鼓励。鼓励于是便仅仅成了一种刺激,之后就像所有其他刺激那样,它很快就变得充满乏味,不再敏感。所以我们仅仅是从对一种鼓励、刺激的追寻跳入对另一种鼓励和刺激的追寻,每一次无不以失望和疲惫而告终。心灵便由此失去了柔韧和敏感,而我们内在的张力也因为这种不停地伸张放松的过程而消失殆尽。张力是发掘的必要条件,但是一种需要放松或刺激的张力则会很快失去自我更新的能力,变得不再柔韧,不再机敏了。这种机敏和柔韧不是可以由外界诱发的，它只有在不依靠刺激和鼓励的情况下才会出现。

所有的刺激就其效果而言难道不都是一样的吗？不论你是喝了些酒，还是被某幅画面或某个想法所刺激，不论是你去参加了一场音乐会或是一场宗教仪式，还是因为某项高贵或卑鄙的行为而激动——这些难道不都是钝化心灵的因素吗？说来荒谬，一股由正义感而发的怒气，无论它再怎么激动人心，令人鼓舞，它同样会导致不敏感。而那种最高形式的理智、感觉和接受难道不是体验真实的必要因素吗？刺激会导致依赖，而不论这种依赖有没有价值，它都会导致恐惧。一个人是怎样被刺激或鼓舞的，是通过有组织的宗教或政治，还是通过分散注意力，这相对来说并不重要，因为结果是一样的——即恐惧和依赖带来的不敏感。

分心变成了刺激。我们的社会原本就鼓励分心，各种形式的分心。我们的思想感觉本身就已变成了一个从中心、从真实游走的过程。因此要想远离所有形式的分心是极其不易的，因为我们几乎已经丧失了不做选择地觉察"当下实相"的能力。因此，冲突便顺势而起，进一步分散我们的思想感觉，而只有通过自始至终的觉察，思想感觉才能从分心之网中逃脱出来。

此外，谁又能给你鼓励、勇气和希望呢？如果我们依赖他人，不管这种依赖多么伟大或高尚，我们都会完全迷失，因为依赖会滋生占有，而占有中存有无穷无尽的斗争和痛苦。鼓励和兴奋本身并不是目的，它们就像勇气和希望一样，是在寻求那本身即目的的事物这个过程中的插曲。而这些本身即目的的事物才是我们必须通过耐心和勤奋所要去追求的，而且只有发现了它，我们的混乱和痛苦才能停止。发现它的旅程存于一个人的内心。所有其他的旅程都是一种分心，这种分心导致了无知和虚妄。一个人内心的旅程不应是为了某种结果而展开，也不是为了解决冲突和悲伤，因为探索本身就是解决、鼓励。而旅程本身是一种揭示过程，一种不停解脱和创造的体验。难道你没有注意到只有你不去找寻的时候，灵感才会出现吗？当所有期望都停止，当心灵完全平静，灵感才会到来。所有追寻到的都是自我创造的产物，因此便不是真实。

问：您说生命和死亡其实是一回事，这十分令人震惊。请您解释一下这个观点吧。

克：我们知道生与死，存在和非存在；我们意识到对立面之间的冲突：想要生存、继续下去的欲望，对死亡、不能继续下去的恐惧。我们的生活陷入了成为与不成为的模式当中。我们也许有各种各样的理论、信仰，也因此有各种体验，但是这些仍旧属于二元的范畴，属于生与死的范畴。

我们的思想感情无不是围绕着时间、生活、成为、不成为，或是围绕着死亡、死亡之后成为怎样而运作。我们思想感觉的模式从已知走向已知，从过去到现在继而转向未来。如果我们心存对未来的恐惧，思想感觉就会紧握住过去和现在不放。我们陷入时间中不能自拔，思想感觉也都围绕着时间运作，我们怎能体验超越时间的真实呢？而在这种超越时间的真实中，生命和死亡其实是一回事。

你从未体验过时间终止那令人震撼的瞬间吗？这种停止通常是被赋于某人身上的，它发生于偶然，但因为我们的快感源自其中，所以我们渴望再重复这种体验。由此，我们又一次变成了时间的囚徒。我们的心灵难道就不可能停止规划，彻底、自发地，而不是由意志强迫而归于平静吗？意志和决心仍旧是自我的延续，也因此属于时间的范畴。要处于某种状态的决心、要成为的意志，难道不都暗含着时间和自我的成长吗？难道不是时间和自我的成长导致了对死亡的恐惧吗？

正如一条溪流中间竖立的死树桩会拦下漂浮着的残留物一样，我们也以同样的方式收集并黏附于我们的积累物，因此我们便和那源源不止的生命之流分开了。我们坐在自己积累出的死树桩上考虑着生与死的问题，不肯放弃不断积累的过程，使之变为鲜活的水流。要从积累中解脱，必须要有深刻的自知，而不是只有对我们意识外围几层浅尝辄止的认识。对意识所有层面的发掘和体验才是真正冥想的开端。智慧和真实存于安静的心灵之中。

真实是需要体验的，而不是用来推测的。只有当心灵停止累积，这种体验才会出现。心灵不是通过否定或通过决心而停止累积的，只有通过自我觉察，我们才能够到达真实。通过自知，便可以发掘累积的根源。只有当对立面之间的冲突停止，我才可以得到这种体验。只有自知和正确的冥想带来的正确思考才能使得生命与死亡统一。只有通过每日的死亡才会有永久的更新。

如果你仍旧处在成为的过程之中，如果你仍在收集，仍坐在死去的积累物所构成的树桩上，生命与死亡统一就变得非常困难。你必须放弃积累，投入永不停息的川流之中；你必须每天随着此日的收集而死去，随着所经历的愉快和不愉快而死去。我们紧握住快乐而让那些不快乐离开，因此我们加强了满足感，知晓了死亡。让我们放弃对酬劳的追寻，不再收集，只有这样，不朽才会出现。此时，生命便不是死亡的对立，死亡也再不是生命的阴影了。

（在加州欧加橡树林的第四次演讲，1945年6月17日）

觉察可分为三个阶段

今天上午我只回答问题。如果这些回答和演讲仅仅只停留在口头层面上，那么它们的意义就微乎其微了。我们大多数的人都在寻求刺激，发现其形式多种多样，但过不了多久就会消失殆尽。只有体验才能保持心灵的柔韧和机敏，但是这种体验是超越理智和情感方面的满足和刺激之上的。感觉使理性柔韧，而正是理性的这种柔韧加上感觉的敏感产生了体验。当你正确地理解体验，你就能够转化体验。

我们每时每刻都需要通过充满生机的体验来实现转化，尤其是现在。在这个已经彻底变得冷酷无情的世界，在这个感官价值至上的世界，在这个自身堕落而又腐化的世界，这种转化是至关重要的。如果没有对永恒价值充分且深刻的体验，那么我们就不可能找到问题的答案。所有的答案——除了关于事实的答案——都只会增加我们的负担和悲伤。要想得到这样的体验，每个人都必须独立，不能依赖任何权威、组织、宗教或世俗，因为无论任何形式的依赖都会产生不确定和恐惧，也会因此阻碍了体验真实的进程。在外部世界中没有希望，没有明晰，没有创造，也没有革新性的了悟，有的只是屠杀、混乱和与日俱增的灾难。只有在内心世界才会产生了悟，而这种了悟并不是通过榜样或权威而发掘出的；只有通过自知和自我觉察，才能获得平静和智慧。如果你在盲目追随他人，那么就不会得到平静；如果你落入世俗，就不会拥有和平；如果你对自己一无所知，那么你就不会达到了悟的境地。通过对外部世界安静地觉察，和对生活里各种事件的客观觉察，你就必然会觉察到内心的主观世界。在对自我的理解过程中，外部世界也会变得清晰且具有意义了。外部世界本身并没有意义，只有当它与内心世界相关联，外部世界才会具有意义。要体验和理解内心世界，你必须做好孤独的准备。你必须抵挡住外部世界的影响力，抛却它的逻辑和狡猾的陷阱。

问：您上周日曾说过，我们每个人都要为这些可怕的战争负责。那我们同样也要为集中营里那些穷凶极恶的暴行以及中欧地区出现的有预谋的种族灭绝政策负责吗？

克：我们每个人都要为战争负责，这难道不是显而易见的事实吗？战争不会无来由地爆发，总会有某些确定的原因导致战争，而那些希望摆脱战争——这种周期性疯狂行为的人们必须找到这些原因，从而将自己解放。战争是发生在人类身上最惨重的灾难之一，而人类本来是有能力去体验真实的。人必须要考虑怎样将存于内心的战争根源根除，而不是想着谁在战争中更加可怕、更加堕落。我们一定不能因为次要问题而分神，而是必须觉察到主要问题，即：有组织的杀戮本身。次要问题可能会导致恐惧和复仇的欲望，但是如果没有理解导致战争最重要的原因，那么冲突和悲伤便不会停止。

杀掉另一个人是最大的恶行，因为人类本具有实现至高真理的能力。而战争——这个刻意组织起来的屠杀，是人类带给自己最大的灾难，因为会有数不清的苦难、毁灭、堕落、腐化随着战争而来。一旦你认可了这种有组织屠杀他人的巨大"恶行"，你便为很多小的灾难打开了一扇门。我们每个人都要为战争负责，因为不论是有意还是无意的，是我们每个人用各自对生命的态度，用各自错误的对存在的价值观促就了当下的现状。因为丢掉了永恒价值，所以这些转瞬即逝的感官价值就变得尤为重要了。不停在膨胀的欲望永无止境。势在必行的事情却没有永恒价值，而且疯狂的占有欲所带来的永远都只会是斗争和苦难。

当任何形式的贪念得到鼓励，当民族主义和分立而治依旧存在，当宗教派别林立，当狭隘和无知尚存，人类就会不可避免地残害自己的同胞。战争是我们每天日常生活的结果。一旦被赋予了民族的名义，欲望、恶念和压制就会被合理化：为了城邦而杀，为了国家而杀，为了某种意识形态而杀——人们认为这是必要的、高尚的。每个人都沉溺于这种堕落的残忍中不可自拔，因为每个人内心都存有破坏的欲望。战争于是变成了一种释放人类残暴本性的途径，也成了鼓励不负责任的手段。这种情况只有当感官价值处于主导地位之时才会发生。

由于每个人都要为这种文化的形成负责，如果每个人都不能彻底将自己转化，那又怎能结束这个残暴的世界和它所带来的灾难呢？如果一个人就国家、团体的角度而思考和感觉，或是认为自己是印度教徒或是佛教徒，抑或是穆斯林或基督教徒，那么他就要为这些悲剧和灾难负责，为这些痛苦和兽行负责。如果一个所谓的外国人在印度被民族主义分子杀害，那么如果我是一个民族主义者，我就要为这起谋杀负责。但如果我没有就民族、团体或阶级的角度进行思考和感觉，如果我没有被欲望充斥，如果我没有心怀恶念，也没有落入世俗，那么我就不用为这起谋杀负责。只有这样，才能将自己从杀戮、折磨、压制的责任中解放出来。

我们已经失去了人性的感觉。我们只对自己所属的阶级或团体负有责任感，对某个名字、某个标签负责。我们已经丢掉了悲悯之心，丢掉了对整体的博爱，而没有了这种觉醒的生命之焰，我们便求助于政治家、牧师，求助于一些所谓的为了和平和幸福而设计的经济计划。而这些外物之中都毫无希望可言。创造性的了悟及人类福祉所必需的悲悯只存于每个人的内心。正确的途径才能带来正确的结果，错误的方法只会带来空虚和死亡，而不是和平与快乐。

问：我觉得如果没有帮助，没有上帝的恩泽，我就不能达到彼岸。如果我说"愿您的旨意被奉行"，然后将自己溶入恩泽中，我也将自己所受的限制溶解了，难道不是这样吗？如果我能无条件地放弃自己，那么恩泽就会帮助我在我与上帝之间的鸿沟之间搭上桥梁，是这样吧？

克：这种对自我的放弃并不是意志所为。这种向彼岸的跨越不是有目的的活动，也不是为了要得到什么。在完全的安静和智慧中，真实就会到来。你不能"邀请"真实，必须是真实向你走来；你亦不能选择真实，必须由真实来选择你。

我们必须理解努力是什么，无条件的安静、自我放弃又是什么含义，因为只有通过正确的意识才能得到冥想的安静。

什么是正确的努力？当觉察到成为的过程，你就会理解何为正确的努力。只要努力还用于成为的过程之中，二元就会依旧存在——思考者和其思想分立而存。人们认为这种对立面之间的冲突对于自由和成长是不可避免、不可或缺的。当一个贪婪之人努力成为不贪婪的人，我们便认为这种努力是正当的，是高尚的。但这是正确的努力吗？努力是用来克服能够唤醒了悟的对立面的吗？一个人在试图变得不贪婪的过程中，难道不是依旧贪婪的吗？他可能换上了一套口头上的、令人满意的新行头，但是努力的付出者依旧没有变，他仍然是贪婪的。为了成为所付出的努力不但会制造出对立面之间的冲突，而且还会将付出者引向错误的途径，因为成为仍旧没有摆脱冲突和悲伤。因此，在对立的幽长回廊里，不会存有能够体验真实的自由。

我们不是为了否定就是为了接受而做出努力，因此我们的思想感觉也在这无止境的冲突之中钝化了。这毫无疑问是错误的努力，因为它不会带来创造性的了悟。正确的努力存于对这种冲突不做选择的觉察中，存于不加任何辨识的安静观察里。正是这种对冲突的安静、不做选择的觉察带来了自由。在这种无为的安静觉察中，真实就会来到面前。

要觉察到你所面临的冲突，觉察到你是怎样进行否定、辩护、比较或确认；觉察到你怎样试图成为某人；觉察到对立所带来的痛苦包含的全部深刻含义。此时，才会有思考者和其思想不可分割的体验，才会到达了悟的安静境界，也只有这样，才会出现彻底的转化，才会不加意念活动参与地跨越到彼岸。

变得安静与处于安静之间有着天壤之别。我们必须每天都随着所有经历和积累、恐惧和希望而死去。要做到这点，我们只有通过积极地觉察我们的冲突，而后处于无为的安静状态之中。我们必须每天都经历四个季节：春季、夏季、秋季，以及无所作为的冬季。就像冬季的土壤都要休耕、敞开怀抱等待上苍赋予它们新的活力一样，心灵也必须敞开大门，进入创造性的空灵境地。只有这样，才会有真实的气息存在。

这种创造性的空灵，这种热切的无为，不是通过意欲的行动而来的。对那些陷于分心的人、那些不停地积极行动的人、那些一直努力于成为的人来说，做到机敏的无为是非常困难的。如果你想要达到了悟，心灵就必须要回归安静。你还必须拥有高度的敏感去接受，而且只有在了悟中才会存有真正的平静。这种安静的觉察并不是源自决心的活动，当思想感觉从成为的迷网中挣脱，它便会自然而然地到来了。你不可能对一个孩子说"变得安静"，你只可能对他说"保持安静"。我们对自己说"我们将会成为"，而且为了这种成为拥有着各种各样的借口和无穷尽的理由，因此我们永远得不到平静。变得安静永远不可能等同于安静。只有成为不复存在，才会出现"是"的存在状态。

在大美之中，在杰出创造性的瞬间，都存有全然的安静。在这些时刻，自我和其冲突都会完全地抽离。正是这种否定——这种思想感觉的最高形式对创造性的存在是至关重要的。然而对于我们大多数人来说，这种思考者和其思想得到转化的时刻很少会出现；这些时刻总是在出乎意料地到来，但是不久之后自我就会马上回归。只要体验过这种现时的安静，思想感觉就会紧握住回忆不放，因此也就阻碍了对真实的更进一步的体验。这种对回忆的滋养会将头脑引向错误途径，会导致对自我和其冲突、痛苦的加强。但是如果我们深刻地觉察到我们的问题和冲突，继而理解它们，那么同样是这种对自我认识的滋养，就会带来机敏的无为和安静。真实便存在于这种现时的安静之中。只有在全然的质朴中，当所有渴望都不复存在的时候，真实的福佑才会降临。

问：我是一个发明家，而碰巧我发明的几样东西都被用于战争之中。我认为自己反对杀戮，但是我如何面对我所拥有的发明创造力呢？同时，我又不能压制住促使我发明创造的驱动力。

克：你认为或是感觉哪个问题更为重要、更加迫切需要理解呢？是杀戮的力量还是创造的能力呢？如果你仅仅只考虑创造发明，只考虑怎样去发挥你的才能，那么你必须找到你为什么要如此重视它的原因。难道不是因为你的能力给予了你一种逃避生活、逃避现实的途径吗？此时，你的才能难道不正是阻碍关系的屏障吗？生活就是相互关联，没有任何事物可以孤立生存。因此，如果没有自知，你发明创造的能力不论是对你的邻居还是你自己来说，都会变得异常危险。

你的工作促使了你同胞的毁灭了吗？你的发明、活动也许对你暂时起到了帮助作用，但如果它们最终导致了你同胞的毁灭，那么它们又有什么用呢？如果这种文明最终的结果是大规模的屠杀，那么你的才能又有什么意义呢？如果发明、改进、重组只会导致人类的毁灭，那么它们的目的何在？如果你只对实现自己的特殊才能感兴趣，而不顾生命和生存的终极结果这种更为宏大的问题，那么你的才能便是没有价值、没有意义的。只有将你的才能和终极的真实联系起来，你的才能才具有意义。

我觉得你们所有人对这个问题都不是太感兴趣。这难道不也是你们的问题吗？你也许是一个艺术家，一个木匠，或是从事其他一些职业，而这个问题对于你们来说和对于那个发明家是同样重要的。如果你是一个艺术家或是一个医生，那么你的工作或是才能的发挥必须在现实中存有基础，否则它就会变成仅仅用来表现自我的形式，而仅仅表现自我便会不可避免地导致悲伤。如果你只对表现自我感兴趣，那么你就是导致冲突、混乱及与人类对抗的因素之一。如果不首先寻求生命的意义，而只是一味地表现自我，那么无论你的表现如何令人满意，也只会导致悲苦和灾难。

要谨防只拥有才能的局面。有了自知，实现自我的渴望才能得到转化。实现自我的渴望会带来沮丧和幻灭，因为对自我实现的欲望本源自无知。

问：我能在散兵坑里找到上帝吗？

克：一个寻找上帝的人是不会在散兵坑里面待着的。我们的思维方式太错误了！我们创造出一个错误的形势，并且希望在其中找到真理。在错误中，我们试图找到真实。而那些看到真实是真实，看到虚假是虚假的人才会得到快乐。

我们思想感觉的方式变得扭曲而堕落。我们希望在悲伤中找到快乐。而只有摒弃了导致悲伤的诱因，你才会得到愉悦。你和士兵们创造了一种文明，这种文明迫使你们去杀戮或被杀，而且在这种残忍的行为之中，你渴望找到爱。如果你在寻找上帝，你就不会待在一个散兵坑里，但是如果你是身在那里而又要去寻找上帝，那么你就会明白该如何作为。我们将谋杀合理化，而且恰恰是在谋杀的行为中，我们试图去找到爱。我们创造出一个主要基于感官价值、基于世俗而存在的社会，而这个社会使散兵坑成为必需。我们为散兵坑辩护，并宽恕它，而这时，在散兵坑里，在轰炸机中，我们希望找到上帝，找到爱。如果没有在根本上改变我们思想感觉的结构，我们就不会找到真实。我们一方面嫉妒、贪婪、无知，一方面还想要和平、宽容、智慧；我们一方面实行谋杀，一方面又进行安抚。我们必须理解这种矛盾；你不可能既贪婪又和平，也不可能既身处散兵坑，又得到上帝的垂怜；你不可能一方面为无知辩护，而又一方面希望得到开悟。

自我的本质恰恰是处在矛盾之中。而且只有当思想感觉从自身的对立欲望中脱离从而得到自由，才会出现平静和喜悦。这种自由和随之而来的喜悦，是随着深刻觉察到渴望所带来的矛盾而产生的。当你意识到欲望的二元对立，当你具备了机敏的无为，真实之喜悦就会出现，这种喜悦不是意志或时间的产物。

你任何时候都不可能逃离无知，你必须通过自己的觉醒来驱散无知。除了你自己，没有任何人可以使你觉醒。通过你自身的自我觉察，你才能停止自己制造问题。

问：解决心理问题的长久办法是什么呢？

克：在任何人类所面临的问题之中，觉察都可分为三个阶段，不是吗？首先，要觉察到问题的来龙去脉；其次，要觉察到问题的二元或矛盾过程；第三，要觉察到自我，而后体验思考者和其思想的统一。

随便拿一个你的问题做例子——比如说：气愤。首先要觉察到气愤的原因，无论是身体上还是身体上的。气愤也许源于神经的疲劳和紧张；也许源自某种对思想感觉的制约，源自恐惧，源自依赖，或是源自对安全感的渴求等等；气愤还可能源于身体和情绪上的痛苦。我们许多人都觉察到了对立面之间的冲突。但是由于冲突所带来的痛苦或困扰，我们本能地试图用激烈的或各种微妙的方法来摆脱它。我们考虑的是如何摆脱这种斗争，而不是考虑如何理解它。正是这种渴望摆脱冲突的欲望给予了冲突继续下去的能量，由此便维持了矛盾。正是这种欲望必须被我们所察觉、所理解。然而，要在二元的冲突中做到机敏的无为是非常困难的。因为我们不是斥责就是辩解，不是对比就是辨识，所以我们永远在选择阵营，也因此维持了冲突的根源。要对二元冲突进行不做选择的觉察是非常艰苦的过程，但是如果你想要将问题转化，那么这种觉察则是至关重要的。

对外部的修饰，或者说对思想的修正，这其实是思考者的自我保护手段。思考者将其思想安排在一个新的框架里，而这个新框架则护卫着他远离彻底的转化。这是自我的诸多狡猾手段之一。因为思考者将自己和他的思想分隔开来，问题和冲突便得以继续，而且仅仅对他的思想不断进行修正，而不是使思考者自身彻底地转化，这就只会使幻象得以延续。

如果没有理解成为的过程和对立面之间冲突的过程，那么你就不可能体验到思考者和其思想的全然完整的统一。这种冲突不可能通过意志的活动来超越，只有当你不再选择，冲突才有可能被超越。没有任何问题可以通过就这个问题本身所做的计划而解决。只有当思考者停止成为的脚步，问题才能够得到持久的解决。

（在加州欧加橡树林的第五次演讲，1945年6月24日）

撇开防卫和进攻进行思考

今天上午，我会尽可能多地回答大家的问题。

问：如果我们不摧毁在中欧的恶势力，它就会将我们征服。您的意思是说我们不应该保卫自己吗？我们必然将面临侵略。您会怎样面对侵略呢？

克：这股侵略、血腥、有组织犯罪的浪潮看来是周期性的，发展于一个群体，继而又传递到另一个群体。这在历史上反复发生。没有任何一个国家可以从这种侵略中逃脱。我们所有人都要以各自不同的方式为这个大规模侵略和毁灭之浪负责。

没有侵略、也因此没有防卫的生活有可能实现吗？所有的努力都是一系列进攻和防卫吗？生活里有没有可能不存在这种毁灭性的努力呢？每个人都应该觉察到自己对这个问题的反应。所有为了成为所做的努力都会迫使个人的刚愎自用和自我膨胀成为必要，对群体和国家也是这样，因此导致了冲突、敌对和战争，难道不是这样吗？

有没有可能用防卫的方式解决侵略的问题？防卫就意味着自我保护、对立和冲突，而敌对可以通过对立而溶解吗？我们生活在这个世界上，有没有可能从这种你我之间这无止境的战争中，以及随之而来的残酷无情的进攻与防卫中解脱呢？因为我们渴望保护我们的名誉、我们的财产、我们的国家、我们的宗教、我们的理想，因此我们培养了进攻和防卫的精神。我们充满占有欲，而且贪得无厌，所以我们创造了一种社会结构，一步一步地使残酷无情的剥削和侵略成为必需。这种贪得无厌的成为滋养了自己的对立面，因此防卫和攻击就成了我们日常存在的一部分。只要我们还就防卫和进攻进行思考和感觉，我们就不会找到解决方法，因为这只是对混乱和斗争的维持。

有没有可能撇开防卫和进攻进行思考和感觉呢？只有当出现了爱，当所有人都摒弃了由民族主义、对权利的渴求以及其他形式的残忍罪恶所表现出的贪婪、恶念和无知，我们才有可能撇开防卫和进攻进行思考。如果你希望找到这个问题的永恒答案，那么毫无疑问，思想感觉必须要从所有的贪求和恐惧中解脱出来。这种进攻和防卫的姿态是在我们日常生活中培养起来，并最终以战争和其他灾难而告终结。困难在于我们自身矛盾的天性：我们想要和平，但是我们却培养了那些导致战争和毁灭的诱因。我们想要幸福和自由，但是我们却沉溺于欲望、恶念和轻率中无法自拔；我们祈祷了悟的到来，然而又在我们的日常生活中将其否定；我们想要得到对立的双方，因此我们便开始困惑，并迷失了自我。

如果你想要结束这股残酷无情、骇人听闻的毁灭、苦难之浪，如果你希望拯救自己的儿子、丈夫、邻居，你就必须要付出代价。这种苦难不是由某个集体或民族制造出的，是我们每个人制造了这种苦难。每个人都必须从思想上摒弃产生这些灾难和无法言述之苦的根源。你必须完全将你的民族主义、你的贪婪和恶念、你对权力和金钱的渴求置于一旁，将你坚守的有组织的宗教偏见置于一旁，因为这种有组织的宗教一边声称维护人类的统一，一边又驱使人与人对抗。只有这时，和平与喜悦才会出现。

为什么我们看似如果不相互毁灭就不能幸福地、创造性地生活呢？

难道不是因为我们通过欲望、恶念以及"我们根本不能愉悦安静地生活"这种愚蠢的想法将自我限制了吗？我们必须打破自我限制且走进空灵。我们害怕空灵状态，因此我们逃避，也由此用贪婪、仇恨、野心滋养了我们的恐惧。

问题不在于我们怎样去防卫，而在于怎样超越自我膨胀的欲望及对成为的渴望。只有那些摒弃了自己的欲望，摒弃了对名誉的渴望以及对个人不朽的追求之人，才能帮这个世界带来创造性的和平与喜悦。

问：在一个人的成长中，他过去所怀有的希望和欲望总是会残酷地幻灭，继而这种消极的现象又会变为更加积极、生机勃勃的生活，这样不停地周而复始，直到在一个更高的螺旋重复着同一种过程，难道不是这样吗？那么冲突和痛苦是不是就因此对于所有的成长、所有的阶段来说都不可或缺呢？

克：冲突和痛苦对于创造性的存在来说是必不可少的吗？悲伤对于了悟来说是必要的吗？冲突在成为及自我膨胀的过程中难道不是不可避免的吗？创造性的存在状态难道不是摆脱冲突，摆脱积累而生的自由吗？在成为之螺旋的任何一个阶段，积累带来创造性的存在了吗？成为和"成长"在存在的道路上纵向发展，但是这种发展会带来永恒吗？只有摒弃纵向的积累，你才能够真正去体验。存在的体验和纵向的冲突，和成为的冲突有关系吗？因为时间存在，所以永恒就不可能实现。

我们身处冲突之时会发生什么呢？在为了克服冲突所做的挣扎之中，我们变得大失所望，于是便陷入了黑暗。又或者在冲突中，我们试图去寻找各种各样的逃避方式。如果思想感觉并没有深陷幻灭或安抚的庇护所，那么冲突就会找到自行结束的办法。冲突产出了幻灭或是逃避的欲望，因为我们不愿去思考、去感受出其中的所有含义。我们懒惰，过于限制自己，因而不去改变，只是接受权威，选择简单的方式生活。

若要理解冲突并能够自由地检视冲突，我们就必须有一种漠然的平静。但是当我们处在冲突或悲伤之中时，我们本能的反应是从中逃避，逃离其根源，不去面对其隐藏的意义。因此我们寻找各种逃避的途径——活动、娱乐、神明、战争。所以不断增殖出消磨；而消磨变得比导致悲伤本身的根源更加重要。我们于是就变得对其他事物不能容忍，从而对其进行修正或改革，但是冲突和悲伤却依旧在继续。

那么，冲突对了悟是必要的吗？了悟是成长的结果吗？我们所说的成长难道不是自我不停成为的过程，难道不是在不断地积累、抛弃吗？比如说处在贪婪之中而要变得不贪婪这种无止境的成为过程，难道不是这样吗？自我的本质恰恰是制造矛盾。对立之间的矛盾是成长吗？成长会带来了悟吗？除了进一步的冲突和悲伤之外，存于对立之无尽回廊中的斗争还能将我们引向何方？

在成为之中，冲突和悲伤没有止境。这种成为导致了矛盾的冲突，而我们大多数人都困于其中。因为深陷其中，所以我们认为斗争和痛苦是不可避免的，并认为这是一个必要、而又在不断进化的过程。因此时间变成了成长和进一步成为所不可或缺的因素。在这个成为的螺旋之中，斗争和痛苦没有止境。所以我们的问题是怎样将斗争和痛苦结束。思想感觉必须跃出二元模式。也就是说，当冲突和痛苦出现时，我们要无条件地与之生活在一起，而不是去逃避它们。逃避就意味着对比、辩护、斥责；觉察到悲伤并不意味着要去寻找庇护所，寻找慰藉，而是要觉察到思想感觉的运作方式。因此，当你理解了无论是逃避，还是庇护所都无济于事之时，悲伤恰恰可以创造出一种必要的火焰，将自己燃烧殆尽。我们需要的是了悟后的安静，从而超越悲伤，而不是成为的冲突和痛苦。当自我不再忙于成为，那么意料之外的明晰，一种深度的极乐便会出现。这种强烈的喜悦是抛弃自我的结果。

问：我纠结于一个私人问题已经很多很多年了。而我现在仍旧陷于纠结之中。我该怎么办呢？

克：理解一个问题的过程是怎样的呢？若想要理解，心灵必须放下之前积累起来的包袱，这样才能正确地感知。如果你想要理解一幅现代画作，你必须——如果可以的话——将你接受的所有古典教育、你的偏见和训练而来的反应放置一旁。同样的，如果我们想要理解一个复杂的心理问题，我们就必须能够以一种不加任何斥责或偏向的态度去审视这个问题；我们必须用冷静公正的态度和清新的眼光去解决它。

这个提问的人说到他已经纠结于这个问题很多年了。在他的纠结斗争中，他积累了所谓的经验、知识，而且他试图带着不断增加的负担去解决这个问题。因此，他从未敞开、全新地与这个问题面对面，而是带着多年的积累来面对这个问题。此时，是积累的回忆在面对问题，因此他就不可能理解这个问题。死寂的过去黯淡了永远鲜活的当下。

我们大多数人被一些欲望所驱使，而且对此毫无觉察。而即使我们觉察到了，我们通常也只会为其辩护或宽恕它。但是如果我们渴望超越这种欲望，我们一般会与之斗争，试图征服或压制它。在试图征服这种欲望的过程中我们并没有理解它，在试图压制它的过程中我们也并没有超越它。欲望要么依旧如此，要么会以其他的形式出现，它仍旧是冲突和悲伤的根源。这种连续不停的斗争没有带来了悟，相反，它只会激化冲突，用积累的回忆为心灵载上负担。但是如果我们可以深入其中并随之死去，或者放下昨日的负担从而全新地面对它，那么我们就可以理解它。因为此时我们的心灵机警且热切，能够深刻地觉察，并拥有全然的安静，问题于是便可以被超越。

如果我们可以不加判定、不加辨识地处理问题，那么藏于问题背后的根源便会被揭示开来。如果我们想要理解一个问题，我们就必须将自己的欲望、积累的经历、我们的思维方式统统置于一旁。困难不在于问题本身，而在于我们如何处理问题。昨天的伤疤阻碍了我们对正确处理方式的选择。被限制的思想根据自身的模式来阐释问题，而这样一来我们就不可能将自己的思想感觉从问题的斗争和痛苦中解放出来。阐释问题并不等同于理解问题。若想要理解问题并从而超越问题，我们必须停止对它的阐释。全然、完整的理解不会留下任何记忆的痕迹。

问：我处于极度的孤独之中。由于这份孤独，我在关系之中似乎陷入了不断的冲突之中。这是一种疾病，而且必须要得到治愈。能请您帮我将它治愈吗？

克：当前的混乱、苦难都是由这种令人心痛的孤独、空虚所造成的，因为思想本身已经变得空洞，且没有意义。战争和与日俱增的混乱都是由于我们空洞的生活和行为所造成的。

我们大多数人都是孤独的，不论我们是否意识到了这一点；我们的这种意识越深刻，孤独就会变得越强烈、越痛苦、燃烧得愈加旺盛。不成熟的人在其空洞的状态中很容易被满足，但若是一个人意识到得越多，那么这个问题就会越显著。我们不可能逃脱痛苦的孤独，也不能用轻率、无知来克服它。就像迷信一样，无知会产生一种满足感，但是这只会进一步加强冲突和悲伤。我们大多数人都强烈地感到孤独，而这种痛苦正在渗入、钝化我们的心灵。这种足以淹没我们的悲伤之流看似永无尽头地在四处流淌，而我们也一直在寻找从中逃离的方法，想要将其填掩，并有意或无意地用希望和信仰、娱乐和消遣来填满这种痛苦的空虚。我们试着通过活动，通过知识、信仰或无论是宗教的还是世俗的任何形式的嗜好所带来的快感将这种悲伤掩盖。我们处在这种痛苦之中，对庇护所和慰藉的追寻永无止境。无论是世间万物，还是关系或知识都变成了我们从孤独所带来的持续痛苦中逃避的方法。我们认为从一种逃避转向另一种逃避就是进步。我们斥责那些用酒精和娱乐填充这种空虚的人，而对于那些寻找永恒逃避方法的人，我们却称他们的行为是高尚之举，认为这是超脱的、有价值的。

有没有可以永远远离这种空洞的方法呢？我们为了填满这种空虚而试尽了各种各样的办法，但是一次又一次地，我们只是使自己变得对它有所觉察罢了。不管再高尚、再令人满足，所有的补救办法难道不都仅仅是在逃避问题吗？你可能会找到暂时的解脱，但是痛苦不久就又会回来。

要找到解决孤独这个问题的正确、永久的答案，我们必须首先做到不再逃避这个问题，而这是非常困难的，因为思想总是在寻找一个庇护所，一个出口。只有当心灵无条件接受这种空虚，不加任何动机，没有任何希望或恐惧地屈就于它，才能够将其完全转化。

如果你想要真正了解孤独这个问题以及孤独的意义，你必须将原有的世俗价值放置一旁，因为这些世俗价值都只是由真实衍化而来的消磨。是你渴望从自身空洞中逃脱的欲望造成了这些消磨和消磨的价值，因此它们同样是空洞的。只有当心灵脱掉所有伪装和模式的外衣，你才能超越这种痛苦的空洞。

问：我曾经有过或许可以算作"精神体验"、"向导"或是某种"领会"的经历。我应该怎样应对这种情况呢？

克：我们大多数都有过深刻的体验，你想将这些体验叫做什么都行。我们体验过极度狂喜，体验过宏大的视觉，体验过伟大的爱。这些体验用其光亮和气息填充了我们的存在。但是这些体验都不是持久的，它们转瞬即逝，只留下一股芬芳。

对我们大多数人来说，心灵不能够随时体会到极乐。极乐的体验是偶然、意外的，对于心灵来说，这种极乐体验异常宏大，甚至比体验者还要宏大。因此，体验者开始将其降低到自己的水平面，降低到他所能理解的范围之内。他的心灵并不安静，而是在不停重置，处于活跃、喧嚣之中。因为心灵必须处理这种体验；它必须组织这种体验；它必须传播这种体验；它必须告诉其他人这种体验有多美。所以，心灵将这种不能言表的宏大减为一种权威模式或是一种引导方向。心灵阐释、翻译这种体验，由此将其陷入自己的渺小之中。因为心灵不知道如何歌唱，于是它就去追求歌唱家。

这种体验的阐释者、翻译者如果想要理解体验，就必须和体验本身一样深邃而宽广。而因为他并没有具备这样的深度和广度，他就必须停止阐释体验。而要停止阐释，他就必须要在理解过程中保持成熟和智慧。你可能有过某种重大的体验，但是你怎样理解、阐释这种体验就只能取决于你自己这个阐释者。如果你的心灵渺小、狭隘，那么你就只会根据自己的所限条件来解释这种体验。只有你先理解自己的这种限制然后将其打破，你才能抓住这种体验的全部意义。

当心灵从自身的限制中解脱，它便是成熟的心灵，这种成熟并不是通过对某种精神体验紧握不放的记忆而得到的。如果心灵紧握住记忆不放，那么它就是与死亡同行，而非与生命同行。深刻的体验可以向了悟、自知和正确的思考敞开大门，但是对于其他很多行为来说，这种体会则仅仅只会变成一种刺激物、一种回忆，而且不久就会失掉其充满生机的意义，从而阻碍进一步的体验。

我们根据自己的限制条件来解释所有的体验，体验越是深刻，我们的觉察就必须愈加警觉，这样才不会将其误读。深刻而超脱的体验原本罕有，而如果我们拥有了这样的体验，我们也会将其降为和我们心灵一样的渺小程度。如果你是一个基督徒或是一个印度教徒，抑或你没有任何信仰，无论怎样，你都是在根据自己所处的情况来诠释这些体验，将它们降到你自己所处条件的水平。如果你将心灵交付于民族主义和贪婪无度，交付于欲望和恶念，那么你就会进一步用这种体验去残害你的邻居,千方百计将你的兄弟炸死,而此时,你的祈愿也会变成要去摧毁或折磨那些和你国籍、信仰不同的人们。

至关重要的是要觉察到你的限制条件,而不是试图去处理这种体验本身。而我们的心灵却紧握住昨天的体验不放,于是我们就丧失了理解鲜活的当下这种能力。

(在加州欧加橡树林的第六次演讲,1945年7月1日)

寻找安全感是一个自我毁灭的过程

生存是痛苦而复杂的。要理解我们生存中的悲伤，我们就必须重新去思考和体验，必须简单而直接地面对生活。如果可以的话，我们必须每天都以全新的面貌开始。我们必须能够重新估量我们脑中所产生的理想和模式。只有当生命在每日都真正存在之时，我们才可能深刻而真实地理解它。由于你和生命同体，因而如果你不理解生命，那就不会得到持续的喜悦和平静。

我们无论是在内心还是在外在世界所面临的冲突难道不都是由基于快感和痛苦的，且又不断变化、相互矛盾的价值而产生的吗？我们之所以会挣扎斗争，是因为我们试图找到一种可以完全令人满足、毫无变化，并且与我们相安无事的价值。我们在寻找一种永恒价值，可以永远使我们满足，并且其中没有任何疑问和痛苦。我们持续的斗争正是基于这种对永恒安全感的要求而产生的，于是我们在事物、在关系、在思想之中渴求安全感。

如果没有理解不安全这个问题，我们就不会得到安全。如果我们去寻求安全感，那么我们则不会找到安全感。寻找安全感本身便是一个自我毁灭的过程。对于理解真实来说，必定存在着不安全因素，而这种不安全并不是安全的对立存在。一个稳稳靠港，在庇护所里感受安全的心灵是永远不会了解真实的。对安全感的渴求只会滋生懒惰,这种渴求会使得心灵失去柔韧和敏感,变得恐惧而麻木,并且会阻碍心灵对真实的敏锐度。在深度的不安全中,真实才会得以实现。

但是我们的生活需要一定的安全感:我们需要食物、衣服和房子,没有这些,我们的生存便无从谈起。如果我们满足于这些日常基本需求,那么如何有效地组织和分配便可成为一个相对简单的问题了。此时也便不会有个人主义,不会有民族霸权,也不会有竞争性的扩张和冷酷无情的暴行了,而且分立而治的政府也变得没有必要。如果我们完全满足于我们日常的需求,战争也不会爆发。可是我们并不是这样。

我们为什么不能将我们的需求组织好呢?那是因为我们的日常生活和其中存有的贪婪、残忍以及仇恨陷入了持续不停的冲突之中,是因为我们将自己的需要当做一种满足我们心理需求的手段。由于内在的空虚、毁灭性和无创造性,我们利用自己这些需求,把它们当做逃避的手段。因此,需求其实比它们在现实当中拥有更大的意义。从心理层面来讲,需求变得异常重要,因此感官价值意义重大;财富、名义、才能都变成了争取地位、权利及统治权的手段。对于其他事情来说,无论是行为上的还是思维上的,我们也都总是处在冲突之中。因此,为了生存而做出的经济规划变成了首要问题。我们渴求那些给我们带来舒适及安全感这些幻象的事情,但结果我们得到的却只有冲突、混乱和敌对。我们在头脑创造出的安全感当中失去了创造性的真实所带来的快乐,而这种快乐的本质特征却正是不安全。一个不停寻求安全感的心灵永远深陷于恐惧,它从不会感到喜悦,也不会知晓创造性的存在为何物。思想感觉的最高形式莫过于否定性的理解,而这种理解的基本因素便是不安全。

如果我们没有理解自己在心理上的渴望、要求及冲突,那么我们越多地考虑这个世界的问题,这个存在的问题就会变得愈加复杂和无解。如果未能理解、进而超越内心中的欲望、恐惧和嫉妒,那么我们越多地规划和组织我们的经济事务，就会遇到越多的冲突和混乱。若想要满足于点滴，我们首先要理解自己心理上的问题，而不是通过立法，或是要占有那点滴的决心来实现。我们必须机智地根除掉这些在事物、地位、能力里寻找满足感的心理需求。如果我们不去寻求权力和统治地位，如果我们不去独断专行，刚愎自用，那么和平就自然会出现。而只要我们利用事物、关系或观念作为一种手段来满足我们不停增长的心理需求，那么竞争和苦难就永远不会消失。但若是能够从这种需求中解放出来，那么正确的思考就会到来，而正确的思考本身就会带来平静。

问：我是从一个饱受战争之苦的地方来的。我亲眼看到自己周围满是饥饿、疾病，而且，除非可以立即解决这些问题，否则就极有可能爆发内战，出现相互残杀的局面。我觉得我有责任为他们找到解决问题的方法。另一方面，我也看到当今的世界确实需要像您所具备的这样的观念。我有没有可能同时实现这两个目标呢？换句话来说，我怎样同时追求这两个目标呢？

克：只有在追寻真实的过程中，才能找到我们所面临这些问题的永久解决方法。把生存问题和真实分开只会致使我们在无知和悲伤中继续摸索。若是在饥饿、屠杀和毁灭这些问题本身的领地与其斗争，那么则只会招致进一步的悲苦和灾难。在探寻这个世界真正的问题之过程中，你同时也是在探寻个人的问题，你也会找到一个永恒的答案。但是如果你只考虑怎样将贪婪、恶念和无知重新组织起来，那么混乱和敌对就永远不会停止。

如果这个改革者、这个要解决世界问题的人未能彻底将自己转化，如果他的内心没有将价值观革新，那么他所贡献出的力量则只会使得冲突和苦难加深。想要改革这个世界的人必须首先了解自己，因为他自己便是世界。人类当下的苦难和堕落都是由自己所致，而如果他仅仅是计划改革冲突的模式，而不是对自己进行根本的了解，那么他只会加深无知和悲伤。如果每一个人都寻求永恒价值，那么冲突就会在这个过程中自然停止，和平也会降临于这个世界；此时，那些导致敌对、混乱和苦难继续的根源也便会消失。

　　如果你想要终止那些我们随处可以遇到的冲突、混乱和悲苦，你会从哪里着手呢？你是从外部世界着手并试图重置其价值，而与此同时还保留着你自己的民族主义、贪婪天性，保留着自己的仇恨、迷信和宗教信仰吗？还是说你必须从自身着手，彻底除掉那些会带来冲突和悲伤的原因？如果你能够将欲望和世俗——这些现代文明所建立起来的基础丢掷一旁，那么你就会发现、也会体验到从不被任何框架所限制的永恒价值。此时你就有可能帮助其他人从束缚中解放出来。然而事实上很不幸，我们渴望将永恒价值和一系列诱生出敌对、冲突和悲苦的其他价值混为一谈。如果你想要寻求真实，那么你必须丢弃那些基于感觉、欲望、恶念、占有、贪婪及满足感之上的价值。你需要使自己的生活不被那些经济学家、政客、牧师，还有他们所谓的为了和平所定制的没完没了的计划所引导，他们实际上只会将你引向死亡和毁灭。你曾经让他们成为自己的领袖，但是现在，通过深入的觉察，你必须开始为自己负责，因为所有冲突和悲伤的根源及解决方法都存于你自己的内心。是你创造出这些冲突和悲伤，也只有你自己，而非其他人可以解放自己，拯救自己。

　　因此，我们的首要职责——如果可以用职责这个词的话——就是寻找真实，因为只有真实才能带来和平和喜悦。只有在真实中才会有人类永恒的统一；只有在真实中才能停止冲突和悲伤；只有在真实中才会有创造性的存在。没有这种内在的宝藏——"真实"，外部的法制组织和经济规划都意义微小。觉察到真实，那么外部和内在就会和谐统一。

　　问：去年，我曾按照您所建议的思路试着去冥想，并且进行得相当深入。我觉得冥想和梦境有一定的关系。您认为呢？

克：对于那些练习冥想的人来说，这种练习过程其实就是一种成为，一种建立，一种否定或模仿，一种集中，一种将思想感觉狭隘化的过程。这些人要么就是将美德作为一种通向公式化结局的途径来培养，要么就是试图将他们游离的注意力集中在某个圣人、老师或是观念之上。许多人用各种各样的手段想要超越方法的制约，然而因为方法会为心灵塑形，所以最终这些人都成了方法的奴隶。方法和结果并非不同，它们是不能分割的。如果你在寻求一种结果，那么你就会为此找到相应的方法，然而这种结果并不是真实。真实是自然到来的，你无法去寻求它；它必须自己到来，你不能诱导它出现。但是你们普遍练习的这种冥想，是渴望成为或是不成为的过程，它是自我扩张、自我肯定的微妙形式。因此，冥想仅仅变成了一系列存于二元模式之中的斗争。为了成为而在各个不同层次所做的努力，无论是想成为还是想不成为，都无法使冲突归于停止。只有停止渴望，才会得到平静。

如果冥想者根本不了解自己，那么他的冥想就意义甚微，而且甚至会变成阻碍理解的绊脚石。没有自知，真正的冥想便不可能发生，而没有沉冥的觉察，也就不会拥有自知。如果我不了解我自己，不了解我的渴望、动机、矛盾，我怎能理解真理呢？如果我对自己的矛盾境地毫无觉察，如果我仍欲望四溢，无知贪婪，心存妒忌，那么冥想只会推进自我圈附的过程。没有自知，就不会有正确思考的基础；没有正确的思考，思想感觉就不会自我超越。

一位女士曾经说她冥想了数年，而现在也继续着她的看法，她说道：有一群人必须要消灭掉，因为是他们带来了人类的苦难和毁灭。然而她却口口声声称自己推行的是爱、和平和同胞之情，并称这些都是她生活的指引。你们很多人难道不是一面满口仁爱之心、同胞之情地进行冥想，一面却容忍、甚至是参与战争那种有组织的谋杀吗？这样的话，你们的冥想还有什么意义？你们的冥想只会加深你的狭隘、恶念和无知。

若是想要了解冥想的深邃意义，你就必须从自身入手，因为自知是正确思考的基础。没有正确的思考，思想怎能行得久远？你若想要行千里，则必须要始于足下。自我觉察是一个艰苦的过程。要思考出、感觉出每一次思想感觉是极其不易的，但是这种对每次思想感觉的觉察会使心灵停止徘徊。当你试着去冥想的时候，你难道就没有发现你的心灵在不停徘徊、喋喋不休吗？挑选一种思想，将其余全都抹掉，之后试着将意念集中于你所选中的那一思想，这种做法作用甚微。不要试图去控制这些游离的思想，而是要觉察它们，进而思考、感觉出每一个想法，理解其意义——不论是令人愉快还是令人沮丧的意义。要试着去了解每次思想感觉。思想感觉一旦得到了解，就会生产其意义，这样一来，心灵就在理解自身的重复思想和游离思想的同时，也从自身的模式化当中解脱出来。

心灵是过去的产物，是许多利益和矛盾价值的仓库。它永远在收集，永远在成为。我们必须觉察到这些积累的过程，也必须在它们出现的时候便能对其了解。假设你持续很多年都在收集信件，现在你打开抽屉翻查，一封一封地浏览，保留一部分，丢掉一部分。你会将保留下的信件再读一遍，接着你又会丢掉一些，直到抽屉变成空的。同样，觉察每次思想感觉，理解其意义，如若某个思想感觉你没有完全了解，那么就回头重新思考。就像抽屉只有空着的时候才有用途一样，心灵也必须清空所有积累，因为只有这样，才会具备盛载智慧的空间，才会通向真实的极乐。智慧的平静不是意志行为的结果，它也不是一种结论，一种需要达到的状态。当心灵能够在了悟中觉察，智慧便会到来。

当心灵具备了觉察的能力，并能够思考、感觉出所浮现的每种思想和感觉，并且不加任何的对比和辨识，那么冥想便具备其意义了。因为辨识和对比维持了二元矛盾，而且在其模式之内根本没有解决方法。我在想，你们之中有多少人曾真正实践过冥想？如果你曾有过这种实践，你应该会注意到想要做到广泛的觉察，而不是将思想感觉的范围缩小之后再进行觉察有多么困难。在试图集中注意力的同时，相互冲突的思想感觉也会相互排挤、压制、克服，而想要通过这个过程来达到了悟是不可能的。专注是以深刻的觉察为代价才能换来的。如果心灵渺小狭隘，专注也会相应变得微小琐碎，而且事与愿违，这种专注往往还会增强其本身的这种特性。这样狭隘的专注不能够使得心灵对真实敏感；它只会在其本身的固执和无知当中将心灵僵化，而且会使自我圈附的过程永存。

当心灵广阔、深刻、安静，真实就会出现。如果心灵一直在寻求某种结果——无论是再高尚或是再有价值的结果——且心灵想变成怎样，它就不再广阔，也不再无限柔韧了。它必须作为不知者去接受不可知。它必须保持全然的安静，才能找到永恒。

因此，心灵必须了解它所积累的每种价值，在这个过程中，意识的诸多层面——无论是明显的还是暗藏的——都会被揭开，也都可以得到理解。对意识的显性层面察觉得越多，就会有越多隐藏的层面浮现出来；如果意识的显性层面都是迷惘和混乱，那么意识的更深层面就不会投映出来，除非是在梦中才有可能。

觉察是将有意识的心灵从导致冲突和痛苦的桎梏中解脱出来的过程，从而使心灵敞开，接收到隐藏层面的信息。意识的暗藏层面是通过梦境和符号来传达其意义的。如果每种思想感觉都得到了尽可能完全且深刻的思考和感觉，而且并不含任何的斥责或对比、接受或辨识，那么所有意识的隐藏层面就会被揭示出来。通过自始至终地觉察，做梦者便不会再做梦，因为通过机敏和无为的机敏，我们便可以了解存于所有意识层面——无论是明显的还是隐藏的层面——的思想感觉所做出的每一举动。但是，如果你没有能力完整、全然地思考出、感觉出每一思想，那么你就会开始做梦。梦境需要诠释，而诠释则必须要具备自由和开放

寻找安全感是一个自我毁灭的过程　　67

的理智。可事实并非如此：做梦的人又会去拜访解梦专家，因此又为自己制造出其他的问题。只有在深入而广泛的觉察中，梦境才会结束，随之而来的焦灼的诠释也才会消失。

正确的冥想可以有效推动心灵从自我圈附的过程中解脱出来。意识的显性或隐性层面都是过去的产物，是积累的产物，是几百年来教育体系的产物，而毫无疑问，这种接受了教育的、被限制了的心灵不可能对真实敏感。偶然，在冲突和痛苦的暴风雨之后出现的平静安宁之中，无法言表的美和喜悦到来了。而这种美、这种喜悦并不是暴风雨所带来的，它们是因为冲突停止才产生的。心灵必须无为地安静，才会出现创造性的真实。

问：您能解释一下您所说的：一个人必须随每日逝去，或者是一个人必须每天都要经历四个季节这些观点吗？

克：我们需要不断的更新、重生，这难道不是至关重要的吗？如果当下背负着昨日的经历这样的负担，那么就没有更新可言。更新并不是指降生和死亡的行为，它超越了对立的双方。只有从记忆的积累中解脱，才能得到更新，而且除非是在当下，否则了悟不可能实现。

只有心灵不去对比、判定，它才能理解当下。如果仅仅是渴望改变或斥责当下，而不是去理解当下，那么这种渴望就会将过去延续。只有在当下的镜子中不加任何扭曲地去理解过去的映像，更新才会实现。

记忆的积累叫做知识。有了这种负担，有了这些伤痕累累的经历，思想就会永远不停地诠释当下，因此使得其伤痕和限制延续。这种延续受时间约束，因此就不会有重生，也不会有更新。如果你曾完整、全然地体验过某种经历，难道你没有发现这种经历身后并无任何痕迹吗？只有不完整的经历才会留下标记，使标上自我标签的记忆得以延续。我们将当下看作是通向某个终点的途径，因此当下便失掉了其深广的意义。

当下便是永恒。但是这样一个被制造、拼凑出的心灵，怎样去理解并非拼凑出的、且超越一切价值的永恒呢？

面对着出现的每种经历，要尽可能完全、深入地体验它；要广泛且深刻地思考、感觉它；要觉察到它的痛苦和快乐，觉察到你的判定和辨识行为。只有当你对经历的体验完整，才会有更新出现。我们必须每日都能够经历四季，积极地觉察、体验、理解，并摆脱每日的收集物。在一天要结束的时候，心灵必须要清空所积累的快乐和痛苦。我们会有意识地收集，也会无意识地收集，相对而言，丢弃有意识所获得的积累比较容易，而对于思想来说，由于其不停重现的回忆，要从那些潜意识的积累中、从过去、从尚未结束的经历中解脱，就比较困难了。思想感觉总是牢牢紧握住收集的积累，因为它害怕失去安全感。

冥想是一种更新，每日随过去而逝；它是一种高度的无为觉察，将延续和成为的欲望燃烧殆尽。只要心灵依旧在自我保护，那么就依旧会有延续，而不会出现更新。只有当心灵停止创造，才会有真正的创造。

问：您会怎样对待一种不治之症呢？

克：我们大多数都不了解自己，不了解自己的各种紧张和冲突，希望和恐惧，而这些经常会使我们产生精神上和身体上的问题。

首要的是心理上的了悟和心灵上的健康，有了这种了悟和健康，我们就可以应对意外的疾病。身体就像某种工具一样会磨损，但是那些坚持感官价值至上的人却认为这种消磨会带来无法估量的悲伤。他们为了感官和满足感而活，而对死亡和痛苦的恐惧将他们拖入迷惘。只要思想感觉仍受感官支配，那么迷惘和恐惧就不会结束。这个世界的本质就是感官的消遣，因而耐心、机智地解决迷惘和健康的问题是至关重要的。

如果我们的机体受到了疾病的困扰，那么我们就尽可能用最好的办法来应对。而心理上的迷惘、焦虑、冲突、失调会比机体的疾病制造出更大的痛苦。我们总是试图消除症状，而不去想怎样根除诱因。诱因本身也许就是感官价值。感官的满足无穷无尽，这样只会制造出越来越大的混乱、焦虑、恐惧等。这样的生活方式一定会在精神和心理层面的问题里，或者是在战争之中达到极致。除非在价值观上有彻底的改变，否则无论是在内部还是在外部，都只会导致越来越严重的不和谐。只有通过对心理层面的了解，才有可能发生这种价值观的彻底改变。如果你不改变，那么你的迷惘和病情都只会不可避免地加重。你会变得沮丧、失衡，不停地求助于医生。如果没有价值观的深刻变革，那么疾病和迷惘就会变成一种生活的消磨内容、一种逃避，为自我放纵提供良机。只有当我们的思想感觉可以超越时间价值，我们才能够无条件地接受某种不治之症。

感官价值的主导并不能带来正常和健康。我们需要一种心灵的洗涤，而这是任何外物都不可能完成的。我们必须要做到自我觉察，这是一种心理上的紧张。紧张不一定都是有害的；我们必须正确地发挥心灵的作用。只有当紧张没有合理地被应用，它才会导致心理上的困境和迷惘，导致疾病和腐坏。得以正确运用的紧张对于了悟来说是至关重要的。机敏、无为地觉察就是要集中所有注意力，并且不夹杂任何对立面之间的冲突。只有当这种紧张没有得到适当的理解，它才会导致一系列的困境。生活、关系；思想都需要高度的敏感和正确的紧张。我们意识到了这种紧张，一般情况下逃避或误读了它，因此也就阻碍了本会随之而来的了悟。紧张和敏感可以治愈你，也可以毁灭你。

生命复杂而痛苦，其中包含了一系列内部和外部的冲突。我们必须要觉察到精神上和情绪上的姿态，因为这种姿态会导致外围和身体上的困扰。要理解这些姿态，我们必须要有进行安静反思的时间。要觉察到你的心理状态，你必须要拥有一段静默孤单的时间，从日常生活及其常规的喧嚣和纷扰中抽离。这种积极的安静不但对于你心灵的健康很重要，而且对于能否发现真实也是至关重要的。没有这种积极的安静，无论是身体上的健康还是道德上的健康都意义甚微。

不幸的是，我们大多数都很少抽时间进行认真、安静的自我反思。我们任凭自己变得机械，并麻木地追随常规惯例，接受权威，并受之驱使；我们变成了现代文明这个偌大机器中的一个齿轮，失掉了创造力，也没有发自内心的喜悦。我们内在的状态都会投映在外部世界之中。而仅仅对外部的培养是不会带来内在健康的。只有通过不断地自知和自我觉察，才会拥有内在的平静。离开了真实，存在就只会是冲突和痛苦。

（在加州欧加橡树林的第七次演讲，1945年7月8日）

重要的是理解渴望本身,而不是渴望的对象

关系不是一个容易理解的问题,它需要耐心和柔韧的心灵。仅仅对某种管理制度进行评价或服从,是不会理解关系为何物的。这种评价或服从遮蔽了真实,加剧了冲突。如果想要深刻地理解关系,我们必须每天用全新的自己面对它,抛掉所有昨日经历的伤痕或记忆。这些存于关系之中的冲突铸造了一堵持续抵抗之墙,这些冲突不会带来广泛而深入的统一体,相反,它们带来的是无法克服的纷争和分裂。

正如你若是在读一本有趣的书,你便不会跳过任何一页一样,关系也必须要这样去学习和理解。解决关系这个问题的方法并非在外部世界,而是存于内部。答案并不是存于书的结尾,而是可以从我们对待关系的方式中找到。你是怎样阅读关系这本书的——这比答案本身,或是比克服存于其中的斗争要重要得多。你必须每天都抛下所有昨日的负担,全新地解决关系这个问题。正是这种从昨天、从时间之中摆脱而得到的自由带来了创造性的了悟。

生存就意味着关联;没有任何事物可以独立存在。关系既是内部的冲突,也是外部的冲突。内部冲突如果加以扩展就会演变成为世界的冲突。你和这个世界是不可分割的;你的问题就是这个世界的问题;你的心中怀有世界;没有你,这个世界也不复存在。世间不存在孤立,所有

的事物都处在关联之中。

这种冲突必须作为一个整体问题（而不是一个局部问题）来理解。

你已觉察到了关系之中的冲突，觉察到了你和他人、你和世界的不停斗争，难道不是吗？而为什么关系之中会有冲突？难道不是因为依赖和服从，控制和占有之间相互作用才产生的吗？我们服从，我们依赖，我们占有，因为我们内心匮乏，而匮乏产生了恐惧。难道我们不了解这种存于亲密关系之中的恐惧吗？关系就是一种紧张状态，而要理解这种紧张状态，则必须要有深刻的觉察。

为什么我们会渴望占有或控制？难道不是因为对匮乏的恐惧吗？由于害怕，我们便希望得到安全感。不论是在情绪上还是在精神上，我们都渴望安全，渴望像锚一样系于某事、某人，或是某种观念之上。我们在内心当中渴望安全感，其在外部世界的表象就是依赖、服从、占有等等。这种熊熊燃烧、看似无穷无尽的空虚驱使我们在关系之中寻找希望，寻找庇护所，而且我们将逃避孤单的渴望同爱、义务及责任混淆在一起。

但是关系的真正意义何在呢？它难道不是一种自我揭示的过程吗？关系难道不是一面镜子吗？在这面镜子中，如果我们拥有觉察的能力，我们就可以不加任何扭曲地观察到自己的个人想法、动机和内心状态，不是这样吗？在关系之中，我们可以揭示"自我"和"我"的微妙运作过程，且只有通过不加选择的觉察，内在的匮乏才能得以超越。在真实的独在之中，冲突便终止了。这种超越便是爱。爱并无任何动机，其本身便是永恒。

问：我怎样才能变得完整呢？

克： 我们所说的完整指的是什么？难道不是指全然的存在，难道不是指没有任何冲突和悲伤的状态吗？

我们大多数人都试着在我们意识的肤浅层面里保持完整。我们试着使自己变得完整，为的是可以在这个社会模式之中正常发挥作用。我们渴望将自己融入一种环境，因为我们认为这样才是正常的存在方式。然而我们却从未质问过这种社会结构对于我们来说到底有何意义或价值。我们认为遵循一种模式就是完整，而教育和有组织的宗教会助我们走向这种遵循。

难道除了仅仅能够随着社会和其模式而调整自己，完整就没有更深刻的意义了吗？遵循是完整吗？完整就是一种单纯的存在，而不是用来满足我们"保持完整、变得正常"这种欲望的状态，难道不是这样吗？毫无疑问，这种渴望完整背后的动机具有重大的意义。

对完整的渴望可能源自野心，源自对权力的欲望，源自对匮乏的恐惧等等。当然，对于得到某种结果来说，做出相应的协调是必需的，但是让我们想一想，在渴望得到某物的欲望之中包含了什么：妒忌、敌对、斗争、痛苦、刚愎自用、狭隘的成功。一些人压制了对世俗成功的渴望，但却沉溺于成为圣人、成为大师、从而获得精神上的荣耀这种欲望之中，而这种成为的欲望永远只会导致矛盾、混乱和对抗。同样，这也不是真正的完整。如果你有能力去觉察，那么真正的完整就会随之而来，你也能够通过意识的所有层面来进行理解。我们肤浅的意识是教育和外界影响的结果，而只有当思想超越其自身制造出的限制，才会有真正的完整。对于我们意识内许多相对立和相矛盾的部分来说，只有当这些分裂的创造者停止运作，完整才会到来。在自我的模式之中只会有冲突，而永远不会有全然和完整。

当你从渴望中解脱，完整就会到来。而完整并不是终点，你要深入地寻找自知，此时完整就会成为寻得真实的途径。

问：您可能在一些事情上面表现得非常的智慧，但是据我观察，为什么您总要反对组织呢？您能解释一下为什么您认为组织会阻碍我们对真实的追寻吗？

克：我们为什么需要组织呢？难道不是因为效率吗？我们为了生活而组织我们的生存状况。我们可以组织自己的思想感觉，以便使其发挥效能。然而，这种效能是为了什么呢？为了杀戮、镇压？还是为了获取权力？

如果某种观念、信仰，或是某种教条吸引了你，于是你就加入其他人，去有效地散播你所相信的东西，为此你创造了一种组织。但是对真实的理解是宣传的结果吗？这种理解是有组织的信仰，是逼迫或是欺骗的服从所带来的吗？真实是通过基督教、异教或是通过其他某个派别的教条而发现的吗？真实是通过强制、通过模仿而找到的吗？

我们认为，通过遵循，通过信仰的规制，我们便可以了悟到真实，不是吗？思想感觉难道不是必须要超越所有限制，才能够发现真实吗？而目前，思想感觉所体验的只是受到教育、拥有信仰的头脑，但是这样的体验是受限的、狭隘的，而这样的头脑也不可能体验到真实。遵从使得高效地组织变为可能。严守规制和教条使我们可以很容易被操控，但是这样会将我们引向真实吗？当我们从所有的权威，所有的强制和模仿中完全解脱出来而得到真正的自由时，真实才会到来，难道不是这样吗？只有当我们的思想完全静止之时，才能体验得到这种境地。只有在自由的状态之中，我们才能体验到真实。

以宗教的名义，或是以和平、自由的名义将思想感觉严格管制，这听起来可以接受，甚至可以说是鼓舞人心。你倾向于接受权威；你渴望被引导；你期望他人指导你的行为。不论是电影、报纸、收音机，还是政府、教会，它们都在将你的思想感觉模式化，而因为你渴望遵从，它们的任务就变得简单。你对安全感的渴望创造出了恐惧，而正是这种恐惧致使了权威对我们的压制。恐惧不是在控制你的思想过程，而是在控制你的思想内容。只有从恐惧中解脱，你才能发掘真实。

如果不去遵从于权威，那么通过对个体内在动机和目的的揭示，集体努力则会变得意义重大。集体可以映出自我活动的镜像，而且自我觉察也可以通过关系而觉醒。但是如果通过宣传，将集体作为强调自我的工具，或是一种逃避的方式，那么它就会成为发掘真实的羁绊。

当思想感觉不受任何模式、任何规制所限，创造便会出现。自我是遵从、限制和积累的记忆所带来的，因此自我永远不会自由地去发掘，它只可能在其自身的限制之内扩张，将自己在强调、追求、需要的过程中组得高效而狡猾，但是自我却永远不可能得到自由。要自由地发掘，就必须要停止对昨天的回忆。正是过去的负担才使其延续，而这种延续就是遵从。不要为了自由而去遵从，因为这样不会带来自由，而只有在自由之中，才会有创造性的存在。自由是不能被组织的，一经组织，自由便不再是自由。我们试图将活生生的真实圈附于思想感觉认为满意的模式之中，由此将真实毁灭。

问：我想问一下，导师是我们灵感的根本源泉吗？生命本是不平等的，因此必须要有导师和弟子，对吗？

克：这种不平等难道不是无知所带来的吗？这样将人类分成高低难道不是在否定真实吗？这种人类的统治和顺从难道不是无知和机械的结果吗？

我们的社会结构建立在分裂和不同的层次之上——有主管和职员之分，有将军和士兵之分，有主教和牧师之分，以及有知之人和无知之人的分别。这种分别建立在感官价值的基础之上，这种价值观则促使了人与人之间的对抗。这种社会模式滋生了无穷无尽的对立和敌意，而只有当思想感觉超越了贪婪、恶念和无知，这种模式之中的冲突才会结束。

由于我们渴求和竞争的心理状态，我们试图抓住真实，搭建一座成就的阶梯。我们创造出高与低，创造出导师和学徒。我们认为真实是最终要达到的目标，是对于正义之举的奖赏；我们认为真实可以通过时间来获得，因此一直维持着导师和学徒的分别。当然，我们认为前者是成功人士，而后者只是无知之人。

怀有悲悯之心的智者不会将人类分开考虑；那些愚昧之人才会陷入人类的社会和宗教分裂说之中。那些意识到这种分裂、并了解其错误与愚昧之处的人虽然某种程度上克服了它，然而当他们面对所谓的"导师"之时，则又会回到分裂之中。如果你已经在这个感官世界觉察到了由于人类的高低之分所带来的不幸，那么你为什么没有在存在的全部维度之中意识到这个问题呢？在感官世界之中，人与人之间的分别是贪婪和无知所带来的，而同样是贪婪和无知创造出了领袖和追随者，导师和学徒，开悟者和蒙昧者。

刚才这个提问的人问道：导师或圣人是不是灵感之源？如果你从他人身上吸取灵感，那么这只是一种外求的消磨，因此它是虚幻的，且并不具备创造性。灵感可以通过很多方法找到，但是无一例外，这样都只会滋生出依赖和恐惧。恐惧阻碍了了悟，终结了交流，恐惧只会使人成为行尸走肉。

真实的创造性存在状态难道不是一种准则吗？你寄希望于别人，期望他人给予指导，因为你本身空洞而贫乏；你转向书籍、电影，转向老师、上师、救世主，希望从中得到鼓励和力量，而其实你永远都处在饥饿中，永远在寻找，并且永远都不会找到。只有在真实的创造性存在状态之中，冲突和悲伤才会停止。但是，只要成为还存在，只要学徒还渴望成为导师，那么分隔和不等就会继续。这种渴望成为是由无知而生，因为当下就是永恒。只有在孤寂的真实中才会有全然；在创造性存在的火焰中，只有同一，没有其他。

只有通过正确的途径才能够发掘真实，因为途径便是结局。途径和结局不可分割。通过自知和自我觉察，真实之焰就会出现。真实的火焰不是由任何其他人点燃，而是通过你自己清醒的思想才能够熊熊燃烧。没有人可以将你引向真实；没有人可以将你从你的悲伤中拯救。他人的权威是盲目的，只有在彻底的自由中，才能找到终极真实。让我们活在不朽的时光之中。

问：您相信进步吗？

克：有这样一种所谓进步的从简单到复杂的运动，不是吗？有这样一种对环境持续调整的过程，它带来了修正和变革，呈现出种种新的形式。内部世界和外部世界持续地相互作用，修正、转化对方。这不需要去凭空相信，我们可以观察到社会变得越来越复杂，为了生存，为了剥削、压迫和杀戮而组织得越来越高效。简单而质朴的生存变得异样复杂，变得高度的组织化、文明化。我们确实"进步"了：我们有收音机、电影、便捷的交通等。相较于原始的决斗，我们能够一瞬间杀掉成千上万的生灵。毫不夸张地说，我们能够用武器在短短几秒钟的时间内将整座整座的城市夷为平地，将其中居民彻底消灭。我们都非常清醒地觉察到了这些，并且称之为"进步"。更大更豪华的房子，更多奢侈，更多欢愉，带来的是更多的分心。这样可以被当做进步吗？是感官的扩张渴望进步吗？还是进步存于悲悯之中？

我们同时还用进步来表达欲望和自我的不断扩张，难道不是吗？那么，在这种扩张和成为的过程当中，冲突和悲伤曾停止过吗？如果没有，那么成为的目的是什么呢？如果成为仅仅是为了将斗争和痛苦继续下去，为了延续进步的价值，欲望的发展，以及自我的扩张呢？如果在欲望的扩张中悲伤可以停止，那么成为便有其存在的意义，可是成为难道不正是渴望创造的本质，从而延续了冲突和悲伤吗？

"自我"，"我"——这种记忆的包袱，都是过去的结果，时间的产物。而不论其怎样进化，这个自我可以体验到不朽吗？这个"我"能够通过时间而变得更加伟大和高贵,从而体验到真实吗?

"我"——这积累起来的回忆——可以了解自由吗?不断渴求从而导致无知和冲突的自我可以了解开悟吗?只有在自由之中才会存在开悟,而不是在渴求的束缚和痛苦之中。只要自我还在计较其自身的得和失,纠结于成为和不成为,思想便会被时间束缚。而被昨天,被时间所束缚的思想则永远不会体验到不朽。

我们总是就昨天、今天、明天这样的字眼思考;我过去怎样,我现在如何,我将来又会"变成"怎样。我们的思想感觉总是基于积累而进行。我们不停地创造、维持时间的观念,延续"要成为"的想法。"是"和"要成为"难道不是完全不同的吗?只有当理解了"要成为"的过程和意义之时,我们才能够真正地"是"。如果我们想要深刻地理解,我们就必须处于安静的状态,难道不是吗?正是这样重大的一个问题才需要安静,正如美是需要安静的一样。但是,你会问:我怎样才能变得安静呢?我怎样才能停止脑海中喋喋不休的声音?不存在变得安静,只有安静,或者是不安静。如果你觉察到"是"的浩瀚,那么安静就会出现。正是"是"的强度带来了平静。

特性可以被修正、改变,并变得和谐,但特性并不是真实。思想必须超越自身去理解永恒。当我们考虑进步、成长的时候,我们难道不是在时间的模式之中思考感觉的吗?横向的过程总会有成为、修正和改变。这种成为能够获悉痛苦和悲伤,但是这样就会带来真实吗?答案是不能,因为成为永远被时间所束缚。只有当思想将自己从成为之中解放出来,通过勤勉的自我觉察将自己从过去解脱出来,完全的平静才会到来,永恒也会随之而来。

这种理解之平静不是意愿的产物,因为意愿仍旧是要成为,是渴望的一部分。只有当渴望所带来的暴风雨和冲突停止,心灵才会得到真正的平静。正如一片湖水只有风平之时才会浪静,只有当心灵理解并超越其自身的渴望和分心之时，它才会在智慧中得到平静。

当这种渴望在每天的思考感觉行动中得到揭示，我们就可以理解这种渴望。通过不断地自我觉察，渴望以及自我的成为过程就会得以理解和超越。不要依赖于时间，而是要勤于发掘自知。

问：在回答怎样可以永久性解决某个心理问题之时，您说到解决这样一个问题的过程中有三个连续阶段：第一个阶段是要思考这个问题的前因后果；第二个阶段，要将这个特别的问题放在二元矛盾之中去理解；最后则是去发掘思考者与其思想的整体性。对于我来说，好像第一个阶段和第二个阶段相对而言比较容易，而第三个层次却不能用与前两个阶段相同的简单而符合逻辑的进程来到达。

克：我怀疑，你是否在尝试解决某个心理问题的时候亲身观察了我所建议的这三个阶段呢？我们大多数人都可以觉察到一个问题的前因后果，也可以觉察到它其中的二元冲突，但是刚刚这个提问的人觉得最后一步，也就是发现思考者及其思想的同一性却并不那么容易，并且也不能用逻辑的思维来理解。我建议的这三个阶段或三种情形只是为了便于进行口头交流，其实它们处于流动状态，并没有被不同层次的框架所固定。要理解：它们并不是不同的阶段，也并没有高低之分——这点非常重要。它们处在同一理解线轴之上。前因后果、二元冲突以及对思考者与思想同一性的发掘——这三者之间相互关联。

原因和结果是不能分开的；结果存在原因之中。要觉察到一个问题的前因后果，我们需要心灵有一定的敏捷性和柔韧性，因为原因和结果不停地被修改，并且一直处于变动之中。曾经的因果关系也许现在已经改变，而毫无疑问，觉察到这种修改和变动对于真正的理解是必要的。要想跟随这种永在变化着的因果关系是异常艰难的，因为头脑依附、躲避于因果关系之中。头脑坚持要得出结论，因此会将自己限制于过去而不能自拔。我们必须要觉察到这种因果所带来的限制。因果并非静止的，而头脑如果紧握住转瞬即逝的因果，那么头脑便是静止的了。业力①对于因果关系来说是一种束缚。既然思想本身就是许多因果关系的结果，那么它必须从自我的束缚之中解脱出来。我们对待因果问题不能仅仅是肤浅地观察，更不能视而不见。这种问题是持续不断的记忆链条，这种记忆限制了头脑，必须得以观察和了解。而要觉察到这种被创造出的链条，跟随它到意识的任何一个层面，这是异常艰辛的。而无论怎样，我们都必须深入地研究它，理解它。

只要思考者考虑自己的思想，就必然会有二元性出现；只要他还与自己的思想作斗争，二元冲突就将会继续。处在对立面之间冲突中的问题有解决的方法吗？难道问题的制造者不是比问题本身更为重要吗？只有当思考者不再和其思想分离，思想才能够超越二元冲突。如果思考者仍旧作用于其思想，那么他将会维持自己独立的状态，并永远作为对立面之间冲突的原因存在。在二元的冲突之中，任何问题都找不到答案，因为在这种状态下思考者永远与其思想分离。虽然渴望的对象不断改变，但渴望本身不会改变。重要的是去理解渴望本身，而不是渴望的对象。

思考者与其思想是不同的吗？它们不是一种共同发生的现象吗？为什么思考者会和他的思想分离呢？难道不是因为思考者本身的延续性吗？思考者永远都在寻求永恒和安全感，而因为思想并不永恒，因此思考者将自己当做永恒。思考者藏于思想的背后，不去转化自己，却试着去改变思想的模式。他将自己掩盖于思想的活动背后，从而保护自己。他永远是操控被观察对象的观察者，而问题正是在于思考者，而不是在于他的思想。这是思考者的一个小把戏，被自己的思想所困，由此来逃避自身的转化。

---

① 业力，佛教和印度教名词，指因果报应、缘分、命运。——译者

如果思考者将思想从自身分离，并且试着去修正思想而不是彻底将自己转化，那么冲突和妄念不可避免地会随之而来。除了通过思想者自身的转化，再没有其他办法可以摆脱这种冲突和妄念了。这种思考者和其思想的完整结合并不是口头层面上的叙述，而是一种只有当因果关系得以理解，当思考者不再困于二元对立之时才会有的深刻体验。通过自知和正确的冥想，思考者就会与其思想结合，而且只有此时，思考者才能超越自我。也只有在此时，思考者才能终止其存在。在正确的冥想中，专注者就是专注。根据一般情形而言，思考者是专注者，专注于某些事情或是专注于成为某些状态。而在正确的冥想中，思考者并没有和其思想分离。我们偶尔会体验到这种完整，在这种完整中思考者会完全终止。而只有在此时，才会有创造和不朽的存在。思考者是问题、冲突和悲伤的制造者，直到他寻得安静为止。

（在加州欧加橡树林的第八次演讲，1945年7月15日）

正确的思维需要无为的、无选择的觉察

想要在外物和关系之中寻求安全感的欲望只会带来冲突和悲伤，带来依赖与恐惧。在关系中一味地寻找快乐而不去理解冲突的根源则会导致悲苦。当思想强调感官价值并被控制，那么它就只会导致斗争和痛苦。如果没有自知，关系就会变成斗争和敌对的源泉，成为遮掩内在不足、内心贫乏的工具。

不论在任何形式的外物之中渴求安全感，这都意味着我们内在不足，难道不是吗？这种内心的匮乏使我们去寻求、接受，并依附于公式、希望、教条、信念，以及财富，难道不是这样吗？此时我们的行为不就仅仅变成模仿，变得具有强迫性了吗？因此，如果我们的思维锚定于某种意识形态或信仰之上，那么这种思维就会仅仅成为一种绑缚锁链的过程。

我们的思想被过去所限制；"自我"、"我"还有"我的"种种都源自储存起来的经历，它们永远都不会完整。对过去的记忆一直在吸引着当下；拥有快乐或痛苦回忆的自我总是在不停收集、丢弃，永远在缔造其自身的限制之链，并为之更新。它一直在建立，在毁灭，然而却永远困在其自身创造出的牢狱之内。自我紧握住快乐的回忆，丢弃不快的回忆。思想必须要为了真实的到来而超越这种限制。

评估是正确的思维吗？选择是被限制了的思维；而正确的思维是通

过对选择者、对监察者的理解才能够具备的。只要思想还锚定于信念和意识形态，它便只能在其自身的限制内作用；它便只能在其自身的偏见中感觉、作为；它便只能根据其自身的回忆去体验，而这种回忆会延续自我的存在和自我的束缚。限制阻碍了正确的思维。正确的思维并不是评估，也不是辨识。

必须要有不做选择的、机敏的自我观察——选择便意味着评估，而评估则会加强自我辨识的记忆。如果我们希望深刻地理解这一点，就必须要有无为的、不做选择的觉察，这种觉察可以使经历自动展开，揭示其自身的意义。想要通过真实寻到安全感的心灵只会创造出幻象。真实并不是避难所，也不是正确行为的回报。真实并非是可以达到的终点。

问：难道我们不应该怀疑您的经历和言说吗？虽然某些宗教谴责怀疑是一种桎梏，但正如您所表达的那样，怀疑难道不是一种珍贵的良药，是我们所必须具备的特质吗？

克：找出为什么会出现怀疑的根本原因，难道不是非常重要的吗？怀疑的根源是什么？难道不是因为你跟随他人，怀疑才会出现的吗？因此，问题不是在于怀疑，而是在于什么导致了接受。我们为什么要接受？为什么要跟随？

我们跟随他人的权威，他人的经历，而后产生怀疑。对于我们大多数人来说，这种寻求权威、找到结果，进而幻想破灭是一个非常痛苦的过程。我们指责或是批判自己曾经接受过的权威——领袖或是老师——但是我们不去检视自己身上所存有的对权威的渴望，而正是这种渴望引导着我们自身的种种行为。一旦我们了解了这种渴望，我们就会理解怀疑的意义。

在我们内心深处，难道就没有根深蒂固的寻求指导、接受权威的倾向吗？我们内心中的这种强烈欲望源自何处？难道不是源自我们自身的不确定性，源自我们没有在每时每刻都具备辨别真伪的能力吗？我们希望别人为我们制作"自知之洋"的航海图；我们渴望安全感，渴望找到安全的避难所，于是我们便跟随任何一个愿意指导我们的人。不确定和恐惧寻求指导，迫使自己遵从、膜拜权威；而传统、教育又为我们创造了许多遵从的模式。如果某些时候我们不接受、不遵守外界权威的符号，那么我们就创造出自身的内在权威，这是来自我们自身的微妙的声音。然而，我们不可能通过遵从来了解自由。自由随着理解而来，而不是通过对权威的接受，也不是通过模仿。

对自我扩张的渴望创造出遵从和接受，而遵从和接受反过来又会产生出怀疑。我们遵循、服从，因为我们渴望自我扩张，因此我们变得机械，即不再去思考。接受导致机械和怀疑。体验，尤其是那种被冠上宗教之名的经验给我们带来了极大的喜悦，于是我们将之用作引导和参考。但是当那种经验不再能够支持我们，鼓舞我们，我们便开始对其质疑。只有当我们首先去接受了，怀疑才会出现。但是去接受一种别人的经验难道不是愚蠢、机械的吗？"你"自己必须要去思考、感觉，并对真实敏感，但是如果你用权威的斗篷遮盖住自己——不论这种权威是他人的还是你自己创造出的——那么你都不可能达到开悟。理解对权威、对指导的渴望要比赞成或是消除怀疑重要得多。在理解对指导的渴望中，怀疑便会停止。创造性的存在中根本无怀疑的立足之地。

紧握住过去和回忆的人永远处在冲突之中。怀疑不会使冲突结束；只有当你理解了渴望，真实的福佑才会降临。要小心那些声称自己什么都了解的人。

问：我想要了解我自己，我希望结束自己愚蠢的挣扎，做出明确的努力，从而到达全然而真实的生活境界。

克：你所说的"我自己"是什么意思？事实是你变化多端，有没有这样一种持续的时刻可以让你来说"这是永恒的那个'我'"？你必须要理解这是一个多重实体，是记忆之捆束，而不是那种看似是统一被称为自我的实体。

我们处在永恒的变化之中，拥有矛盾着的思想感情：爱与恨，平静与激情，智慧和无知。那么，在所有这些矛盾当中，哪个是你所说的那个"我"？我应该选择其中那个最令人欣悦的一面而丢弃其他方面吗？是谁必须理解这些矛盾且冲突着的"自我"呢？存有一个异于上述这些"自我"的"永恒自我"这样一个精神实体吗？"自我"难道不也是许多实体之间的冲突所带来的延续结果吗？有没有一个超越所有矛盾自我的"自我"呢？只有当你理解并超越了矛盾的自我，才能体验到其中的真实。

所有这些冲突着的、构成"我"的实体还会带来另一个"我"，这个"我"即观察者，也是分析者。要理解自己，"我"必须理解自身的许多组成部分，包括成为观看者的"我"，实施理解的"我"。思考者必须不单能够了解他的诸多矛盾思想，还要了解他自己是这些众多实体的创造者。"我"，这个思考者、观察者，观察他对立且矛盾的思想感情，好像对他来说事不关己，好像他超越其中而存在，就此控制、引导它们，为其塑形。但是"我"这个思考者难道不也是这些冲突之一吗？他难道没有创造这些冲突吗？不论在任何层面上而言，思考者和其思想分离了吗？思考者创造了相互对立着的欲望，根据他的喜恶在不同的时间扮演不同的角色。要了解自己，思考者必须通过自身的许多方面来面对自己。一棵树不仅仅只代表其中的花，也不只是树上的果实，而是它们的综合体。同样的，要了解我自己，我必须不加辨识和选择地觉察"自我"的总和。

如果其中的一个部分被当做了解其他部分的工具，那么怎么会有了悟存在呢？矛盾的一方有可能被另一方所理解吗？只有当矛盾的整体不再存在，当思想不再认为自己是"一部分"，才会产生真正的了悟。

因此，要理解欲望——无论是斥责或赞成的欲望，还是辩护或对比的欲望——是非常重要的，因为正是这种欲望阻碍了对完整存在的透彻理解。谁是判断者？又是谁作为一种实体在比较、在分析？他不仅仅是整个过程中的一方面，不仅仅是不停维持冲突的自我的一方面，难道不是吗？冲突不是通过引进另外一个实体可以解决的，无论那个实体是体现了斥责、辩护，还是体现了爱。只有在自由当中才会存有了悟，但是当观察者通过辨识去斥责或辩护时，自由就不复存在了。只有将所有过程作为整体来理解，才能够开启通往永恒的正确思维之门。

问：鉴于您对权威如此的抵制，那么除了某人声称自己达到了自由境地之外，有没有什么明显的符号，可以客观地使我们认识到某人真的已经得到自由了呢？

克：虽然表达方式不同，但这同样是一个关于接受的问题，不是吗？即便是某人确实声称他已得到自由，然而这对其他人来说又有什么重要意义呢？假如你从悲伤中解脱，那么这对别人很重要吗？只有当一个人去寻求一条可以将自己从无知中解脱之路时，这才变得重要，因为是无知导致了悲伤。因此，首要问题不是谁达到了某种境界，而是怎样将思想从其悲伤之链中解脱。我们大多数人都没有考虑这个重要问题，而是在考虑一些外部符号，通过这些符号我们可能会辨认出谁已经得到了自由，因为我们希望这个人能够将我们的悲伤治愈。我们总是渴望得到，而不是了悟。我们对向导的渴望，对慰藉的渴望都会使我们接受权威，于是我们便永远在寻找所谓的专家。你悲伤的根源是自己，只有你自己才能理解、超越悲伤，除了你，没有任何人可以将你从无知中解救。

谁达到了这种境地并不重要，重要的是要觉察到你自己的态度，觉察到你是怎样对待所听到的种种信息的。我们带着希望和恐惧去听；我们从他人那里寻求光亮，但并没有做到机敏的无为从而去了悟。如果那个得到自由的人看起来好像可以满足我们的欲望，我们便去接受他；如果不可以，我们就继续寻找其他能够满足我们的人。我们大多数渴望的是不同程度的满足感。重要的不是怎样认出那些已经得到自由的人，而是怎样理解你自己。不管是现在还是将来，都没有哪种权威可以给予你关于你自己的知识，而如果没有自知，那么你就不会从无知和悲伤中解脱。

正如你是无知和权威的创造者一样，你同时也创造了痛苦；你使得领袖得以存在，并且跟随着他；你的渴望塑造了你的宗教生活和世俗生活模式。因此，理解你自己，并将自己的生活方式转化是至关重要的。要觉察到你为什么会跟随他人，为什么要找到权威，为什么你希望自己的行为得到指引。我们还要觉察到渴望的运作方式。我们的心灵因为恐惧和对权威的满足感而变得不敏感，而通过对思想感觉的深刻觉察便可以使我们的生命苏醒。通过不做选择地觉察，你便可以理解自身存在的全部过程；通过无为的觉察，开悟便会降临。

问：虽然您已经就几个关于冥想的问题做出了回答，但是我发现您并未提到任何关于集体共修的看法。我们应该单独冥想还是应该和其他人一同共修呢？

克：什么是冥想？难道不是对自我运作方式的理解吗？难道不是自知吗？如果没有自知，没有对整体运作过程的觉察，那么你就不会真实地了解你形成了怎样的个性，你在为什么而奋斗了。对于真正的冥想来说，自知是第一步。那么，你是要独自了解你自己，还是要和其他很多人在一起了解呢？不论是很多人，还是你独自一人，都可能会成为冥想的阻碍因素。如果聚集在一起的很多人都根本不了解自己，那么这种无知的力量就会压制那个试图通过冥想而了解自我的人。集体确实可以激励个人，然而激励是冥想吗？对集体的依赖会制造出遵从；会众的礼拜或祈祷易于受到他人建议的影响，从而使人走向机械。

而独自冥想也可能制造阻碍，加深一个人的偏见和遵从。如果没有柔韧性，没有热切的觉察，那么孤单的生活只会加强他本来的倾向和特质，加固他的习惯，深化其思想感觉的条条框框。如果没有理解冥想的意义所在，那么冥想就会变成一个自我圈附的过程，在自我的幻象中，心灵会越来越狭隘，从而加强其顽固而又轻信的特质。

因此，如果冥想的意义没有得到正确的理解，那么无论你是跟别人一起共修还是自己独自冥想都意义甚微。冥想不是专注，它是一个自我发掘和理解的创造性过程；冥想并不是自我要成为什么的过程。它始于自知，会带来平静和至高的智慧，打开通向永恒之门。冥想的目的是要觉察到自我的整个过程。自我是过去的结果，而且并非孤立而存；它是拼凑而成的。我们要理解并且要超越使自我产生的诸多因素。只有通过深刻的觉察和冥想，才能从渴望、从自我中解放出来。此时也才会出现真正的孤独。但是即便是你一个人冥想，你也并非是孤独的，因为你是无数影响因素或是互相冲突的力量的集合结果。你是一种结果，一种产品，而这种被选择，然后被拼凑起来的产品不可能理解那些完整的过程。当思考者和其思想统一，并超越所有模式，平静才会出现，而只有在这种平静里，真实才会到来。冥想就是要打破许多限制，唤醒意识的各个层面。

由于我们在冲突和痛苦中自我圈附，积极地觉察就变得至关重要，因为通过自知，思想感觉会从自己创造出的恶念与无知、世俗以及渴望的牵绊中解脱出来。这种冥想所带来的了悟才是创造；这种了悟所带来的不是退缩，不是排斥，而是自发的孤单。

在我们所谓的清醒的时间内，我们通过冥想觉察到的越多，所做的梦就会越少，而为了诠释梦境所产生的焦急恐惧也会随之减少，因为如果在清醒的时间里能够自我觉察，那么意识的不同层面就会得到揭示和理解，而在睡眠中这种觉察也会继续。冥想并不只是对于固定的一段时间而言的，它在清醒或睡眠的时刻都能够得以延续。在睡梦中，由于在清醒时分正确地进行了冥想修持的觉察，思想便可以穿透那极具意义的深邃。即使是在睡梦中，冥想修持也仍旧在继续。

冥想不是练习，也不是对习惯的培养；冥想是高度的觉察。仅仅是去练习则会钝化心灵，因为习惯就意味着机械，也会导致麻木。正确的冥想是一个释放的过程，是创造性的自我发现，这种自我发现将思想感觉从束缚中解放出来。只有在自由当中，真实才会存在。

问：在讨论疾病这个问题的时候，您用到了"心理张力"这个概念。如果我没有记错的话，您曾说过不用或者是滥用心理张力，都会导致疾病。而另一方面，现代心理学大多强调放松，从紧张中释放出来等等。您对此是什么看法呢？

克：如果我们达到了了悟的境地，我们就不必紧张而费力了，不是吗？正如你现在在听这个演讲，难道这不是注意力，不是张力吗？所有的觉察都强烈体现了一种正确的张力，难道不是吗？觉察对理解来说是必要的：如果我们想要抓住某个问题的全部意义，我们就需要努力专注。诚然，放松是必要的，有时是有益的；而对于深刻的理解来说，觉察——这种正确的张力难道不是必要的吗？难道对于一把小提琴的琴弦来说，不是必须经过定弦或是拉伸才能产生出准确的音符吗？如果琴弦被过度拉伸，它们就会断掉；而如果琴弦没有被正确地拉伸或定调，那么它们就不会奏出正确的音符。同样的，如果我们的神经紧张过度，那么我们就会崩溃。承受能力之外的张力会导致各种精神上和生理上的混乱。

然而，这种可以扩大和拉伸心灵的觉察对于理解来说难道不是必要的吗？理解是放松或是不专心的结果吗？还是理解随着觉察而来，并且在这种觉察中的张力并不是源于想要抓住、想要得到的欲望呢？难道警觉的安静状态对于深刻的理解不是必要的吗？

张力可以是正面的，也可能是负面的。所有的关系中都有张力存在吗？当关系变成了逃避自我匮乏的方式，成为回避自我发掘这一痛苦过程的庇护所，那么张力就会造成伤害。当关系变得僵硬，并且不再是一个自我揭示的过程，此时张力就是有害的。我们大多数都将关系作为达到自我满足、自我扩张的工具，但是一旦我们没有得到满足，那么一种导致沮丧、嫉妒、幻象和冲突的负面张力就会产生。只要自我的渴望还在延续，就会存有内在匮乏而产生的负面心理张力，也因此会带来各种各样的幻象和痛苦。但是要理解空无，理解痛苦的孤独，就必须要有正确的觉察和正确的张力。贪婪、恐惧、野心、仇恨所带来的张力都是破坏性的，因此都会导致心理和生理上的病态，而要超越这种张力，就必须做到不加选择的觉察。

不论是在物质世界和所谓的精神世界里，以各种形式表现出来的渴望都是意识的所有不同层面所含冲突的根源。成为的张力是无止境的冲突和痛苦。在觉察渴望和由此理解渴望的过程中，思想就会从无知和悲伤中解脱。

（在加州欧加橡树林的第九次演讲，1945年7月22日）

心灵必要每日逝去,才能得到永生

有没有一种持续的,极富创造性的平静状态?那些看似永无止境的对立面之间的斗争到底有没有尽头?有没有一种不朽的极乐境地?

要想结束冲突和悲伤,就必须通过理解,通过超越自我的运作方式以及通过发掘不朽真实来实现,这种不朽的真实并不是头脑所创造出来的。自知是一个艰辛的过程,然而如若没有自知,无知和痛苦就会延续,没有自知,斗争就永远都不会结束。

这个世界被分割成许多部分,每个部分之间都在相互争辩。世界被敌对、贪婪和欲望撕成碎片,被敌对的意识形态、信仰及恐惧毁坏。不管是有组织的宗教还是政治都不能给人类带来和平。人与人之间相互对抗,而对他们所面临的悲伤的诸多解释都不能消除其痛苦。我们用很多狡猾的方法试着逃避自己,但是逃避只会使心灵麻木、钝化。外部世界其实就是我们自身内心状态的表现。因为我们的内心已被熊熊燃烧的欲望敲碎、撕裂,因此我们存在的这个世界也是如此。因为我们内心的混乱不断,所以这个世界上就会有无尽的冲突。因为我们没有内在的平静,世界也会因此变成一个战场。世界因我们而改变。

有没有可能找到持久的快乐呢?答案是有可能,但是想要体验到持久的喜悦,就必须拥有自由。没有自由,我们就不会发现真实;没有自由，我们就不会体验到实相。我们必须寻找到自由——我们要摆脱领袖、救世主的影响，从而寻得自由；我们要摆脱自我圈附这亦好亦坏的围墙来寻得自由；我们要摆脱权威和模仿来寻得自由，摆脱导致冲突和痛苦的自我从而寻得自由。

只要以各种不同形式表现出的渴望还未被理解，冲突和痛苦就还存在。通过对价值观的肤浅重述是不能结束冲突的，更换老师和领袖也不会结束冲突。最终的解决方法是要从渴望中解脱从而得到自由；不是通过其他人，而是通过你自己的内心。除非我们理解渴望并从而超越渴望，否则对于我们所有人来说，内心当中被我们称之为"生存"的无止境斗争就不会终结。

贪婪所带来的冲突体现在对知识、关系和财富的占有之上。不论以任何形式体现的贪婪，都会制造出残酷和不平等。这种人与人之间的分裂和冲突不是仅仅通过对外界的所有物和价值观的改革就可以消除的。因为我们普遍且不断延伸的痛苦和愚蠢，所以平均财富根本没有可能。没有什么改革可以将人们从这种独占的念头中解救出来。你也许可以通过立法或改革将他的财富剥夺，然而他仍旧会紧握住独占的关系和信念不放。这种不同程度的独占念头不可能通过任何外界的改革，或通过强制、纪律来打消掉。而正是这种独占的念头滋生了不平等和竞争。难道不是贪婪使得人与人相互对抗吗？平等和悲悯可以通过头脑的运作而建立起来吗？难道它们不是必须在其他地方才能找到的吗？难道这种分裂不是只有在爱中，在真实中才能停止吗？

只有在爱中，在真实带来的光明之中，我们才能寻得人类的统一。这种人类的同一性并不是仅仅通过对经济和社会的再调整便可以建立起来的。世界总是被这些肤浅的调整所占据；它总是试图在贪婪的模式之中重新调整价值；它总是试着在渴望带来的不安全之上建立安全感，于是给自身带来了灾难。我们希望外部的革新、外部对价值观的改变可以转变人类，而结果是这并没有影响到人类，倒是贪婪，由于在其他层面上找到了满足感，于是便得以继续存在下去。无论在任何时候，这种无止境、无目的贪婪行为都不会给人类带来和平，只有人类摆脱贪婪，才会有创造性的存在。

贪婪创造出了"前"与"后"的分裂。在寻求真实的过程中，你必须既是学徒又是导师；你必须直接去解决问题，而不要受到榜样的影响而去跟随别人的脚步；你必须持续地自我觉察，而且你越是热切和勤勉，那么从自身创造出的束缚中解放出来的思想就会越多。

在真实带来的福佑中，就不会再有体验者和体验之分。背负着昨日记忆的心灵不可能存于永恒的当下。心灵必要每日逝去，才能得到永生。

问：我觉得您的言说非常新颖，也非常能够激励人心，至少对我来说是这样，但是一旦陈旧的思想侵入，就又会使这些新的事物歪曲变形了。看起来好像新的东西会被过去所压制。我们应该怎么做呢？

克：思想是源自过去但作用于当下的产物。过去会不停地扫过当下。这种新鲜的当下，总是在被过去、被已知所吸引。要活在永恒的当下，就必须要使过去、使回忆死去；在这种死亡中，就会存有不朽的更新。

当下延伸到过去，绵延到未来，而没有对当下的理解，通向过去之门就会紧闭。对新鲜的感知是如此转瞬即逝，你才刚刚感觉到它，过去的急流就将它席卷而去，于是它便不再是新鲜的了。只有当我们具备无为觉察的能力，才能够使诸多的昨天死去，从而更新每一天。在这种无为的觉察当中，没有个人的收集，却存有极度的安静，在这种安静中新鲜便可以尽情展现，静默也可以无限展开。

我们试着利用新鲜作为打破过去，或是加强过去的工具，因此我们腐蚀了鲜活的现在。不断更新的现在带来了对过去的理解。是新鲜带来了理解，过去因此才具备了新鲜的生命力。当我们听到或体验到一些新事物时,我们本能的反应是拿它和陈旧的事物对比,和过去的体验对比,和淡去的回忆对比。这种对比只能加强过去,扭曲现在,由此,新鲜便永远在死亡,从而成为过去。如果思想感觉能够存于当下,并对当下不加任何扭曲,那么过去便可以转化成为永恒的现在。

对于你们当中的一些人来说,这些演讲和讨论可能会带来一种新鲜和激励人心的理解。重要的不是将新的事物放在思想或词句的旧模式里。我们要使它保持新鲜,不受污染。如果这种新鲜的事物是真实的,那么它就会用其充足的、极富创造性的光亮赶走陈旧,逐走过去。正是我们想要延续这种创造性现在的欲望,想要利用它,使之变得实用的欲望使得它毫无价值了。我们要让新鲜之船远离过去的锚地,远离恐惧和希望所带来的会导致扭曲了的影响力。

随着你的经历、回忆而逝;随着你的偏见、喜乐而逝。因为你的逝去,腐朽就不会存在。这种状态并非虚无,而是创造性的存在。正是这种更新——如果你允许它出现的话——可以解决我们的问题,消除我们的悲伤,不论这个问题有多么复杂,悲伤有多痛苦。只有在自我的逝去当中,才会有真正的生命。

问:您相信卡玛[①]**吗?**

克:我们必须理解想要"相信"的欲望,然后将之抛却,因为这种欲望并不能带来开悟。寻求真实的人不需要信仰;接近真实的人不会心存教条和教义;寻找永恒的人必须摆脱模式,摆脱受时间束缚的回忆。我们一旦拥有信仰,便停止了找寻的步伐,而信仰带来怀疑和痛苦。我们要寻找的是了悟,而不是知晓;因为在了悟当中,认知者和已知的二元过程就会停止存在。在仅仅寻求知识的过程当中,认知者永远在成为,

---

[①] 卡玛,即因果报应。——译者

于是便会一直处在冲突和悲伤之中。声称自己知晓的人其实并未知晓。

梵语词汇"卡玛"的词根意思是行动、实为。行动是某个原因的结果。战争是我们每日带着恶念、愚蠢、贪婪地生活所产生的结果；冲突和悲伤是我们内在的混乱渴望所带来的后果。难道我们的存在不是束缚之链的产物吗？原因永远都要经受修正，而机敏的觉察对于追随、理解原因是必要的。安静和不做选择的觉察不但能够揭示原因，而且还能将思想感觉从中解脱出来。结果能和原因分割开来吗？难道结果不是永远存在于原因之中吗？我们渴望改革，渴望重新整理结果，然而却没有彻底地觉察原因。这种忙于对结果的追求其实是一种逃避其根本原因的形式。

正如结局存在于方法中一样，结果也存在于原因当中。要发掘肤浅的原因相对容易，而要发掘并超越作为所有束缚原因的渴望，则是异常艰辛的过程，这需要始终如一的觉察。

问：我不但怀有对生命的恐惧，而且对死亡的恐惧感也非常强烈。我怎样才能克服这种恐惧呢？

克：那些能够克服的东西必然要被一次又一次地克服。恐惧只有通过理解才能结束。对死亡的恐惧其实是对自我成就的渴望。我们空洞，于是我们渴望圆满，因此就会产生恐惧；我们渴求到达，因此我们唯恐死亡向我们招手；我们渴求时间去理解，而完成雄心壮志也需要时间，所以我们害怕死亡。我们处在时间的束缚之中。死亡是未知的事物，而我们害怕未知。恐惧和死亡与我们的生命相随。我们渴望自己的延续得到保证。思想感觉在已知间游走，永远对未知恐惧。思想感觉一步步地积累，一步步地回忆，而对死亡的恐惧也就是对失望的恐惧。

因为我们如死一般，所以我们害怕死亡；而生活的人不会如此。那些行尸走肉，为过去所累，担负着回忆、时间的重负，然而对于生活的人，当下便是永恒。时间不是用以衡量结束、衡量不朽的工具，因为结束便是开始。自我编织了时间之网，而思想便困于其中。自我的贫乏，自我痛苦的空洞，导致了对死亡以及对生命的恐惧。这种恐惧总是与我们相随——它存于我们的日常活动之中，存于我们的快乐和痛苦之中。因为我们如死一般，所以我们寻求生命，但生命不是通过对自我的延续便可以找到的。自我，这个时间的制造者，必须让位于非时间性的不朽。

如果死亡对于你来说真的是一个非常重要的问题，而不仅仅是一个口头或情绪上的问题，也不是只源自一种可以用解释来平息的好奇心，那么在你的内心就已经存有深入的安静了。在积极的安静之中，恐惧便会停止。安静自有其极富创造性的苏醒作用。你不能通过对其合理化，通过为其寻找解释来超越恐惧。对死亡的恐惧不会因为一些信仰就结束，因为信仰仍旧属于自我之网的范畴内。源自自我的噪声阻碍了自身消解的过程。我们商议、分析、祈祷、交换解释，这种持续不断的活动和自我的噪声阻碍了真实福佑的到来。噪声只会制造出更多噪声，而其中也不会存有了悟。

当你整个存在都处于深刻且安静的觉察之中，了悟便会到来。安静的觉察不是强迫或引导而得来的。在这种平静之中，死亡就会向创造低头。

问：我从来没有想过自己可以得到自由。我能想到最远的也就是我或许能够维持、加强和上帝的那种完全不能理解的关系，这是我唯一赖以生存的精神寄托，而我确实连它到底是什么都不知道。

您说到"是"和"要成为"，我意识到这些词意味着完全不同的态度，而我的态度毫无疑问属于"要成为"的一种。我现在希望将所有的"成为"转化为"是"。我这样是在自欺欺人吗？我不愿意只停留在词句的转换上。

克：在我们能够理解何为"是"之前，我们必须首先理解"要成为"

心灵必要每日逝去，才能得到永生 97

的过程,以及它所包含的所有含义。难道我们的思想感受的结构不是基于时间吗?难道我们没有就得或失,就成为或不成为而去思考和感觉吗?我们认为通过时间,通过成为,我们就可以找到真实或是上帝。我们还认为生命对于我们来说是一座需要永远向上攀爬的无止境的阶梯。我们的思想感觉被困于成为的横向过程之中。"要成为"的人永远在积累,永远在获得,永远在扩张。而自我,这个"成为者",这个时间的创造者,永远不会体验到不朽。自我——这个"成为者"——便是冲突和悲伤的根源。

"要成为"和"是"是相通的吗?不朽可以通过时间得到吗?我们可以通过冲突找到平静吗?通过战争和仇恨,爱可以出现吗?只有当"要成为"停止,"是"才会出现。而永恒是不会通过时间的横向过程而存在的。冲突不会导致平静,仇恨也不会转化成爱。"成为者"永远都不可能得到平静。渴望也永远不能够通过渴望来超越。只有当"成为者"停止成为——不论是朝好的方向还是朝坏的方向成为——此时悲伤之链才会被打破。

现在,"成为者"希望将他的"成为"转化成"是"。也许他看到了"成为"毫无益处,于是希望将这个过程转化为"是"。现在他必须就是他,而不是"要成为他"。他看到了贪婪的痛苦,于是现在他希望将"贪婪"转化成为"寡欲",而这其实仍旧是"要成为"的过程;他持有了一种新的态度,一种新的叫做"寡欲"的外衣;但是"成为者"依旧持续着成为。这种希望将"成为"转化成"是"的欲望难道不会导致幻象吗?或许这个"成为者"现在已经认识到了"要成为"之中所包含的无止境的冲突和悲伤,并且渴望得到他声称为"是"的不同状态,但是渴望却在以一个新的名义继续。"要成为"的运作过程非常微妙,而只有"成为者"觉察到"要成为"的过程,他才会停止"要成为",继而不再存在于冲突和悲伤之中。仅仅是通过对名字的转换,我们就觉得自己理解了——

我们就是这么容易地抚慰了自己！

只有不为了"要成为"去做任何努力——无论是积极的努力还是消极的努力，"是"的状态才会出现。只有当"成为者"能够自我觉察，能够理解悲伤之链及为了成为所浪费的努力，并且不再利用意念，他才会得到安静。他的欲望和意念渐渐消退，只有这时，才会存有至高智慧所带来的平静。"变得不贪婪"是一回事，"不贪婪"则是另外一回事。"要成为"意味着一种过程，而"是"作为一种存在的状态则不是这样。过程就意味着时间；而"是"的状态则不是一个结果，不是教育、纪律、规制的产物。你不可能将噪声转化为安静；只有当噪声停止，安静才会到来。结果是一个时间的过程，是通过特定的方法达到的特定结局；但是不朽不是通过过程、通过时间就能够产生的。自我觉察和正确的冥想会揭示成为的过程。冥想不是对"成为者"的培养，但是通过冥想者达到自知，"成为者"便会停止运作。

问：如果我们仅仅考虑您所说这些词句的表面意思，也就是说记忆是您所反对的机制之一，而且您不止一次告诫我们要将其丢弃。而拿您自己作为例子，在重述出显然是您提前考虑好的话语这一过程中，有时您会用记下的笔记来帮助记忆。那么在其中有没有这样一种记忆，它是有必要的，甚至是必需的，它与外部世界的事实和数据相关联，而且和所谓的"心理记忆"完全不同呢？您说过这种心理记忆是有害的，因为它妨碍了创造性态度，这种态度在您讲述"闲置休耕"，"每日逝去"这样的词句里面提到过。

克：回忆是积累起来的经历，所积累起来的都是已知，而已知就是过去。背着已知的负担，你能发掘不朽吗？难道从过去中解脱出来对于体验不可估量之物不是必要的吗？被制造出的记忆不能够理解那些不是被制造出的事物。智慧不是积累起来的记忆，而是对真实的至高敏感。

我们该不该就像这个提问者指出的那样，觉察到记忆分为两种——一种是不可或缺的、有关于事实和数据的记忆，而另一种是心理记忆呢？没有这种必要的记忆，我们根本不能相互交流。而我们积累、紧握住心理记忆，由此我们使自我得以延续。所以，自我、过去不停地增强，永远在增加。正是这种不断积累的记忆，这种自我，必须要结束。只要思想感觉还在以昨日的记忆辨识自己，那么它永远都会处于冲突和悲伤之中；只要思想感觉一直在成为，那么它就不可能体验到真实的福佑。真实并不是有辨识能力的记忆的延续。我们根据所储存的东西来进行体验；我们根据自己的所限和心理记忆及倾向进行体验，而这种体验则是不停圈附、限制的过程。我们正是要随这些积累逝去。

对真实的体验是基于记忆、基于积累的吗？对于思想感觉来说，超越这些记忆中相互交织的层面是不可能的，难道不是这样吗？延续就是记忆，那么这些记忆有没有可能停止，从而使一种新的状态可以随之而来呢？这种被教育过、被限制的意识能否理解那些不是结果的事物呢？答案是不能，因此意识必须自我了结。心理记忆，永远在努力成为，它创造出了结果和障碍，因此永远在不停地奴役自己。思想感觉正是要随着这种成为而逝去。只有通过不断地自我觉察，这种自我辨识的记忆才能结束。它不能通过意志的活动结束，因为意志就是渴望，而渴望便是对辨识记忆的积累。

真实不是可以规划出来的，也不可能通过任何公式和信仰被发掘。只有当从成为，从自我辨识的记忆中解脱出来，真实才会出现。我们的思想是过去的结果，而若是未能理解这种思想所受的限制，思想就不会超越自己。思想感觉成为了自身创造的奴隶，成为自身生产出的幻象的奴隶。只有当思想停止规划，才会有真正的创造。

问：难道那些圣人、导师的形象不能帮助我们正确地冥想吗？

克：如果你想朝北走，你为什么要朝南方看呢？如果你可以自由，你为什么要变成奴隶呢？你必须通过醉酒才能了解清醒吗？你必须通过专制才能知晓自由吗？

鉴于冥想有着至高的重要性，我们应该从一开始就以正确的方式接近它。正确的方法创造出正确的结果；结果就含在方法之中。错误的方法生产出错误的结果，无论在什么时候，错误的方法也不会带来正确的结果。通过杀害别人，你能带来宽容和悲悯吗？只有正确的冥想才能带来正确的理解。对于冥想者来说，要理解自己，而不是去理解其冥想的对象，这至关重要，因为冥想者和他的冥想是统一体，不是分隔开来的。没有对自身的理解，冥想就会成为一个自我催眠、受自身限制、自身信仰诱导的体验过程。做梦的人必须要了解的是自己，而不是他的梦；他必须清醒过来，将梦结束。如果冥想者在寻求一种结局，一种结果，那么他就会用自己的欲望将自己催眠。冥想经常会变成一种自我催眠的过程；它也许可以产生某些欲望中的结果，但是这种冥想不会带来开悟。

刚刚提问的人希望了解榜样是不是可以帮助我们正确地冥想。他们也许可以帮助我们集中、专注，但是这样的集中并不是冥想。仅仅只是集中，虽然麻烦，但相对而言还是容易的，而仅仅有了集中又能怎样呢？集中者依旧是原本模样，他只是获得了一种新的技巧，一种新的方法，通过这种技巧和方法，他可以作用、享受、去伤害。如果集中者多欲、世俗、愚蠢，那么集中还有什么价值呢？他还是会造成伤害，仍旧会制造出敌意和混乱。仅是集中会使心灵狭隘，加强限制，因此会导致轻信和固执。在你学习怎样集中之前，你先要理解自身整体存在的结构，而不是某一个部分。有了自我觉察，才会拥有自知和正确的思维。这种自我觉察或是理解自会创造出纪律和集中；这种柔韧的纪律是持久的，有效的，而不是贪婪或嫉妒所带来的自我强制的纪律。理解一直都在延伸的觉察之中拓宽、深化自己。这种觉察对于正确的冥想是至关重要的。

冥想的核心便是理解。

我们将榜样作为激励自己的方法。而为什么我们要寻求激励呢？因为我们的生活空洞、乏味、机械，所以我们在外部世界寻求激励。导师、圣人、救世主于是就变成了必需，一种奴役我们的必需。如果你已陷入奴役，那么你就必须将自己从链条之中解放出来，去发掘真实，因为真实只有在自由当中才能体验得到。

因为你对自知不感兴趣，所以你从别人那里寻求激励，而这其实也是分心的另一种形式。自知是一个创造性发掘的过程，当思想感觉在考虑怎样"获取"，自知的脚步便会受到阻碍。贪婪于某种结果会阻止自知之花盛开。寻找本身就是专心，自有激励在其中。一个不断辨识、比较、判定的心灵不久便会疲劳，此时便会需要所谓"激励"的分心。所有的分心，不论是否有冠冕堂皇的理由，都只是盲目的崇拜。

但是如果冥想者开始理解自己，那么他的冥想便具有了重大意义。通过自我觉察和自知，止嘛的思维就会出现。只有此时，思想才会超越被束缚的意识的各个层面。此时冥想就是一种存在的状态，永恒地在流动；此时冥想自身便是一种创造，因为冥想者已不复存在。

（在加州欧加橡树林的第十次演讲，1945 年 7 月 29 日）

PART 02

美国 1946 年

首先我们必须对自己的意向非常清楚

虽然这里的人为数不少,但是我们还是要试着进行一种自由而认真的讨论,而不是将这些集会变成问答会。当然,有些人在演讲的时候不喜欢被打断,而我觉得对于我们在座的各位来说,大家都参与到某个有目的性的讨论中来会更加有益,而这需要热切的态度和持续的兴趣。

我们在为了什么而奋斗?每个人都在寻求些什么?只要我们还没有觉察到各自的追求,我们之间就不可能建立起正确的关系。一个可能在寻求成功和成就感,另一个可能在寻求财富和权力,另外一个则是荣誉和名望;一些人可能希望积累,另一些则要放弃;也许会有一些人在热切地寻求消解自我的方法,而另一些则希望仅仅是口头探讨一下这个问题。难道对我们来说,找出各自正在寻求之物不是非常重要的吗?要想使自己远离存于内心和身体上的混乱和痛苦,我们就必须要觉察到自己本能的和培养出的欲望及倾向。我们总是就成就、得失去思考感觉,于是便会陷入不停的争斗之中。但是确有这样一种生活方式,一种存在状态,在其中,冲突和悲伤都无处可寻。

所以,想要使这些讨论有结果,首先很有必要去理解我们自身的意向,不是吗?观察在自己的生活当中以及这个世界上都在发生些什么时,便会发现,我们大多数其实都在忙于扩张自我,不论是以微妙的方式还是以粗陋的方式。不论是现在还是以后，我们都渴望自我能够得到扩张。对于我们来说，生活只是一个通过权力、财富、禁欲或是对道德的培养等等不断进行自我扩张的过程。不仅对于个人来说是这样，对于集体、对于国家也是如此。这个过程意味着满足、成为、增长，而这永远都在导致重大的灾难和巨大的痛苦。我们永远都在自我的框架里奋斗，不管这个框架已经被怎样扩大、被怎样美化了。如果这是你的目的，而我的目的完全不同，那么我们之间就不会有关系，即使我们或许经常见面。如果我们的目的不同，那么我们的讨论也将会毫无目的，迷惑、混乱。因此，首先我们必须对自己的意向非常清楚。我们必须清楚并绝对地知道我们所追寻的是什么。我们是在渴望自我扩张，渴望能够对"我"，对"自我"和"我的"进行不停的滋养吗？或者我们在寻求一种了悟的状态，由此可以超越自我的运作过程呢？自我扩张会带来理解和开悟吗？或者说只有当自我停止扩张，光明和自由才能到来？我们能不能充分地揭示自己，去辨明自己的兴趣所向呢？你们肯定是带着认真的意向而来，因此，我们将会进行一些讨论，弄清这种意向，而且还要考虑我们的日常生活是不是体现了我们的追求，以及我们是否在滋养自我这些问题。所以对于我们每一个人来说，这些讨论都可以作为一种揭示自我的方法。在这种自我揭示中，我们会发掘到生命的真实意义。

难道我们不是必须首先拥有能够去发掘的自由吗？如果我们的行为永远是在圈附，那么就没有自由可言。"我"的行为、"自我"和"我的"意义难道不永远都是一种限制的过程吗？是自我扩张的过程会导致真实出现，还是只有当自我停止运作时真实才会到来？我们现在就是在试图找到这个答案，不是吗？

问：为了实现那些不可估量之物，一个人是不是必须不再去经历自我扩张的过程？

克：我可以用另一种方式表达这个问题吗？一个人必须通过醉酒才能知晓清醒吗？一个人必须经历各种状态的渴望，只为了放弃渴望的这些状态吗？

问：我们有什么方法可以应对自我扩张的过程呢？

克：我能说明一下这个问题吗？我们正在诉诸于许多行为来积极地鼓励自我的扩张。我们的传统，我们的教育，我们社会的限制都在积极地维持着自我的活动。这种积极的活动可能会披上消极的外衣——即不去做某些事情。所以我们的行为始终都是自我的积极或消极的活动。通过几千年的传统和教育，思想自然而然、无法避免地接受了自我扩张的生活，不论是积极的还是消极的。怎样才能使思想将自己从这些限制之中解脱呢？怎样才能得到安静、平静呢？如果确有那种平静，也就是说，如果思想没有被困于自我扩张的过程，那么，真实便会到来。

问：如果我没有理解错的话，毫无疑问，您所说的这些已经延伸到了抽象世界，不是吗？您所说的其实是转世轮回，我能这样假设吗？

克：我所说的并不是转世轮回，先生，我也没有进入抽象世界。我们的社会和宗教结构都建基于想要成为的强烈欲望，无论是积极的还是消极的欲望。这种过程正是通过名义、家庭、成就，通过对"自我"和"我的"种种之辨识来对自我进行滋养，而这种辨识则永远会导致冲突和悲伤。我们能感知到这种生活方式所带来的结果——斗争、混乱和敌对——它们永在散播，不停吞噬着我们的世界。一个人怎样才能超越斗争和悲伤呢？这是我们在这些讨论之中试图去理解的问题。

难道渴望不正是自我的根源吗？思想已成为自我扩张的工具，它该怎样做，才能不去为造成冲突和悲伤的自我供给养分？这难道不是一个重要的问题吗？不要让我来使它变得对你重要。难道这对每个人来说不都是一个关键的问题吗？如果是的话，我们难道不该必须找到问题的答案吗？我们用许多方法滋养自我，而在我们斥责或是鼓励之前，我们必须理解它的意义，难道不是吗？我们将宗教和哲学用作自我扩张的方法；我们的社会结构建基于对自我的不断扩充；职员会变成经理，后来又会成为老板，学徒会变成师父，如此等等。在这个过程中，永远都会有冲突、敌对和悲伤存在。这是一个理智上的不可避免的过程吗？只有当我们不再依赖于他人，我们才能亲自发现真实。没有什么专家可以给我们正确的答案。每个人都必须亲自、直接地找到正确答案。因此，这是一个需要我们认真对待的问题。

我们根据不同的环境，不同的情绪和设想，会具备不同的认真程度。认真必须要独立于环境和情绪而存，独立于希望和他人的劝诫而存。我们经常这样想：也许我们在经历一次震惊之后就会变得认真。但是依赖永远不会产生认真。认真随着探询性的觉察而到来，而我们做到机敏的觉察了吗？如果你觉察了，你便会意识到你的心灵一直忙于自我的活动以及对自我所做的辨识；如果你进一步追求这种活动，那么你就会找到深藏其中的自我兴趣。这些自我兴趣源自日常生活的需求，源自你一直从事的事情，源自你的社会角色等等，而所有这些都建立在自我的结构之上。很奇怪，这看起来是无法避免的，然而在我们接受这种无法避免的事实之前，我们难道不应该觉察到我们目的性的意向，觉察到我们是否渴望去滋养自我呢？因为我们会根据自己隐藏的意向行动。我们知道自我是怎样通过快乐和痛苦的原则，通过记忆，通过辨识等等建立起来并不断被加强的。这种过程就是冲突和悲伤的根源。我们认真寻找结束悲伤根源的方法了吗？

问：在我们理解事情的真相之前，我们怎么才能知道自己的意向是

正确的呢？如果我们没有事先理解真实，那么我们就会偏离轨道，建立社团，形成集体，生产出半生不熟的想法。您所建议的首先要了解自己，这一点是必要的吗？我按照您的建议写下了我的思想感觉，但是我发现自己受到阻碍，无法一直跟随我的思想。

克：通过不做选择地觉察你的意向，你就会知晓事情的实相。我们经常受阻，因为我们下意识地恐惧做出一些可能导致进一步麻烦和痛苦的行为。但是如果我们没有揭开深深隐藏着的意向，没有了解其滋养和维持自我的本质，那么我们就不会做出什么明了和确定的行为。

这种阻碍了理解的恐惧难道不是规划和推测的产物吗？你假想这种从自我扩张中解脱出的自由是一种虚无、空洞的状态，于是产生了恐惧，由此阻止了一切真实的体验。通过猜测，通过假想，你阻碍了自己发现"当下实相"的脚步。因为自我处在不停的变动之中，我们便通过辨识去寻找永恒。辨识带来了永恒的幻象，恐惧正是由害怕失去这种幻象而产生的。我们认识到自我始终在流动，然而我们却在自我中抓住一些我们称之为永恒的东西，这种永恒自我都是我们用转瞬即逝的自我编织而成的。如果我们深刻体验到并且能理解这种自我从来都不是永恒的，那么就不会有任何辨识，不会出现任何渴望的特别形式，不会有任何国家、民族之分，也不会有任何组织起来的思想或宗教系统；正因为有了辨识，战争的恐怖和因所谓文明而生的残酷便随之而来。

问：这种不断的流动不足以让我们去辨识，是这样吗？我觉得我们抓住某种叫做自我的自己，因为我们习惯这样称呼。即使一条河流干枯了，我们仍旧知道那是一条河；同样，即使我们知道自我不是永恒的，我们仍然会紧握住它。不论自我肤浅还是深刻，满溢还是干枯，我们都在不计代价地鼓励、滋养和维持着自我。为什么必须忽略"我"的运作过程呢？

克：好，你为什么问这个问题呢？如果这个过程是令人愉悦的，那么你就会继续乐在其中，而不会问这样一个问题；只有当这个过程令人不快，使你痛苦了，你才会有想要结束它的欲望。根据快乐和痛苦，思想被塑形，被控制，被指导，而在这样一个脆弱且不断变化的基础之上，我们竟然要试着去理解真实！自我是否该得到维持是一个至关重要的问题，因为我们整个行为轨迹都是根据于此，所以我们怎样对待这个问题是非常重要的。我们的处理方法决定了答案。如果我们不认真，那么答案就会为我们的偏见和稍纵即逝的想象所左右。因此，解决问题的方法比问题本身更重要。寻找者决定了他找到了什么；如果他心存偏见，身受限制，那么他就会根据自己的限制去找到答案。所以，对于寻找者来说，重要的是要先理解他自己。

问：我们怎样才能知晓有没有这样一种抽象的真理呢？

克：这位先生，毫无疑问，我们现在不是在考虑抽象的真理；我们是在试图发现真实，发掘能够永久解决悲伤这个问题的答案，因为这决定了我们整个生命的轨迹。

问：被限制了的头脑能观察到自己的局限吗？

克：我们难道没有可能觉察到自己的偏见吗？当我们不诚实、不宽容，当我们贪婪的时候，难道我们不知道吗？

问：对身体的滋养是不是也是错误的呢？

克：我们现在考虑的是心理上的滋养，考虑的是会导致这些斗争和悲苦的自我扩张。你可以认为自我的活动不可避免并接受它、追随它的轨迹，但或许还有一种其他的生活方式存在。如果这对我们每一个人来说都是个紧要的问题，那么就让我们找到它的正确答案。

问：当我们对真实的欲望大于对任何其他事物的欲望，我们是否就不能了解到真实了呢？

问：自我一直都只会造成伤害吗？自私有没有带来过益处呢？

克：以自我为中心的专注和活动，无论是积极的还是消极的，都是斗争和痛苦的根源。你们每个人有多严肃地在考虑这个问题呢？我们有多认真地去发掘"我"、"自我"的本质和活动的真相呢？如果我们首先没有搞清楚这一点，那么我们的冥想和精神训导就没有任何意义。真正的冥想不是以任何形式出现的自我扩张。因此只要我们就我们的目的有一个普遍的理解，就不会有混乱，我们之间也会出现正确的关系。

问：有没有一种直入问题的方法，可以找到真实呢？

克：有，但是这需要极致的安静和敞开的接受。这需要正确的理解；否则，为了敞开、为了安静而做出的努力就会成为自我扩张的另一种方式。我说的是有这么一种完全不同的生活方式——不是自我扩张的方式，并且其中有极乐的存在——但是如果你仅仅是接受我所说的观点，那么这将不会起到任何的作用。这种接受会变成自我活动的另一种形式。你必须亲自、直接地去了解自我的真相，你不可能通过其他人而意识到真相，不论这个人有多么伟大。没有任何权威可以揭示它。只有通过自知，真实才能够得到揭示。我们面临着一个共同的问题，我们现在就是在试着寻找这个问题的正确答案。

问：写一本书可以成为一种自我扩张的行为，有没有可能不是这样呢？

问：我们是不是不应该在生活中建立目标呢？

克:"我"可以选择一个崇高的目标,然后将它用作扩张自我的工具。

问:就我们现在所知,如果没有自我扩张,那么会不会有目的存在呢?

克:一个困睡的人梦到他怀有一个目的,或是梦到必须选择一个目的,但是清醒之人会怀有目的吗?他只是清醒而已。我们的坐标框架,还有我们那些不论是消极还是积极的目的,其实都是衡量自我增长的手段。

问:成就是自我扩张吗?

克:如果有什么阻碍了成就的进程,难道自我不会产生沮丧的痛苦吗?这一类的问题都可以在发现自我扩张过程的真相中找到答案。这取决于认真的程度和心灵敞开的接受度。

问:我们是不是在放弃自我扩充之前,必须要了解另外那种生活方式是什么?

克:在我们认知到错误之前,认知到获得和自我扩张的无用之前,我们怎能知晓或觉察到另一种生活方式呢?在理解自我扩充其运作方式的同时,我们就会具备觉察的能力。对其运作方式的推测成为理解那种生活的障碍,当然在那种生活中,自我不可能是永恒的。所以,我们难道不是必须要发掘自我习性的真相吗?对障碍的了解本身便是自由,而不是去试图摆脱障碍才能得到自由。如果没有真实的自由行动,那么为自由做出的努力就仍旧处在自我的圈附围墙之中。只有当你愿意将自己心灵的全部都交付于真实,你才能发现真实。仅仅是在闲余时间花费些精力是不行的。如果我们够认真,我们就能找到真实;但是这种认真不是基于任何形式的刺激。我们必须付出完整、深切的注意力,才能发现我们问题的真相，不是勉强吝啬地付出一些时间，而是要不停地专注。只有真实才能将思想从其圈附的过程中解救出来。

（在加州欧加橡树林的第一次演讲，1946年4月7日）

悲伤的根源就是自我的扩张活动

我们说过,如果我们没有相互理解对方的意向,那么我们之间就不会有正确的关系。自我扩张的运作方式就是斗争和悲伤的运作方式,而不是真实的。真实的极乐境地是通过清醒、通过至高的理智而找到的。理智不是对记忆或结果的培养,而是一种觉察,在这种觉察中,辨识和选择都不复存在。

要完全、彻底地思考出一种思想是非常困难的,因为这需要耐心和可延伸的觉察。我们一直在一种生活方式中受到教育,这种生活方式通过成就、辨识,通过有组织的宗教而助长自我;这种思想行为方式将我们引向恐怖的灾难和无法言说的悲苦之中。

问:您曾说过启蒙之光是不会随着自我扩张照射而来的,但难道它不是随着意识的扩张而到来吗?

克:不论是启蒙之光,还是对真实的了悟,都不可能随着自我的扩张,随着我为了增长、成为、完成所做的努力而到来,因为这种努力无非是我的意念所为。如果自我一直在过滤经历,进行辨识,积累记忆,那么怎么会有了悟出现呢?意识是头脑的产物,而头脑是限制、渴望的结果,因此它是自我的宝座。只有当自我、记忆的活动停止,才会有完全不同的意识，而任何关于意识的推测都是阻碍因素。为扩张所做的努力仍旧是自我的活动，而自我意识的目的就是增长和成为。像这样的意识，无论它怎样扩张，都会受到时间的束缚，所以非时间性的不朽便不会存在。

如果一个人想要理解某个重要的问题，难道他不该将自己的倾向、偏见、恐惧、希望，以及他所受到的限制都置于一旁，简单而直接地去觉察吗？在一起思考我们所面临的问题之时，我们是在将自己揭示给自己来看。这种自我揭示极其重要，因为它会为我们揭开我们自己的思想感觉是如何运作的。我们必须深入挖掘自己才能找到真实。我们受到制约，而思想有没有可能超越其自身的限制呢？只有当觉察到我们的制约，思想才可能超越自身限制。我们在自我的扩张的过程中培养了一种理智；通过贪婪，通过获得，通过冲突和痛苦，我们培养了一种自我保护、自我扩张的理智。然而这种理智能够理解真实吗？要知道，只有真实才能解决我们所有的问题。

问：用"理智"这个说词合适吗？

克：如果我们都理解我在这里所用的这个词，那么它就是合适的。主要的一点在于，这种通过自我扩张培养出来的理智能否体验、发掘真实呢？还是必须要有另外一种活动，另外一种觉察来用于接受真实呢？要发掘真实，就必须从自我扩张的理智中解脱出来，因为这种理智永远在圈附，不停地在限制。

问：我们是不是一定不能从何者为真的观点去看待自我扩张呢？

克：看到非真是非真，看到真实是真实，不是件易事。如果你看到了自我扩张的真实相，那么这个问题就在开始消解了。要在非真中看到真实，你就必须首先理解你自己。正是在非真之中的真实才会给你带来自由。

问：您的意思是还存在一种比我们的理智更伟大的理智吗？

克：我们不是在试图发现有没有一种更伟大的理智，我们现在考虑的是我们特有的这种被孜孜不倦地滋养着的理智是否能够体验或理解真实。

问：到底有没有真实这种东西存在呢？

克：若想要找到问题的答案，那么我们就必须要有平静的头脑，一个不编造思想、意象和希望的头脑。因为头脑一直在通过自己的创造寻求扩张，所以它就不能体验到真实。如果头脑这个工具变得模糊，那么在寻找真理的过程之中它就意义甚微了。头脑首先要将自己涤清，然后才有可能知晓到底有没有真实存在。因此，每一个人必须要觉察、认识到自己智力的状态。受到限制的头脑，对于发现真实来说难道不是一种障碍吗？在思想解放自己之前，它必须首先要认识到自己的局限。

问：您能告诉我们怎样才能在不损害自己的前提下经历这个过程呢？

克：恐怕我们谈话的目的南辕北辙了，因此我们便越来越迷惑。我们每个人到底在寻求什么？难道我们没有觉察到我们其实是在共同寻找吗？

问：我正在试图解决我的问题。我在寻找上帝。我希望得到爱。我想要安全感。

克：难道我们不是都在寻求超越冲突和悲伤的方法吗？对于我们个体来说，冲突和悲伤虽不尽相同，但是共同的原因都是自我扩张。冲突和悲伤的原因是渴望，是自我。通过理解根源从而消解根源，我们的心理问题便会结束。

问：如果中心问题解决了，那么是不是我所有的问题都能得到解决了呢？

克：只有当你消解了所有问题的根源——自我，问题才能够得到解决；否则，每一天都会有新的斗争和痛苦。

问：我的理智告诉我，通过解决我个人的问题，我就可以和谐地融入整体之中。我们每个人都有不同的目的吗？

克：由于我们自身的矛盾和迷惑，难道我们没有根据自己的倾向和欲望制造出不同的目的吗？难道我们的目的和问题不是自我编造出来的吗？

在悲伤之中，我们寻求快乐。如果这是我们主要考虑的问题——毫无疑问对于我们大多数人来说都是这样的——那么我们必须知道是什么原因阻止了我们得到快乐，或者是什么原因使得我们悲伤。

问：我怎样才能除去这些根源呢？

克：在你问这个问题之前，你必须觉察到导致悲伤的原因。处于悲伤之中，你说你在寻求快乐，所以你对快乐的追寻其实是在逃避悲伤。只有当悲伤的根源不再运作，快乐才能到来。因此快乐是一种副产品，它并不是终极目的。悲伤的根源在于自我，以及它对扩张、成为，对非现存的另一种状态的渴望，对感觉、权利、快乐等等的渴望。

问：如果没有不满，就不会有进步，世界就会停滞。

克：你希望同时拥有"进步"和快乐，而这就是你的难处，不是吗？你渴望自我扩张，但是不想要冲突和悲伤，而冲突和悲伤会不可避免地随自我扩张而来。我们害怕看到自己实际上的样子；我们想要从现实中逃离，而我们称这种逃离为"进步"或是将它称为寻找幸福。我们声称如果没有"进步"的话，我们就会衰退；如果我们不挣扎地从"当下实相"中逃离，我们就会变得懒惰、机械。我们受到的教育和所创造的整个一切都在帮助我们逃离。然而要得到快乐，我们必须先了解悲伤的根源。要了解悲伤的根源并超越它，我们就要面对悲伤，而不是通过虚妄的观念或通过自我的进一步活动来寻求逃离的途径。悲伤的根源就是自我的扩张活动。即便是摆脱自我的渴望也是自我的消极行为，因此是虚妄的。

问：我们能否站在一种积极的角度而不是消极角度来对自己说我们是一个整体呢？

克：不论是自我积极的行为，还是其消极的行为，难道它不仍旧是自我的运动吗？如果自我声称自己是一个整体，那么这种自我的活动难道不是在企图将"整体"这个概念圈附于其自身的围墙之内吗？我们认为通过不停地声称"我们是整体"，我们就能够成为整体——这种重复其实是在自我催眠，而被麻醉并不是被启蒙。我们还没有觉察到我们头脑中狡猾的诡计。没有自知，便不会有快乐，也不会有智慧存在。

问：我并没有自我扩张的欲望。

克：这个问题可以如此轻易得出结论，可以这么轻易地说出来吗？自我扩张的欲望复杂而微妙。我们思想的结构建基于这种扩张的基础之上，想着怎样去增长、成为和完成。

问：悲伤的根源是不完整。由于受到了扩张的鼓动，因此我们对它产生了渴望。

克：我们难道不能在此时此刻亲自、直接地体验到悲伤的根源吗？如果我们能够体验、理解这种要扩张、要达到存在状态的急切欲望，那么我们就能够超越我们口头所说的悲伤根源。

问：我想要找到真实，而这对于我来说便是扩张自我的原因之一。

克：为什么你要寻求真实？是因为你不快乐才去追寻它的吗？而且你希望通过发现真实来得到快乐，是这样吗？真实不是补偿，它也并不是对你所受的痛苦和挣扎所做的奖赏。你希望真实将你解放吗？自我的活动永远在捆绑，且不会引向真实。没有自我觉察和自知，怎么会有对真实的理解？我们认为自己在追寻真实，但是或许我们只是在寻求令人满意的补偿和欣慰的答案。我们口头上声称我们需要同胞之爱，需要统一，但却不去将存于我们内心的导致冲突和敌意的原因根除。我们必须觉察到自我扩张的根源，并且去直接体验它全部的蕴含。

问：自我扩张是一种自然的本能，它有什么错呢？

问：我们希望被爱，而且如果受到挫折，我们就寻求另一种可以满足我们的形式。我们在不停地寻求满足感。

克：自我扩张看似是自然本能，但却是不满和痛苦的根源；它是经常发生的灾难的根源，是残忍的文明、激增的悲苦之根源。它或许是"自然的"，但毫无疑问，我们必须超越它，从而走向不朽的永恒。对满足感的渴望是没有尽头的。

问：为什么人们会有想要高高在上的欲望呢？

问：我不知道为什么，但是我内心确有想要高高在上的欲望。如果不是曾被人消遣或恐吓过，这一点我是不会观察到的，然而我确实想要高于他人。我知道有优越感是错误的，因为这将会导致悲苦，违反公益，

悲伤的根源就是自我的扩张活动

而且这也是不道德的。

克：你仅仅只是在斥责想要超越别人的欲望，而并不是在试图理解它。斥责或接受都会制造阻碍理解的抵抗力。我们所有的人难道不都是在渴望以各种形式来超越他人吗？如果我们否定这种超越的欲望，如果我们斥责它或对它视而不见，那么我们就不会理解维持这种欲望的根源。

问：我想要高高在上，因为我希望被人们爱戴，因为得到别人的爱是非常必要的。

克：处于劣势之中，就会有想要优越感的欲望；如果没有被爱，我们就渴望得到别人的爱。也就是说，在我的内心中，我是卑微、空洞、肤浅的，因此我渴望根据不同的场合戴上不同的面具：高贵的面具、认真的面具、声称在寻求上帝的面具等等。由于内在的贫乏，所以我们渴望拿宏大的事物来定位自己，比如用国家、导师、某种意识形态等等——定位的形式在不同环境和情绪的影响下也会不尽相同。

你可能在追求美德，做一些精神练习，但是通过掩盖这种不完整，在有意或无意地否定它的过程中，你不可能超越这种不完整。在超越它之前，所有的活动都是自我活动，而自我活动便是冲突和悲伤的根源。因为内在贫乏，所以我们培养了一种逃避的狡猾技巧，而我们却还用各种各样悦耳的名字来将这种逃避命名。这种头脑活动的过程怎能理解真实呢？它怎样去理解一些不是它自己编造出的事情呢？

想要高高在上的欲望，成为导师的欲望，积累知识的欲望，在某些活动中自我沉醉的欲望，都为我们提供了逃避内在的贫乏和不足的方法，使我们充满希望、心满意足。由于空虚和不完整，所以所有的活动，不论再怎样高尚，都只能沦为自我的扩张运动。

问：我们能偶尔地意识到自己在逃避的现实，不是吗？

克：我们可能会，但是自我扩张的欲望异常狡猾、微妙，所以它不会直接和我们内心贫乏这个令人痛心的事实起冲突。怎样处理这个问题是我们所面临的困难，不是吗？

问：当你自由之时，活动的目的又是什么呢？

克：一个由贫乏和恐惧而生的心灵怎能体验到非自我的活动呢？一个贪婪、恐惧，并被教条和信仰所束缚的心灵怎能体验到真实呢？当然不能。对其限制之外是何物的推测只会延迟你对其束缚的认识。如果让我给些建议的话，那就是：我们能试着在即将到来的这一周里去觉察这种由自我扩张培养出的束缚吗？——因为这种限制，所以这个不断扩张的自我永远不会体验或发现真实。

（在加州欧加橡树林的第二次演讲，1946年4月14日）

紧握自己的信仰或经历不放，只会滋生偏执

没有对真实的体验，就永远不会得到从冲突和悲伤中解脱出来的自由；只有真实才能转化我们的生活，而仅仅是做出决心则不能。自我的所有活动及其决心和所做的否定都必须停止，以便为真实让开道路。要理解自我的活动，就必须要有认真的努力，持续的警觉及兴趣。我们当中的许多人都紧握住自己的信仰或经历不放，而这样只会滋生偏执。

认真不会取决于情绪、环境，也不会受到外界刺激的影响。一些试图认真生活的人根据某些特定的习惯性思维、信仰或是原则付出努力，由此变得狭隘又死板。这种费力的付出阻碍了深刻的理解，也关闭了通向真实之门。如果你仔细考虑这一点，你就会发现我们有必要做到的是自然的、不费力的洞察，以及拥有能够发现和理解的自由。如果我们认同了这些观点，那么这些观点就会生根发芽，为我们的日常生活带来彻底的转化。这种不勉强的接受要比为了理解付出的努力重要得多。

问：恐怕您说得不是特别清楚。

克：我们在座的大多数都正在为了理解而做出努力。这种努力是意念的活动，只会制造出阻力，而阻力并不能由另一种阻力、另一种意念活动来克服。这样的努力实际上阻碍了理解。然而，如果我们能够机敏

地顺从、觉察，那么我们就会达到深刻的理解。我们现在所做的全部努力都源于自我扩张的欲望。只有当我们可以不做任何努力地进行觉察，我们才会具备发现和理解的能力，从而感知到真实。

当我们看到一幅图画，我们首先想要知道这幅画的作者是谁；然后我们便开始将它与别的画作比较，对它进行批评，或者试图根据我们自己的限制来解读它。我们并不是真正在欣赏画面或风景，我们考虑的只是自己可以解读、批评或赞赏的聪明才智；我们普遍都被自我所充斥，因此我们并不能真正欣赏图画或风景。如果我们可以排除自己的评价和那些所谓的聪明的分析，那么或许这幅画作就能够传达出它的意义了。同样的，只有当我们敞开心灵去发现和体验，这些讨论才会具有意义。而这种发现和体验被我们对信仰、回忆和限制的偏见又固执的坚持所羁绊。

问：一个人能够为了做到无为的觉察而做些什么吗？我可以为了敞开心灵做些什么吗？

克： 想要敞开心灵的欲望恰恰就是自我的努力，而这种自我的努力只能制造出阻力。我们必须要觉察到我们的圈附状态，觉察到意念的活动会成为阻力，而且正是想要得到无为的洞察的欲望成了另一种阻碍。为了敞开心灵而做出的积极努力就是要抛却贪婪这个障碍。觉察到自我圈附的活动也就是将自我圈附打破；而如果没有这种觉察，却还想要敞开心灵，其结果只会进一步制造出阻力。只有当心灵归于平静，无为的觉察才会到来。在这种安静中，真实便会出现。这种安静不是诱导而生的，也不是意念活动的产物。一种由欲望、由自我扩张产生的理智永远在制造阻力，因此这种理智也永远不会带来平静。这种自我保护的理智是时间的产物，是非永恒的产物，所以它永远都不会体验到非时间性的不朽。

问：这种理智难道没有其他用途吗？

克：它的作用只是保护自我，这种自我保护导致了不可言说的不幸和痛苦。

问：从变形虫到人类，所有生灵的理智都是为了寻到安全感和自我扩张而发展的，这是自然的、不可避免的现象，这同时也是一个封闭的恶性循环圈。

克：也许表面上确实如此，但是为了寻求安全所做出的活动并不会将人类引向安全、幸福以及智慧。相反，这种活动会将人们引入混乱、冲突和苦难。有另一种活动，它不同于自我的活动，你必须去寻求它。我们需要一种不同的理智来体验不朽，只有通过这种理智，我们才能将自己从不停的斗争和悲伤之中解放出来。我们现在所拥有的理智是对粗糙的或微妙的满足感、安全感渴求的结果；它是贪婪的产物，是自我辨识的结果。这种理智永远都不会体验到真实。

问：您是说理智和自我意识是同义词吗？

克：意识是经过辨识的延续体的结果。感觉、感受、合理化，以及经过辨识的、经过延续的回忆组成了自我意识，不是吗？我们能准确地判断意识结束于何处而理智又始于何时吗？意识和理智相互流动，不是吗？难道存有不加任何理智的意识吗？

问：如果我们觉察到了自我扩张的理智，那么会不会有一种新的理智到来呢？

克：我们根据经验应该知道，只有当自我保护和自我扩张的理智结束，新形式的理智才会出现。

问：我们怎样才能超越这种受限的理智呢？

克：通过无为地觉察其错综复杂的活动。在这样的觉察过程中，没有任何自我意识的参与，滋养自我智性的根源就会自然而然地结束。

问：我们怎样才能培养出另一种理智呢？

克：难道这个问题本身不就是错误的吗？我怀疑你们有没有专注于现在所说的话题。错误不会培养出正确。我们仍然就自我扩张的理智在进行思考，而这对于我们来说也是难点所在。我们没有觉察到这一点，所以我们不假思索地问道："怎样才能培养出另一种理智？"毫无疑问，有这样几点明确、重要的要求，达到了这些要求，我们就可以将头脑从这个受限的理智中解脱出来。这些要求包括：谦逊、顺应和心怀悲悯；抛掉贪婪，即不加辨识；脱离世俗，即从感官价值中解放；跳出愚蠢、无知，因为愚蠢和无知是缺乏自知的表现。我们必须觉察到自我狡猾、迂回的运作方式，而在理解它们的过程中，美德便会到来，但是美德本身并不是终点。自我的兴趣不会培养出美德，它只会打着美德的旗号来使自己永存。在美德的掩盖下，自我的活动依旧。这就好像是我们已经在毫无觉察的状态下戴上了有色眼镜，却还要试图看到清晰、纯净的光亮一样。要看到纯净的光亮，我们必须首先觉察到自己所戴的有色眼镜；如果我们想要看到纯净之光的欲望很强烈，那么这种觉察会帮助我们将有色眼镜移去。这种移除并不是用一种阻力来对抗另一种阻力的行为，而是源自了悟其不加任何努力的行为。我们必须觉察到真实，而对"当下实相"的理解便会将思想解放；正是这种了悟会带来开敞的接受，从而超越这种特别的理智。

问：这种我们都很熟悉的理智是怎样产生的呢？

克：它是通过认知、感觉、接触、欲望、辨识而产生的——这所有的环节都会通过回忆来延续自我。快感、痛苦、辨识的衡量维度一直在维持这种理智，从而让这种理智永远不会打开真理之门。

问：我们确实要做出某种努力，不是吗？

克：我们现在所做出的努力是自我用其特有的理智来扩张自己的活动。这种努力只能积极或消极地加强自我保护的理智或抵抗力。这种理智永远不会体验到真实，而只有真实才能使我们从冲突、混乱和悲伤中解脱。

问：这种理智是怎样产生的呢？

克：难道它不是通过专有化而培养起来的吗？难道它不是通过模仿、通过限制才得以产生的吗？对"自我"和"我的"的培养就是专有化——自我是专有的，最重要的：我的工作、我的行为、我的成功、我的美德、我的国家、我的救世主——这种无论是积极还是消极的努力成为都意味着专有化。专有化就是死亡，就等于缺乏无限的柔韧性。

问：我认识到了这一点，但是我能做些什么呢？

克：觉察，不做选择地觉察这个专有化的过程，你就会发现在你的体内有一种深刻、革新性的改变正在发生。不要对自己说你将要觉察，或是要培养觉察的能力，又或是说这是个逐渐增长的过程或是一种技能，因为增长和技能意味着延时和懒惰。事实上只存在你觉察到了或是你没有察觉到的状态。你现在就要觉察这种专有化的过程。

问：您说的所有这些都意味着要广泛地自学和自知，不是吗？

克：这正是我们在此所要尝试的：我们在向自己揭开思想感觉的运作方式——它的狡猾，它的微妙，它存于所谓理智里的傲慢等等。这并不是书本上的知识，而是在自我运作中一直延续的实际经验。因此我们正在尝试着揭开自我的运作方式。想要在这个世界中扩张的欲望或是追求美德的欲望仍旧是自我的活动。渴望成为的欲望，不论是消极的还是积极的，都属于专有化的范畴。这种阻碍无限柔韧的欲望必须通过觉察到自我专有化的过程而得到理解。

问：如果我做到了柔韧，就不会再走入歧途了吗？因此我就一定不可以固着于真理，对吗？

克：只有在未标注的自知之洋中才可以发现真理。但是你为什么问这个问题呢？难道不是因为你害怕迷失吗？难道这不就意味着你渴望达到，渴望成功，渴望永远是对的吗？我们渴望安全感，而这种渴望阻碍了真实之自由。那些能够做到深刻的自知之人是柔韧的。我们可以看到导致阻力的原因之一就是专有化，而另一个则是模仿。想要复制的渴望复杂又微妙。我们思想的结构建基于模仿，不论是关于宗教还是关于世俗层面。新闻、收音机、杂志、书籍、教育、政府、有组织的宗教——这所有的一切以及一些其他因素促使我们的思想去遵从。同时，每个人都渴望遵从，因为遵从要比觉察来得容易。遵从是我们社会存在的基础，而且我们害怕孤单。恐惧和机械带来了接受和遵从，带来了对权威的接受。集体、民族，也和个人是同一种情形。

遵从是自我维持自身所使用的手段之一。思想从已知走向已知，永远处在恐惧、无知和不确定之中，然而只有当不确定存在，当头脑不被已知的世界所缚之时，真实之极乐才会到来。思想必须独自存在，才能理解真实。通过自知，模仿的过程也会停止。

问：我们必须一直面对未知吗？

克：对于一个不停积累的头脑来说，永恒永远都是未知的；是记忆在不停积累，而记忆永远都是过去，被时间所束缚。然而时间的产物不可能体验到不朽，体验到未知。

在我们理解可知的事物——即自己——之前，我们将一直面对着未知。这种理解不可能由专家、心理学家或是牧师给予你；你必须是为你自己，在你自身中，通过自我觉察来寻到它。记忆，即往事，一直在根据快感和痛苦的模式来为当下塑形。记忆变成了向导，成了通向安全感的途径，而正是这种辨识性的记忆使得自我得以延续。

对自知的寻找需要持续的警觉，需要一种不做选择的觉察，而这种觉察来之不易，充满艰辛。

问：我们是必须破茧成蝶的蛹虫吗？

克：我们是多么容易再次滑入无知的思维方式中啊！虽然现在邪恶，最终我们会变得善良；虽然是凡人，但我们会变得不朽——我们用这种自我安慰的念想，将自己拖入歧途。可要知道，恶念永远不会变成善良；仇恨永远不会变成爱；贪婪也永远不会变成寡欲。仇恨必须被抛却，它不会变成那些它本来就不是的东西。恶念不会通过成长、通过时间而变成善良。时间不会使卑贱变得高贵。我们必须觉察到这种无知和随着无知而来的妄念。由于受到了教育，于是我们认为对立面之间的冲突可以产生充满希望的结果，但事实却不是这样。任何对立都是阻力的产物，而阻力并不能用对抗来克服。每一种阻力都一定不能通过其对立的力量来消解，而是通过对阻力本身的理解来消解的。

冲突存在于各种欲望之间，并不是存于光明和黑暗之间。光明和黑暗之间永远不会有斗争，因为有光亮的地方自然没有黑暗，真实的地域不会存在虚妄。当自我将自己划分为高与低，那么这种矛盾就会招致冲突、混乱和敌对。觉察"当下实相"，而不是逃离到幻象的虚妄中，这是达到了悟的第一步。我们应该考虑"当下实相"，考虑自我扩张的渴望，而不是试图将它转化，因为转化仍旧是渴望，而渴望就是自我的行为。正是对"当下实相"的觉察才会带来了悟。持续保持觉察的状态自会带来明澈。对成就和赞赏的渴望阻碍了清醒。沉睡之人梦到他必须要醒来，于是在梦中挣扎，但这只是梦而已。沉睡之人不会通过梦境而清醒；他必须终止沉睡。思想本身必须觉察到它在创造自我的结构这个事实和其永存的性质。认真之人必能亲自发现自我永存这个事实的真相。

问：有什么可以证明自我永存本身是不好的呢？

克：如果我们对自我的永存状态很满意，并且没有觉察到生活的问题，那么没有什么可以证明这一点。但是我们所有的人都处在充满竞争的斗争和悲伤之中。有些人在掩饰他们痛苦，或是在逃避痛苦。他们并没有消除自己的混乱和悲苦。

意识到我们的自我矛盾状态和随之带来的痛苦冲突之后，我们进而希望找到超越它的正确方法，因为在不完整中就不会有和平的存在。难道无时无刻不处在矛盾之中不正是自我的本性吗？这种矛盾滋养了冲突、混乱和敌对。渴望——这个自我的基石，永远处于不满足的状态。在试图克服不完整的过程中，人们总是处于冲突之中。认真的人必须亲自去发掘不完整状态的真相。这种发掘并不是依赖于某种权威或公式，也不是依靠对相关知识的获取。要发现真实，我们必须做到无为的觉察。因为我们恐惧，并且圈附了自我，因此我们必须要觉察到制造阻力的根源，觉察到对自我永生的欲望——这个冲突的制造者。

问：当一名士兵在战场上为了救同伴而用自己的身躯挡住子弹的时候，自我永生的理智又发生了什么呢？

克：或许在高度紧张的瞬间这个士兵忘掉了自我，但这是为战争辩护的理由吗？

问：我们难道没有听过战争会带来高尚的、自我牺牲的人格吗？

克：通过杀掉他人这个错误的行为，可以实现一种正确的、有价值的结果吗？

问：追求自知难道不是非常困难的吗？

克：是，也不是。这取决于你是否拥有不做努力的洞察力，取决于你是否拥有敏感的接受能力。持续的警觉状态异常艰辛，因为我们懒惰。我们更倾向于通过他人、通过大量的阅读而获取，但信息并不是自知。与此同时，我们继续着贪婪、战争和对例行公事的无益的重复。所有这些难道不都表明了我们想要逃避真正问题的欲望吗？真正的问题就是你和你内心空乏。没有对你自己的理解，而仅仅是外界的活动，不论怎样有价值，不论怎样令人满意，都只能导致进一步的混乱和冲突。通过自知从而认真寻找真实才是真正的虔诚。真正虔诚的个人会从自身出发；他的自知和了悟为其所有活动奠定基础。当他达到了了悟境地，他便会知晓该为什么而奉献，知晓要爱什么。

（在加州欧加橡树林的第三次演讲，1946 年 4 月 21 日）

如何才能终结自我

在前三次演讲中,我们谈论到了通过自我的活动和习惯所培养出的理智——也就是不停积累的欲望,而思想利用这些欲望将自己定位成"自我"和"我的"。这种累积的、辨识的习惯就叫做理智;盛气凌人、不断扩张自我,且永远在寻求安全感及确定性的欲望就叫做理智。这种习惯和回忆所组成的链条束缚了思想,于是理智也由此被囚于自我之中。这种理智怎么会理解真实?这种渺小、狭隘、残酷、民族主义的、充满嫉妒的心灵怎能理解真实?思想作为时间的产物,作为自我保护活动的结果,怎么能理解那些非时间性的事物呢?

有时,当我们的心灵安宁、静止,我们会经历一种安静、极度清晰和喜悦的状态。这种时刻来得毫无征兆,可遇不可求。这样的体验不是来自被计算、被规制的思想。当思想忘掉自我的存在,当思想停止去成为,当心灵不再处于自身随着自我所制造出的问题而来的冲突之中,这种体验才会出现。因此我们的问题不是怎样得到并维持这种创造性的喜悦时刻,而是怎样使自我扩张的思想终止,这并不意味着要自我牺牲,而是说要超越自我的活动。对于一台由若干风叶组成的风扇来说,当机器高速旋转,我们便看不到分离的部分,因为它是一个整体。因此,自我,我,看起来是一个统一的实体,但是如果它的活动可被减慢,那么我们所认知的就不再会是一个统一整体了,而是自我的许多组成部分,以及不停相互竞争的欲望和追求。这些分散的希望、渴求、恐惧和喜悦构成了自我。自我这个词眼掩盖了不同形式的渴望。要理解自我,就必须要觉察到渴望的各个方面。无为的觉察和不做选择的识别揭示了自我的运作方式,带来了能够使你从束缚中解脱出来的自由。因此,当心灵安静,并从自身的活动和嘈杂中解脱之时,就会有至高的智慧出现。

那么我们的问题就是怎样将思想从它积累的经验、回忆中解脱出来呢?自我如何才能终结?只有当这种智力的活动停止,深刻且真实的体验才会到来。我们看到,除非能体验到真实,否则我们所有的问题都不会得到解决,无论是社会问题、宗教问题,还是个人的问题。冲突不会仅仅因为重新布置前线或是重组经济价值抑或是提出某种新的意识形态而结束。几个世纪以来,我们这样试过很多次,但是冲突和悲伤仍在继续。除非我们能理解真实,否则仅仅是修剪自我扩张活动的枝叶则作用甚微,因为最主要的问题并未得到解决;除非我们能够发掘真实,否则我们的悲伤和问题就没有出路。解决的方法是:当心灵归于静止,处于安静的觉察状态和开敞的接受状态时,直接去体验真实。

问:您能再进一步解释一下您所说的这些是什么意思吗?

克:我们经常会有宗教体验,这种体验有时模糊,有时明确——即体验到强烈的奉献感或喜悦感,体验对所有转瞬即逝之实体的深入敏感——我们试图利用这些体验来解决我们的困难和悲伤。这些体验无数,但是我们本困于时间、混乱和痛苦的思想,却试着拿它们当做兴奋剂来克服我们的冲突。所以我们说上帝或真理可以在困难之中帮助我们,而这些体验实际上却并没有解决我们的悲伤和迷惑。当思想不再在自我保护的回忆里活动,这样深刻体验的时刻才会出现。这些体验依存于我们的努力,当我们试图拿它们当做在斗争中加强力量的兴奋剂,那它们只会进一步地扩张自我和其特有的理智。因此我们回到之前的问题上："这种如此被孜孜不倦地培养的理智怎样才能停止呢？"只有通过无为地觉察，它才会停止。

觉察存在于刹那相续之中，它不是自我保护的记忆所积累的效应。觉察不是决心，也不是意念的行为。觉察是完全、无条件地屈服于"当下实相"，不加任何理由，并抛却了观察者和被观察对象的区分。因为觉察不含任何积累和残余，于是它便不会建立起自我，不论是积极的还是消极的自我。觉察永存于当下，因此它不会进行辨识和重复，也不会制造出习惯。

就拿吸烟的习惯来做例子，将它放在觉察之中分析。我们来觉察吸烟这种行为，不要进行斥责、辩护，也不要接受——仅仅就是觉察。如果你这样觉察了，那么这个习惯就会停止；如果你这样觉察了，它就不会复发；但是如果你没有觉察，那么这种习惯便还会继续。这种觉察不是为了停止这种习惯或是继续纵情享受于其中而下的决心。

我们要处于觉察的状态。"是"和"变成是"，两者是根本不同的。要"变得觉察"，你就会做出努力，而努力便意味着抵抗力和时间，于是便导致了冲突。如果你于某个时刻就地觉察，就不会有努力，也不会使自我保护的理智得以延续。只有你觉察了和你没有觉察这两种状态存在。渴望觉察的欲望只是沉睡之人和做梦者的活动。觉察全然、完整地揭示问题，其中不加任何否定或接受，辩护或辨识，而且，它是使理解得以增益的自由。觉察是观察者和被观者归于统一的过程。

问：心灵开敞、静止的接受状态可以随着意念或欲望的行为而出现吗？

克：或许你成功地强制了心灵，使之变得安静，但是这样努力的结果是什么呢？是死亡，不是吗？或许你成功地使心灵保持沉默，但是思想却仍旧是狭隘的、嫉妒的、矛盾的,难道不是这样吗?通过努力,通过意念的行为,我们认为可以达到一种不加努力的状态,认为在其中我们可以体验到真实的极乐境地。只有当我们处于不加努力的存在状态中,这种无法言说的喜悦、热切的奉献或是深切的了悟状态才会出现。

问: 难道不是存有两种理智,一种我们用于日常生活中,另一种则居高临下,起指导、控制作用,也因此是有益的吗?

克: 自我为了自身的永恒,难道不是将自己分割成高等和低等,分成了控制者和被控制者吗?这种分隔难道不是源于对延续自我扩张的渴望吗?不论它怎样以狡猾的方式将自己分隔,自我始终是渴望的结果,它仍然在追寻不同的客体,来通过这些客体满足自己。一个渺小的心灵不可能会规划出宏大的事物。心灵本质上受限,因此无论它创造出什么,都是自我的产物。自我的神明,自我的价值,自我的客体和活动等等都是狭隘的、可以估量的,因此它不可能会理解那些不关乎自我的东西——即不可估量的事物。

问: 渺小的思想可以超越自我吗?

克: 它如何超越呢?贪婪始终是贪婪,即使它到了天堂也不会改变。只有当它觉察到自己的限制,这种受限的思想才会停止。受限的思想不会变成自由的思想;当限制不再,自由便会到来。如果你会试着去觉察,那么你就能够发现其中的真相。

是渺小的心灵创造了其自身的问题,而通过对问题根源的觉察和对自我的觉察,问题就会得到解决。要觉察到狭隘和狭隘所带来的诸多结果,就意味着要在意识的各个不同层面深入地进行理解——要理解事物之中的渺小,关系之中的渺小,观念之中的渺小。当我们意识到渺小的状态,或是暴力、嫉妒的状态,我们就开始努力改变这种状态;我们对其斥责,因为我们渴望变成另一番模样。这种斥责的态度终结了对于"当下实相"和其过程的理解。想要结束贪婪的渴望其实是另一种维护自我的形式,因此便导致了持续的冲突和痛苦。

问:如果有目的的思维符合逻辑,那么它又有什么问题吗?

克:如果思考者还未觉察到自身,那么即使他或许怀有目的,他的逻辑也会不可避免地将他引入悲苦。如果他位高权重,那么他还会将悲苦和毁灭带给其他人。这就是这个世界正在发生的事情,不是吗?没有自知,思想就不会基于现实,思想就会永远处在矛盾之中,而且它的活动也会造成种种伤害。

回到我们的问题:只有通过觉察,冲突的根源才会结束。觉察到了思想或行为的每一种习惯,这时你就会认识到辩解、斥责的过程都会阻碍理解的进程这一事实。通过觉察——即一页一页地阅读习惯之书——自知便会到来。给予你自由的是真理,而不是你为了自由所付出的努力。觉察是我们问题的解决方法。我们必须去尝试着体验觉察,并发现它的真相。这些话也许就这么轻易地被愚蠢地接受了;但接受并不是理解。接受或是不接受都是一种积极的行为,而这种行为阻碍了体验和理解。通过体验和自知而达到的了悟会带来信心。

这种信心或许可以被称作信念,但绝不是愚蠢的信念,也不是对某些事物的信念。无知也许会对智慧怀有信念,就像黑暗对光亮的信念,残酷对爱的信念一样,但这样的信念仍旧是无知。我所说的这种信心或信念是通过对自知的实践而产生的,而不是通过接受和希望。许多人拥有的自信其实是无知的结果,它是成就、自夸或是某些能力的产物。我所说的信心指的是理解,而不是"我理解",这种信心是不加自我辨识的了悟。对于某些事物的信心或信念,无论其怎样高尚,都只会滋生固执,而固执则是轻信的另一种形式。聪明的人打破了那些盲目的信念,但是当他们自己处在严重的冲突和悲伤之中,他们便又开始接受信念,抑或是变得愤世嫉俗了。信仰并不等同于宗教。如果你对某些头脑所制造出的事物存有信念,那么你就不会对真实敞开心灵。信心是自然而然到来的,它不会被头脑所操纵;信心随着实践和发现而来——不是对信仰、理论或记忆的实践,而是对自知的实践。这种信心和信念不是自我强加的,也不能用信仰、公式以及希望来将其定位。它并不是渴望自我扩张的结果。在对觉察的实践中,你会发现自己在自身的了悟中逐渐得到了自由。这种通过无为觉察所得到的自知刹那相续地发生,其中并无任何积累;它是无限的,具备真正的创造性。通过觉察,你就会做到对真实敏感。

要做到对真实敏感,敞开心灵,思想就必须停止积累。并不是说思想感觉必须变得不贪婪——这仍旧是在积累,只不过这是自我扩张的否定形式——而是思想感觉必须不贪婪。一个贪婪的头脑是充满冲突的头脑;一个贪婪的头脑永远处在其自我增长和自我满足的恐惧、嫉妒之中。这样的头脑不停更换它欲望的客体,而且这样的更换被认作是增长;一个为了寻求真理和上帝而抛弃尘世的贪婪头脑仍旧是贪婪的。贪婪永远都是躁动的,永远都在寻求增长、满足,而这种焦躁的活动会制造出刚愎自用的理智,却不会拥有理解真实的能力。

贪婪是一个复杂的问题!生活在一个贪婪的世界而保持不贪婪,这需要深刻的了悟。只有那些去发掘内在财富的人,才有可能质朴地生活——即在这个以经济攻击和扩张为基础而组织起来的世界谋求一种正确的生计。

问:我们来到这里,不就是在寻求一些可以启发我们的光点吗?
克:你所寻求的到底是什么呢?
问:智慧和知识。

克：你为什么要寻求呢？

问：我们是为了填满深深隐藏在内心之中的空虚而寻找。

克：那么也就是说，我们在寻求一些能够填满我们内心空洞的东西。这种填充物我们可以称之为知识、智慧、真理等等。所以我们不是在寻求真理、智慧，而是在寻找某些填充物，用它们来填满那种令我们痛心疾首的孤独。如果我们可以找到那种能充实我们内心贫乏的东西，我们就认为此次寻找告一段落。那么现在我要问：有没有什么是可以填满这种空虚的？一些人痛苦地意识到了这种空虚，而另一些人却没有意识到；有些人通过活动，通过刺激，通过神秘的宗教仪式，通过意识形态等等来寻找逃脱的办法；而另一些人虽然意识到了这种空虚，但还没有找到一种能掩盖它的方法。我们大多数都知晓这种恐惧，这种虚无所带来的慌乱。我们寻求克服这种恐惧、这种空洞的方法；我们寻求某种药方，这种药方可以治愈由于内心贫乏而带来的极大痛苦。只要你使自己相信你终可以找到某种逃脱之路，你便会一直寻求下去，但是如果你拥有一些智慧的话，难道你就看不出所有的逃避之路，不论再怎样诱人，都是徒劳无用的吗？当你意识到了逃避的真相，你还会坚持你的追寻吗？显然不会。到那时，我们就会不可避免地接受"当下实相"；这种对"当下实相"的完全妥协便是自由的真实，而仅仅寻找到某种客体则不是真实。

我们的生活就是冲突、痛苦；我们渴望安全感和永恒，但是却被困于非永恒之网中。我们不是永恒的。而非永恒能找到永恒，能找到非时间性的不朽吗？幻象能找到真实吗？无知能找到智慧吗？只有当非永恒停止，才会有永恒存在；随着无知的终结，智慧便会到来。我们关心的是怎样使非永恒、使自我结束。

问：我们有一位伟大的老师曾经说过，"心'找'事成"。难道寻求对我们来说不是有益的吗？

克：一旦问了这个问题，其实我们就已背叛了自己。我们对自己的思维方式觉察得如此之少。我们永远在思索什么对我们是有益的，于是我们便渴望这些对我们有益的东西。你认为一个寻求利益的头脑能找到真实吗？如果它将真实当做一种利益来追寻，那么头脑便不是在寻求真实了。真实超然于所有个人利益和所得之外而存。一个寻求获取、寻求成就的头脑永远不会找到真实。对获取的寻求是对安全感和庇护所的寻求，而真实并非是安全感，也不是庇护所。真实是解放者，它会扫除所有的庇护和安全。

此外，你为了什么而追寻？难道不是因为你处在混乱和痛苦之中吗？你难道不是必须要寻找到你内心冲突和悲伤的根源，而不是通过活动，通过心理学家、牧师或仪式去寻找逃避的出路吗？根源便是自我，是渴望。从混乱和痛苦中得到解脱的方法只存于你自身，其他任何人、任何事物都不会给予你自由。

问：如果我们做到了对真实敞开意识，是不是也还是不够呢？

克：我们在一次又一次地以不同的方式重复这个问题。作为时间的产物，头脑和自我意识可以理解或体验非时间性的事物吗？当头脑在寻求，它会发现真实，发现上帝吗？当头脑声称它必须对真实敞开心灵，它便可以做到这一点吗？

如果思想觉察到自己是无知的产物，是受限制的自我之产物，那么它就有可能停止规划、想象、自满。只有通过觉察——而不是通过意念——思想才能超越自我，因为意念是渴望自我扩张的另一种形式。我们什么时候会心怀喜悦呢？喜悦是计算的结果，是意念的行为吗？当相互冲突的问题和因欲望所生的种种要求不再存在，喜悦才会到来。正如只有风停之时湖面才会归于平静一样，只有当渴望和渴望所带来的问题不复存在，心灵才会得到安静。心灵不能诱导自己变得安静、静止；只有当风停了，湖面才能平静。只有自我制造出的问题不存在了，你才会拥有平静。心灵必须要理解它自身，而不是试图逃进幻象之中，或是寻求一些它不能体验或理解的东西。

问：有什么技巧可以让我们具备觉察的能力呢？

克：这个问题意味着什么呢？你在寻求一种可以学到怎样去觉察的办法。觉察不是练习、习惯或时间的结果。就像一颗导致剧烈疼痛的牙齿必须立即得到处理一样，悲伤如果很强烈，也迫切需要减轻。但是相反，我们却在寻求一种逃避或借口；我们在回避自我这个真正的问题。因为我们没有面对我们的冲突和悲伤，于是便懒惰地使自己确信我们为了觉察必须付出努力，所以我们需要某种技巧来达到觉察的状态。

因此，真实的揭示并不是通过意念的行为；事实是，通过平静的敏感，真实才会到来。

（在加州欧加橡树林的第四次演讲，1946年4月28日）

实现觉察才能转化理智

我们一直在关注的是理智的问题,这种理智在为了维护自我所做的斗争和追求这个过程中发展起来,在对获得的要求和效仿的遵从之中产生。我们已经看到,曾经我们希望用这样的理智就能够解决自己的冲突,能够发现或体验真理或上帝。这样的理智能够体验到真实吗?如果不能,那么怎样才能将它结束,或将它转化呢?我们也已看到,除非通过无为的觉察——这指的是我们就地的觉察状态,而不是要"变得察觉"的意念——否则这种理智就不可能停止或得到转化。要理解觉察意味着什么,我们就首先要审视贪婪,试着理解贪婪的活动——不仅仅是对那些有形事物的贪婪,还包括对权力、权威的贪婪,对爱意、对知识、对服务的贪婪等等——我们已看到我们要么在斥责贪婪,要么在为其辩护,由此我们通过贪婪将自己辨识定位。我们还已经看到,觉察是一个发现的过程,而这个过程渐渐被我们辨识的行为所羁绊。当我们正确地觉察到贪婪,并深入其复杂的内部,那么就不会出现与它的对抗,我们也就不会声称"不贪婪"——这只不过是自我维护的另一种方式;在这种觉察中,我们会发现贪婪不知不觉地停止了。

觉察不是可以练习来的,因为练习便意味着习惯的形成。习惯就是对觉察的否定。觉察分布于时间点,而不是累积的结果。对自己说"我们应该变得觉察"其实并不是觉察。说"我们要变得不贪婪"仅仅是贪婪的继续，事实上是你根本没有觉察到它。

我们该怎样处理一个复杂的问题？当然不能拿复杂来解决复杂，我们必须用简单的方法处理它，而且方法越简单，问题就会变得越清晰。要理解和体验真实，就必须有极度的简洁和安静。当我们突然看到壮丽的景象，或是偶遇一种伟大的思想，又或是听到一段美妙的音乐，我们都会保持极度的安静。我们的头脑并不简单，但是要认识复杂，则需要我们简单。如果你想要理解你自己，理解你的复杂，那么就必须敞开地去接受，具备不加辨识的质朴。但是我们还未觉察到美，也未觉察到复杂，因此我们仍处于无止境的嘈杂声中。

问：如果我们要觉察，就不能再进行任何批判了，是吗？

克：没有对自身的深入探究，自知便是不可能的。我们所说的自我批评是什么意思呢？头脑的作用就是去探究和理解。没有对自身的探究，没有这种深刻的觉察，就不会有理解出现。我们常常纵容自己批评他人的愚蠢行为，但是很少人能够深入地探究自己。头脑的作用不仅仅是探究、发掘，它还用来保持安静。在安静中就会有理解。我们永在探究，但是我们少有安静；我们的内心很少有警觉，很少有安静、无为的间歇；我们探求，不久便心生厌倦，未曾找到过创造性的安静状态。然而自我探究对于明澈的理解来说是和安静同样重要的。就像大地在冬日到来之际需要休耕一样，思想在深入的探究后必须得到安静。休耕正是更新的过程。如果我们深入地发掘自身，并且保持安静，那么在这种安静中，在这种开敞中，自会出现了悟。

问：这种复杂的程度如此之深，我们好像根本没有机会得到安静。

克：安静和静止的出现必须要具备某种前提吗？你必须要创造这种

契机,这种正确的和平环境吗?那样所得到的就是和平吗?正确的安静随着正确的探索而来。你什么时候观察自己了呢?毫无疑问,当问题出现,要求你观察的时候,你才会观察自己;当问题变得紧迫,你才会观察自己。但是如果你去刻意寻求一种能够保持安静的契机,那么你就不会具备觉察的能力了。自我探究随着冲突和悲伤而来,我们必须要无为地接受它来理解它。当然,自我探究、安静和理解在觉察里是一个过程,而不是三个分别的部分。

问: 您能就这一点展开一下吗?

克: 那让我们拿嫉妒来作例子吧。任何为了不嫉妒所做的决心既不是质朴的,也没有任何作用,甚至可以说是愚蠢的。如果你决定不去嫉妒,那就是在自身周围筑起结论之墙,而这些墙壁则阻碍了理解。但是如果你可以警觉,你就会发现嫉妒的运作方式;如果你做到关注和机敏,你就会发现由自我衍生出来的不同层面的分支。每种探究都会带来安静和了悟。因为一个人不能持续深入地探究,这样只能导致精疲力竭,因此必须为机敏的静止状态提供空间。这种可观察到的静止并不是疲乏的结果;通过自我探究,无为的机敏会自然而然轻易地来到。问题越复杂,探究和安静的强度就要越大。我们不需要为安静创造出什么特别的场合或契机,因为对问题复杂性的认知本身便会带来深幽的安静。

我们的困难在于我们在自身周围筑起了层层结论,而且称这些结论为了悟。这些结论其实都是了悟的障碍。如果你更深一步地探入其中,你会看到,你必须完全丢弃那些为了了悟和智慧而积累起来的全部内容。要保持质朴并不是一种结论,因为结论是你努力得到的一种智力上的概念。只有当自我和其积累停止,才会有真正的质朴。要抛弃家庭、财富、名誉和世间的事物相对来说比较容易,而这只是个开始;要抛掉所有知识,抛掉所有受限制的回忆是极度困难的。在这种抛却后所得到的自由和孤单中，就会出现超越头脑制造出的所有产物的体验。我们不要问头脑是否能够从限制和影响中得到自由；我们应该在自知和了悟的进程中亲自找到答案。作为一种结果的思想是不能理解无缘由的事物的。

积累的方式很微妙。积累和模仿一样，都是坚定自我的过程。得出某种结论就是在自我周围筑起一座墙，就是筑起一套起保护作用的安全系统来阻碍理解。积累起的结论不会得出智慧，它只能维持自我。没有累积，就不会有自我。一个被积累所累的头脑没有能力追随生命运动的迅捷步伐，也没有能力去深入、柔韧地觉察。

问：您不鼓励分裂，不鼓励个人主义，对吗？

克：那些可以被影响之人就是分裂的人，他们知晓高低之分，优劣之分。而孤独，在回避影响这层意义上来说并不是分裂的，也不是对抗的。这是要去体验的状态，而不能对其加以推测。自我永远是分离的，它是分裂、冲突和悲伤的根源。你难道感觉不到分离吗？你的活动难道不都是为了维护自我，不是为了个人的自我扩张吗？很显然，现在你的思想和活动是个体的，狭隘的：这是你的工作，你的成就，你的国家，你的信仰，甚至是你的上帝。你是分离的，因此你的社会结构也建立于自我维护之上，导致了无法言说的悲苦和毁灭。你也许会口头声称我们大家是一个整体，但是在实际的日常生活中你的活动却是分裂的，个人主义的，竞争的，冷酷的，而这最终导致了战争和悲苦。

如果我们在自身内觉察到这种自我维护的过程，并理解它的涵义，那么就有可能出现人与人之间的和平、快乐的关系。对"当下之事"的觉察正是得到自由的过程。只要我们还未觉察到自己的真实面貌，并且还在试着成为其他，那么曲解和痛苦就永远不会消失。正是对"我是什么"状态的觉察带来了转化和理解的自由。

问：难道我们也不能去思考那些非创造出的事物吗？比如说真实，或是上帝？

克：被创造出的事物不可能去考虑非创造而出的事物。它只能考虑它自身的投影，而投影本身就不是真实。思想这个时间、影响及模仿的产物，能够去思考那些不可估量的事物吗？它只能思考那些已知物。但可知的事物并不是真实，已知总会躲进过去，而过去之物却并不是永恒。你或许可以对未知进行推测，但是你却不可能思考它。当你思考某些事情，你是在探究其中，使之屈从于不同的情绪和影响。但是这样的思考并不是冥想。创造性是一种存在的状态，并不是思考的结果。正确的冥想会为真实敞开大门。

但是让我们回到我们所关注的问题之上。我们是否觉察到我们所谓的思考其实是影响、限制、模仿的结果？你难道没有受到宗教或俗世一些宣传的影响，受到政治家、牧师的影响，以及经济学家和广告人的影响吗？对思想的集体崇拜和对思想的管制一样，它们都会阻碍对真实的发现和体验。宣传不是真理的工具，不论是组织起来的宗教宣传还是政治、商业宣传。如果我们想要发现真实，我们就必须觉察到影响、挑战以及我们的回应当中的阴险诡诈。学习某种技术、某种方法并不会将我们引向创造性的存在状态。当过去不再影响当下，当时间停止，创造性的状态就会出现，而这只有在深刻的冥想中才能体验得到。

问：思考难道不是创造的第一步吗？

克：第一步是自我觉察。正如我们所说的，我们的思考是过去的结果；它是限制、模仿的结果。在这样的情况下，它为自由所做的所有努力都是徒劳。它所能做的、必须做的是觉察自身的限制和根源。通过对根源的理解，就会从根源中得到自由。如果我们觉察到自己的愚蠢、无知，那么我们就有可能得到智慧。但是将思考愚蠢作为理智开始的第一步就是错误的思维方式。如果我们认识到了自己的愚蠢，那么这种认识就正是善思的表现；但是如果认识到了自己的愚蠢，我们却试着去变得聪明，那么这种改变就正是另一种愚蠢的表现。

任何确定的思维模式都会阻碍理解的脚步。理解不是替换；仅仅是模式、结论的变化并不会产生出理解。理解随着自我觉察和自知而来。而自知并无替代物。首先理解我们自己，觉察到自己的限制，而不是在外部世界寻求了悟，这难道不是很重要的吗？了悟会随着对"当下实相"的觉察而到来。

问：鉴于我们习于模仿，我们能做些什么呢？

克：我们要做到自我觉察，因为这种觉察可以揭示模仿、嫉妒、恐惧，以及渴望安全感、权力等等的动机。当这种觉察从自我辨识中解放出来，它就会带来了悟和平静，进而使得至高的智慧得以实现。

问：这种觉察、自我揭示的过程难道不是获取的另一种形式吗？探寻难道不是自我扩张性获取的另一种方式吗？

克：如果这个提问者亲身实践觉察，他就能够发现这个问题的真相。理解从不是积累来的，理解只会随着安静而来，随着无为的机敏而来。如果头脑还在获取，那么就不会有安静和无所作为存在。获取永远都是躁动的，是嫉妒性的。我们说过，觉察不是积累。积累通过辨识而建立，使得自我通过记忆得以延续。要不加自我辨识，不加斥责或辩解地去觉察是异常艰辛的过程，因为我们的反应总是基于快感和痛苦，奖赏和惩罚。能觉察到自我不停辨识之本质的人少之又少。如果我们觉察到了，我们就不会问这些问题，因为这些问题本身就体现了你未察觉。正如一个沉睡之人梦到他必须要醒来实际却并没有醒来一样，因为这只是一场梦，所以我们是在未亲身实践觉察的情况下问这些问题的。

问：我们可以做些什么，才能达到觉察的状态呢？

克：你难道不是处在冲突，处在悲伤之中吗？如果是的话，你找到它们的根源了吗？根源就是自我，是自我的那些折磨人心的欲望。要和这些欲望斗争只会制造出阻力和进一步的痛苦；但是如果你不加选择地觉察到了你的渴望，那么就会出现创造性的了悟。正是这种了悟的真实性解放了心灵，而不是你对嫉妒、气愤、骄傲等等阻力所做的斗争。因此，觉察并不是意念的行为，因为意念是一种抵抗力，是自我通过想要获取、增长的欲望所做的努力，无论这种努力是积极的还是消极的。要觉察到获取的本质，无为地观察它在不同层面的运作方式——你会发现这是个相当艰辛的过程，因为思想感觉依靠辨识来维持自己，而正是思想感觉的这种特性阻碍了对积累的了悟。

要觉察；要走上自我发掘的旅途。不要问在旅途中会发生些什么，这样只会流露出你的焦虑和恐惧，表明你对安全感和确定性的渴望。这种对庇护所的渴望阻碍了自知和自我揭示，因此也阻碍了了悟的进程。觉察这种内在的焦虑，直接体验它；这时你就会发现这种觉察所揭示出的究竟为何物。但不幸的是你们大多数只是想谈论这个旅途，而不是要踏上这个旅途。

问：在这个旅途的终点我们会怎样？

克：对于这个问者来说，觉察到他为什么会问这个问题难道不是很重要的吗？难道不是因为对未知的恐惧，对得到结果的渴望，或是对自我存在的维护吗？处在悲伤之中，我们寻求快乐；在非永恒之中，我们追寻永恒；在黑暗中，我们寻找光亮。但是如果我们能够觉察到"当下实相"，那么悲伤的真相、非永恒以及束缚的真相就会将思想从其无知中解放出来。

问： 难道没有一种叫做创造性思维的东西吗？

克： 去考虑"什么是创造"这个问题是相当徒劳的。如果我们觉察到了自身的限制，这种真实就会带来创造性的存在。对创造性的推测只会是一种阻碍——可以说所有的推测对于了悟来说都是一种阻碍。只有当心灵保持质朴——即清除所有自我所为的欺骗和诡诈，涤清所有的积累——真实才会出现。心灵的清洗并不是意念的行为，也不是由渴望效仿的欲望而生。觉察到"当下实相"，你就会得到自由。

（在加州欧加橡树林的第五次演讲，1946年5月6日）

理智不能解决我们的问题和悲伤

鉴于这是本系列的最后一次演讲，或许我们最好对之前那五个周日所考虑过的问题做一简要总结。我们讨论的是我们称之为"理智"的过程是否可以解决我们所有的问题和悲伤；还有这种培养了自我保护理智的蚁群般的活动是否能给我们带来启迪与和平。

这种被称作理智的表面活动并不能解决我们的许多难题，因为其中仍旧充斥着迷惑、混乱和黑暗。这种理智是通过自我、"我"和"我的"扩张而发展起来的；这种活动是内在贫乏和不完整的结果。思想在外部活跃，不断建立和毁灭，否定和修正，更新和抑制；而在内部则是空乏与绝望的。外部的活动，无论是柔和的还是刚硬的，无论是革新还是保守的，都总会在内部的空虚和混乱中迷失。你也许可以在闷燃的火山上规划空间，建立起美妙的建筑物，但是你所建立的那些不久就都会被火山灰所覆盖，就此被摧毁。因此这种自我的活动、这种理智扩张性的活动不可能穿越自身的黑暗来到达真实的彼岸，不论这种理智再怎样机警、勤奋，再怎样有能力。这样的理智无论在任何时候都不能解决它自身的冲突和悲苦，因为这些冲突和悲苦都是它自身活动的结果。这种理智也不能够发现真实，而只有真实才能将我们从永在增长的冲突和悲伤中拯救出来。

我们进一步思考：这种自我扩张的理智怎样才会停止其消极地为自己塑形的行为。不论是积极的还是消极的，这种渴望的活动仍旧处在自我的框架中，而这样的活动能够停止吗？我们说过，只有通过自身觉察，这种自我积累的理智才能停止。我们看到了这种觉察刹那相续地发生，它并没有积累渐增的能量；我们还认识到，在这种觉察中，自我辨识——斥责——修正这一系列活动都不会发生，因此就会有深刻且全然的了悟出现。我们说过，这种觉察并不是逐渐增长的，而是一种即刻的认知，对逐渐增长的成为的念想则会阻碍即时的明晰。

今天上午我们要探讨冥想这个问题。在理解这个问题的同时，我们或许就可以理解无为觉察的全部、深远的意义。觉察便是正确的冥想，而没有冥想，就不会有自知。在发掘一个人种种动机的过程中，认真的态度要比寻找出冥想的方法重要得多。一个人越认真，那么他探究、认知的能力就会越强。因此，认真是至关重要的，而不是要去追寻、形成某种结论，也不是任意地坚持某种意愿。如果我们仅仅是坚持某种意愿、某种结论、某种决心，那么思想就会变得狭隘、固执、死板，但是如果我们拥有认真的特质，那么我们就能够深入地洞察其中。困难在于持续地处于认真的状态中。精神层面的左顾右盼并不是认真的表现。如果你有能力让思想自己完全展开，那么你就会认知到，其实一种思想包含着或是关联于所有思想。没有必要向某个老师、上师或是领袖寻求帮助，因为所有的事情从头到尾都包含于你的内心。没有人能够帮助你发现真实；没有任何仪式，任何集体崇拜或是权威可以帮助你。别人可能会给你指明方向，但是如果将他奉为权威，或是把他看作通向真实之门，当做一种必须，那么你就陷入了无知的境地，进而滋生出恐惧和迷信。

要深入探究我们的内心，认真发掘其需求。我们认为这种探索单调乏味，毫无生趣，因此我们依赖于外界刺激、导师、救世主、领袖来鼓励我们理解自己。这种鼓励或是刺激变成一种必需，一种瘾癖，并削弱

理智不能解决我们的问题和悲伤　　149

了认真的特质。处在矛盾和悲伤之中，我们认为自己没有能力找到解决的方法，所以我们指望他人，或是试图在书籍中找到答案。审视自己的内心需要认真地投入，这种投入并不是通过对任何方法的实践可以得来的，而是通过严肃的兴趣和觉察而得来。如果一个人对某件事有兴趣，思想会有意无意地追逐这件事，不会疲乏，也不会分心。如果你钟情于绘画，那么每丝光亮和阴影都具有意义。你不必强迫自己对什么兴趣，你也不必迫使自己观察，而由于强烈的兴趣，你便进入了观察、发现和体验的状态。同样的，如果你对理解和消除悲伤感兴趣，那么这种兴趣就会将书籍的每一页都转化为自知。

如果你拥有一个目标，拥有一种想要达到的结果，那么这样就会阻碍自知到来。认真的觉察会揭示自我的运作方式。没有自知，就不会有了悟。自知是智慧的第一步。我们的思想是过去的结果；我们的思维基于过去，基于限制。没有对过去的这种理解，就不会有对真实的了悟。对过去的理解发生于当下。真实并不是自知的回报。真实是没有原因地自然发生的，出于某种原因的思想并不能够体验真实。没有一个坚实基础，就不会有持久的结构，而对于了悟来说，正确的基础便是自知。所以，所有正确的思维都是自知的结果。如果我不了解自己，我怎样理解任何他物呢？因为没有自知，所有其他的知识都是无用的。没有自知，所有不间断的活动都只能归于无知；这种持续不断的活动，无论是内部的还是外部的，都只会导致毁灭和不幸。

理解自我的运作方式会带来自由。美德是自由的，有序的；没有秩序和自由，就不会有对真实的体验。自由存于美德之中，而不是存于变得有道德的过程中。想要"成为"的欲望，不论是消极的还是积极的，都是自我在扩张；而在自我扩张中，就不会有自由存在。

问：您说过，真实不应该有任何激励性质。但好像对于我来说，如果我试图思考真实，我就能够更好地理解自己，理解我的困难。

克：我们有可能去思考真实吗？我们或许可以规划、想象、推测我们认为真实应有的模样，但这是真实吗？我们能思考未知的事物吗？当我们的思想还是过去的结果，是时间的产物之时，我们能对非时间性的不朽进行思考、冥想吗？过去永远都是已知的，而且基于过去的思想只能造出已知。因此，思考真理就等于陷入了无知之网中。如果思想能够思考真实，那么思考出的就不是真实。真实是一种在其中所谓的"思想活动"都归于静止的存在状态。我们知道，思维是时间的、过去的自我扩张过程的结果；它是一种从已知到已知的运动结果。思想作为某种原由的产物，它并不能够规划出无缘由的自然；思想只能思考出已知，因为它是已知的产物。

已知不是真实。我们的思想被那些对安全感和确定性的不停寻找所占据。自我扩张的理智出于其特性，渴望一种庇护，不论是通过否定还是断定。永在寻求确定、刺激和鼓励的头脑怎么可能去思考那些不被限制的事物呢？你可能读到某物，你可能会描述某物，但很不幸，这也只是在浪费时间，因为你的所读所述都不是真实。当你说通过思考真实，你可以更好地解决自己的困难和悲伤时，你已经在用那被你假设出的事实作为权宜之计了。就像服用所有那些麻醉药一样，沉睡和麻木不久便会随之而来。当问题需要其制造者通过了悟来解决时，为什么要寻求外部的刺激呢？

正如我所说的，美德产生了自由，而在变得有道德的过程中则不存在自由。"是"和"成为"之间有天壤之别，不可相提并论。

问：真理和美德之间有什么不同吗？

克：如果思想保持安静，体验真实，那么美德就会给予自由。所以美德本身并不是终点，真理才是。为欲望所奴役就等于失去了自由，而只有在自由之中，我们才能发现、体验真实。就像愤怒一样，贪婪也是扰人的因素，不是吗？嫉妒永远在躁动，从不曾静止。渴望永远在更换它想得到的客体，从想得到的事物，到想实现的欲望、美德，再到想要找到的上帝。对真实的贪婪其实和对财富的贪婪一样。

渴望通过认知、接触和感觉而来。欲望寻求满足，所以便会出现辨识、自我和我的这种定位。被有形事物所满足之后，欲望又开始追寻其他形式的满足感，在关系、知识、美德，以及实现上帝等等之中寻求形式更加微妙的满足感。渴望是所有冲突和悲伤的根源。所有形式的成为，不论是消极的还是积极的，都会导致冲突和阻力。

问：觉察本身和我们所觉察到的事物之间有什么不同吗？观察者不同于他的思想吗？

克：观察者和被观察的对象是统一的；思考者和其思想也是统一的。要体会到思考者和其思想的统一性是异常艰辛的过程，因为思考者永远躲在他思想的屏风后；他将自己和其思想分离，从而保护自己，给予自我以延续和永恒；他修正或改变他的思想，但是他本身却维持原貌。这种对分离于他的思想的追寻——这仅仅是对思想的改变、转化——只会导致幻象。其实思考者便是他的思想；思考者和其思想并不是两个分离的过程。

这位提问者问到觉察和觉察的对象是否相异。我们基本上都将我们的思想看作自身之外的事物，并未觉察到思考者和其思想的统一性。这恰恰是困难所在。然而要知道，自我的特质不会分离于自我而存；自我不是某种分离于其思想和特性而存在的事物。自我是拼凑、编构起来的，当其中的各部分都消解，自我也不复存在。但是在幻象中，自我将自身从其特性中分离出来，以保护自己，使自己得以延续，从而得到永恒。它通过和自己的特质分离这种手段在其特质中寻求庇护。自我宣称它是这个，它是那个；自我，"我"在修正、改变、转化自身的思想和特质；但是这种改变只会加强自我，加固它的保护之墙。然而，如果你能够深刻地觉察，那么你就会认识到思考者和他的思想是统一的：观察者即被观者。要体验这种真实而完整的事实是极度困难的，而正确的冥想便是达到这种完整的途径。

问：我怎样才能不加所为地抵御攻击？道德要求我们应该为对抗恶念付出行动。

克：抵御就是攻击。你应该拿邪恶来斗争邪恶吗？正确能通过错误的方法建立起来吗？通过杀害那些谋杀者，这个世界就能得到和平吗？只要我们还将自己划分为种种团体、民族、不同的宗教和意识形态，那么就会有进攻者和防御者存在。没有美德就等于失掉自由，这就是邪恶。而这种邪恶不能通过另一种邪恶，通过另一种对立的欲望来克服。

问：体验不一定是一种成为的过程，对吗？

克：递增的过程阻碍了对真实的体验。哪里有积累，哪里就会有自我的成为过程，从而只会导致冲突和痛苦。凡是累积起来的事物，无论是对快感的欲望还是对痛苦的逃避，其实都是一种成为的过程。而觉察并不含累积，因为它永远在发现真实，而只有当积累和模仿都不复存在之时，真实才会出现。自我的努力永远不会带来自由，因为努力便意味着抵抗，而只有通过不做选择地觉察，通过不加任何努力地洞察，这种抵抗才能消解。

只有真实才能带来自由，意念的活动则不能。对真实的觉察便是自由的过程；对贪婪，以及对贪婪真相的觉察会使你从贪婪中解脱。

冥想就是从头脑中清除其所有累积物；清除那些收集、辨识以及成为的力量；清除自我的成长、自我的满足。冥想是将头脑从记忆和时间中解放出来的过程。思想是过去的产物，它根植于过去；思想是积累起来的成为的延续，而一种结果不可能理解、也不可能体验那些没有缘由的事物。可被规划的事物并不是真实，也不是体验。记忆，这个时间的制造者，阻碍了非时间的到来。

问：为什么记忆是一种阻碍？

克：记忆在辨识的过程中使自我得以延续。于是记忆便是一种圈附、阻碍的活动。自我，"我"的整个结构建立在记忆之上。我们这里考虑的是心理记忆，而不是那种对于语言、事实、对科技发展等等有帮助的记忆。任何自我的活动对真实来说都是一种阻碍；任何通过民族主义，通过对某种团体、某种意识形态某种教条的辨识而限制头脑的活动或教育都是对真实的阻碍。

被限制的知识对真实来说是一种障碍。了悟随着所有头脑活动的终止而到来。也就是说，头脑要处于完全的自由、安静和平静的状态。渴望永远在积累，永远受缚于时间；对某种目标、知识、体验、增长、满足感的欲望，甚至是对上帝或真理的欲望都是一种阻碍。头脑必须清除掉自身之中所有自我创造的阻碍物，来迎接至高智慧的到来。

冥想在一般情况下都被按照一种自我扩张的过程来理解和实践；冥想时常成为一种自我催眠的过程。在这种所谓的冥想中，我们经常会朝着要"成为和导师一样"这个方向做出努力，而实际只是一种模仿。所有这些冥想都会导致幻象。

对成就的渴望要求某种技巧或方法，对它们的实践被认为是冥想。了悟不会通过强迫、模仿，通过对新习惯和新原则的形成而到来。通过时间性的方法，你不会体验到非时间性的不朽。欲望对象的改变不会使冲突和悲伤解除。意念是自我扩张的理智，而意念的活动，无论是生成还是毁灭，收集还是放弃，都仍旧是自我所为。对渴望和其积累起的回忆进行觉察的过程便是对真实的体验，这是自由的唯一途径。

觉察会汇成冥想。在冥想中，你会体验到存在和永恒。"成为"永远不会将自己转化为"是"的状态。"成为"这个自我扩张、自我圈附的活动必须停止，才会出现"是"的存在状态。这种存在的状态不能够去思考或想象，因为正是对它的思考成为一种阻碍。思想所能做的就是觉察它自身的复杂性，觉察其微妙的"成为"过程，以及狡猾的理智和意念。通过自知，正确的思维便会产生，从而为正确的冥想奠定基础。冥想不应该和祈祷混为一谈。恳求的祈祷不会将你引向至高的智慧，因为它永远都维持着自我和他者的分别。

在安静中，在极度的平和中，当记忆嘈杂的活动停止，不可估量的永恒便会到来。

（在加州欧加橡树林的第六次演讲，1946年5月12日）

PART 03

印度1947年

只有在自知中,才能得到救赎

目前的世界危机是不同寻常的。在过去可能极少出现像这样的大灾祸。现在的这个危机不是那种经常在人们生活中出现的普通灾难。这种混乱是世界性的;它不只是在印度,也不只是在欧洲,而是已经蔓延到了世界的每一个角落。不论是在生理上还是心理上,道德上还是精神上,经济上还是社会上,都出现了分裂和混乱。而我们正在做的则是站在悬崖边上为了一些琐碎的事而争论。极少数人好似认识到了这场世界危机的不寻常的性质,意识到它会带来多么深远巨大的纷扰。一些人意识到了这种混乱,于是在悬崖的边缘积极地重新安排生活模式,而因为他们自身困惑,所以他们只会带来更多的混乱。其他人则试图凭借某个特定的方案,或者是某种极左或极右的体制,又或是利用介于两个极端之间的一些方案来解决问题。

这种尝试不可避免地会失败,因为一个人类所面临的问题永远都不会是静止的,然而方案和体制则是固定不变的。依照某种方案而进行的变革便不再是变革。那些善于思维的专业人员和专家们永远都不能够拯救世界,因为理智只是一个人完整进程中的一部分,并且因为它的答案从来都只是一部分,所以理智总会失败,而且它并非真实。不论是体制、准则,还是有条理的思想,都从来不会拯救人类。

因为危机和问题是永新的，所以要找到一个新的方法至关重要——找到一个鲜活、动态的方法，一个不会被固定在任何组织或系统中的方法。一个人类所面临的问题总是在经历转变，它并不是静止的；而担负着某个结论、某个准则的头脑是不能够理解一个灵活的问题的。对于这样的一个头脑来说，问题和复杂的人类实体并不重要。而体制、准则又迫使动态变为静止，由此给人类创造出更多的混乱和苦难。

这个灾难性的祸患并不是通过某些偶然的行为才形成的，它是由我们每一个人通过我们每日的活动所创造出来的，而这些活动包括：嫉妒与欲望，贪婪和对权力、控制力的渴望，竞争和残酷，感官价值与即刻价值等等。你和我对这种可怕的苦难和混乱负有责任，而不是别人。因为你机械、未能觉察，并裹在你自身的野心、感觉和追求之中，裹在那些能够立即使你满足的价值观里，所以你创造了这个席卷而来的巨大灾祸。战争是一种我们日常生活夸大了的和血腥的表达方式，而我们的生活充满竞争、恶念、社会和民族划分等等。要对这种混乱负责的是你，不是任何特别的团体，也不是任何其他个体，而就是你；因为你就是大众，你就是这个世界。你的问题就是世界的问题。

因为问题是新的，所以你必须以全新的自己去解决这个问题，也必须要有思维方式上的革新。这种革新并不是基于任何公式，而是基于自知——即对你整体存在的全部运作过程的知识。不论是对部分的专业化还是对部分的研究都不可能带来对整体的认知。通过自知，正确的思维才会出现，这种思维极富革新和创造性。个人的行为和个人主义的行为是两种不同且对立的概念。个人主义的行为基于贪婪、嫉妒、恶念等等，它是部分的行为；而个人行为则是基于对整体过程的理解。个人主义行为是反对社会的行为，是敌对，或是与他人对抗的行为。是个人主义的活动给人类带来了当今的混乱和不幸。为了反对个人主义的活动，诸多形式的集体主义由此蓬勃发展。只有在理解我们存在的全部过程中，只有在自知之中，我们才能得到救赎。

要理解全部的过程，就一定不能有斥责、评判，也不能进行辨识。如果你想要理解你的儿子，你就必须去观察他，不加对比，不加斥责地去了解他；同样，如果你想要理解你自己，你就必须不加斥责地觉察你的活动、情绪和思想。这是一个异常困难和艰辛的过程，因为我们所受的教育和训导将我们限制在斥责和评判的思维定式之中。这种斥责为理解画上终点，因此我们必须觉察到这种限制。自由不是通过努力而得到的，是对真实的认知给予了自由。真实自身便会使我们自由，而不是你为自由而付出的努力。通过自知而产生的创造性思维可以解决我们的不幸，因为这种创造性思维揭示了真实，而真实则带有快乐的气息。基于自知的正确思维将我们引向冥想，在其中，创造、真实、上帝，或是你的意愿都能够得到实现。冥想并不是像现在一般情况那样的自我催眠，在真正的冥想中，那些期许会不请自来，自然而然地发生。而那些受到邀请之物则是自我的投影，因此是转瞬即逝的幻象。真实或上帝必须是降临于你，你不能努力走向它。没有这种真实，生命就会充满不幸、混乱和毁灭。在这些演讲的过程中，对于那些认真的人来说，我们应该实践和培养正确的思维，因为只有正确的思维才能永久地解决我们的问题。认真并不依赖于情绪和环境。问题本身就需要认真，因为问题本身就是解决方法。

问：共产主义者认为通过保证每个人的食物、衣服和住处，通过废除私有制，就可以建立起一个能够使人们幸福生活的国家。您对此有什么看法呢？

克：结局便是方法，它们不是分离的；通过正确的方法，就能建立起正确的结果。要建立起正确的国家，就要采用正确的方法。正确的方法和正确的思维互不分离。正确的思维随着对人类、随着对你自己整体运作过程的了解而来。对部分的培养并不是对整体的理解。很显然，食物、衣服、住处对于每个人来说都应该且必须满足；应该有这样一种世界公共储备机制，来满足人类的生活必需品，保证正确的组织分配。已经有足够的科技知识可以生产出人类的必需品，但是贪婪、民族主义精神和对权力及地位的渴望却阻碍了对人类所必要需求的满足。我们现在考虑的并不是使人们吃饱穿暖，各得其所，而是专注于一种可以保证所有人的食物、衣服和住处的特别的制度。激进的左派或右派为了这种保证人类安全的准则而争吵不休，因此他们关心的并不是人类的幸福，而是在关心什么样的准则才能保证人们的幸福。

正是这些理智、民族主义精神、贪婪及对权力和地位的渴望创造出的准则和体系阻碍了对世界性公共机制的建立，从而未能满足每个人的温饱和住所。人们并没有花费必要的资金去寻找解决人类温饱和住所的途径和方法，而是将巨资投在制造武器、相互轰炸之上，投在原子弹上，时刻为将要到来的不可避免的战争准备着。所有这些都表明，那些致力于结论，致力于某些个别的国家和所有制的人们并不是在关心人类的幸福。

另外，人类只是靠面包而生吗？他的幸福只是依存于感觉吗？毫无疑问，当我们过多地强调那些次要的事物，我们就会给自己带来混乱和不幸。心理因素破坏了对生计的组织，而如果没有对这些因素的理解，仅仅是强调生计则会破坏对人类身体安全的保证。我们对身体上的安全渴求的越多，就会越不安全，因为一旦出现了不安全——不论是心理上还是精神上的——我们就会去寻求永恒和安全感。

因此，为了能保证人类的温饱和住所，我们必须强调人类为自己建立起的心理价值。在人类从心理、精神限制中解放出来的过程中，他们就会自然而然组织起一种社会，而这种社会则能够保证每个人的温饱和住所。

我们所创造的日常生活关系的面貌便是国家的面貌。如果我们自私、嫉妒、冷漠，那么我们就会建立起一种同样的国家。人类是一个非常复杂的实体，如果只强调他的某一部分，那么不论这个部分再怎样值得关注，也都只会损害他自身。

问：圣雄甘地和其他一些人认为，现在是善者、圣人和智者该联合、组织起来，共同对抗当今危机的时候了。您难道不是就像我们大多数的精神领袖那样，在逃避这个责任吗？

克：怀有善念的人应该联合在一起有所行动，这看似是明显的、必需的，然而很不幸，怀有善念的人们同样心怀他们的欲望，怀有他们的既得利益，他们的准则和计划。纯净的心灵少之又少。同样，在为了克服危机而去组织方法的过程中，善者却似乎丢掉了他们的善念。方法似乎变成了最重要的，而不是善念。

精神领袖和精神性截然相反。能带来幸福的唯一途径——真实，它是无路可循的，没有任何人可以将你引向真实。如果有领袖声称他可以，那么只能说明他并未了解真实。你必须将自己从所有那些导致反社会行为和阻碍真实降临的束缚中解脱出来。你是自己的救世主，不是其他人。你必须根本、彻底地转化自己，从而超越当下的危机。没有哪个组织、精神领袖或政治领袖可以将你从灾难的深渊中解救出来。你必须成为自己的光亮。领袖其实和被领导的人一样混乱，而在那些双手或头脑制造出来的事物之中毫无希望可言。我们不是在逃避，我们是在指出：任何在峭壁边沿的活动都只能加速坠落，而只有安全和幸福才会远离峭壁。意识到这一点的少数人必须形成一些启迪人们的中心，从而让大家远离深渊。

有一种脱离我们当前危机和人类所有问题的途径——这种途径不是逃避，而是会将我们引向永恒的福佑。

问：年轻人一遍又一遍地跟我说："我们很沮丧；我们面对当下的危机不知该做些什么——我们的领袖不能指引我们，因为他们自己都很迷茫。我们对政治独立和穆斯林联盟的确抱有很大的期望。"

克：这里包含了几个问题，让我们一个一个来探讨。沮丧是什么意思？感到沮丧就是在心理层面上对获取或成就的追求受到了阻碍，而我们的头脑和内心正是建立在这种获取和成就之上。我们渴望一些东西——某种理想，某种成功，某个位置，或是某个欲望的满足感等等——而当我们受到阻挠，我们便会觉得沮丧，产生一种绝望、一事无成的感觉，令人痛苦的失败感等等。欲望本身固有其沮丧的种苗。我们不喜欢孤独的痛苦，不喜欢那种对虚无的恐惧，这种空虚藏在我们所有活动的背后。不管是有意识还是无意识地觉察到了这一点，我们都试着掩盖它，或是逃避它，又或是通过社会活动、通过对个人幸福的追求、通过禁欲或是通过寻找上帝等等方式来逃离它。当这些活动或是寻求被质疑，或是它们未能达到期望的结果，这种空洞、空虚就会展现出来。我们称这种对空虚的觉察为沮丧。

那么，你能填满这种空洞，或是找到这种空洞的替代物了吗？在一个方面未将空洞填满，那么这难道不意味着所有试图填满空洞的努力都是徒劳吗？它被填满过吗？要想找到答案，就要停止填充它，不再去逃避它，而是去理解这种空虚到底是什么。要理解空虚，就一定不能有任何的斥责或辨识。我们从未问过自己"这种空虚能否通过任何方法来填满"这个问题；我们只关心"用什么样的方法去填满它"的问题。你也许逃避了空洞，但是你并没有理解它，因此空洞依旧存在。如果一个人试图用水装满一个有洞的桶，你会怎么想呢？所以，同样的，这个空洞也许是无底洞，你填入的越多，它就会显得越空。我们都知道这种绝望或沮丧的滋味，而我们却没有去理解其根源，进而超越它的根源，我们所做的是去追求一个又一个希望的客体，因此永远处在失败和不幸之中。

这个问题所包含的另外一点就是"我们的领袖未能指引我们，因为他们自己也很迷茫"。领袖是由追随者、由你们创造出来的，而因为你们自己都很迷惑，所以你们只可能创造出一个迷惑的领袖。环境、外力促使领袖的产生，但是你们要为这种力量、这种环境负责。一个开悟、明晰之人不需要领袖，所以他也不会创造领袖，只有迷惑混乱的人才需要一个领袖，因此便在自己的迷惑之上创造出领袖。为什么你想要一个领袖呢？难道他不就是来告诉你应该做什么或不应该做什么，来指点你的行为吗？因为你不能理解这种迷惑混乱，你寄希望于他人来引你走出迷惑。处在混乱之中，你只能听到混乱的声音。混乱是你自己滋养出来的，你要为其负责，不论是内部的迷惑还是外部的混乱，只有你自己才能清除它，而不是其他人，也不是政治或宗教。现今确实存有混乱和不幸，而我们并没有直面这种混乱和不幸，而是希望某人来指点我们。这种对权威的渴望源于你在寻找一种简单的生活方式，源于你的懒惰，源于你的机械。正是这种机械带来了痛苦的迷惑，而你所做的只是通过对权威的寻找和追随维持了它的存在。你是怎样，你在外部的映射就是怎样，而没有任何他人可以将你拯救。准则不行，准则的体现——即所谓的领袖——也不行。你需要思维上的革新，进而是行为上的革新，而不是对领袖的更新。正确的思维源于自知，而不是源于书籍、体系，而且只有正确的思维才能够将你从这种危机之中拯救出来。

下面是这个问题的第三部分："我们对政治独立和穆斯林联盟的确立抱有很大的期望。"

贪婪和剥削的力量不会因为你获得了自治而停止；脱离嫉妒、恶念和世俗而得到的自由不是来自政府的更替。在某种层面上，贪婪和剥削可能会因为立法和强迫而停止，但是它们会在另一方面显现出来。心理因素不会通过强迫和立法被废除，而如果我们不把心理因素考虑在内，我们就会面临更大的不幸和灾难。人对人的剥削不仅是发生在经济层面之上，它根植于更深的心理因素；而我们若想要健全、幸福地在这个世界上生活，就必须理解、进而超越这种心理因素。占有和依赖源于心理上的贫乏和不完整，这种贫乏和不完整体现在许多反社会的行为上。根源在于我们内心，并且它也不能通过强迫或立法来废除。要清除这种根源，只有通过自知和正确的思维。

一旦你承认人与人之间的分别，你便开敞了诸多邪恶之门。战争是主要的邪恶，而一旦一个国家被卷入战争，它便会开启通向各种次要邪恶和不幸的大门。这种群体之间的不同，以及这种阶级和种族的划分——婆罗门和非婆罗门，还有所有这些荒谬的高和低，强势的和弱势的分别，等等——都导致了人类的不幸。有组织的宗教及其教义和信条要为人类这些无法言说的不幸负责。政治划分，左翼和右翼体系的冲突——在所有这些划分和血腥的争斗中，人类，你们，都已被遗忘。体系变得比人本身越来越重要。除非你从阶级、种族、政治和民族划分中解脱出来，从组织起来的宗教所带来的分裂中解脱，你才有可能得到快乐；否则混乱和不幸就会依旧存在。

（在马德拉斯的第一次演讲，1947 年 10 月 22 日）

要理解生命，就不能有任何结论

生命是一个复杂的问题，而要去理解这个问题，则必须对其进行耐心的分析，而不是急于得出一个令人安慰的结论；我们必须要有一种明智的超然去理解真实，理解现存的问题。所以让我们踏上理解的旅途吧。在理解之旅的途中，不要急于得出任何结论，做出任何行动。我们应该基于真实，而不是基于任何结论来行动。如果我们并未超然，而是致力于任何形式的行动，那么我们就不具备理解生活这个复杂过程的能力了，我们也不能正确地观察和领悟。如果我们要理解生命，就一定不能有任何结论，因为结论终结了正确的思维。生活是一个浩大的过程，而任何结论都是渺小且具有偏见的。所以如果可以的话，让我们一起来严肃、认真地讨论生活这个问题，不要仅仅是肤浅地聆听一系列的演讲。因为虽然是我在演讲，但所探讨的是你们的生活，你们的喜悦和痛苦，你们的悲伤和挣扎。

因为生命的每一阶段都相互关联，所以我们肯定不能通过任何专用的、特殊的途径来接近它；单从理智出发，或仅仅是从情绪、从心理上，抑或仅仅是从生理方面考虑都会阻碍对整体过程的理解，而这个整体过程就是生命。在强调一种途径、一个阶段的过程中，我们只会创造出阻碍对整体理解的结论。如果我们只去了解或只专注那幅画面的某个角落，那么我们就不会理解其整体的意义。如果你专注于经济，且试图从经济这个局限的角度去理解生命，你就会不可避免地错过生命的更深远的意义，也会因此产生更大的困惑。就在当下的时刻，将你所有的专业放置一旁，将生命当做一个整体来看待。我们专业化得越多，就会变得越局限，越富毁灭性。我们人类的问题并不能由那些所谓的专家内行来解决。只有为数不多的人能够理解整体的画面，即生命的整个过程——他们将会是拯救者，而那些专家，那些内行则不是。

生命、生活和行动是一个非常复杂的问题，如果你想要理解这个问题，就必须用非常质朴的方法来处理它。如果你想要理解一个孩子，理解一个复杂的实体，你一定不能将自己的限制强加于它；你必须不加斥责地去观察。如果你看到一轮美妙的落日，接着你就将它和你见过的另一轮落日相比较，那么当下的落日中便毫无愉悦可言了。要理解，就必须要有一颗质朴的心灵，这并不是指一颗天真的心灵，而是那种直接认知，不根据其自身限制加以诠释的心灵。这是我们在以正确途径去理解生命的过程中所面临的主要困难之一。

你和当今的堕落和混乱之间，和盛行的绝望之间有什么关系呢？或许你根本还未深刻地觉察到这种堕落和绝望。世界的每个角落，不论是在这里还是在欧洲，我们都能看到宗教和教育的彻底的失败，体制的坍塌——不论是左翼还是右翼所奉行的体制。你和这种令人害怕的结论、这种极具毁灭性的混乱之间是什么关系呢？如果你想要将这种混乱归于秩序，你要从哪里着手呢？很显然要从你自身着手，因为你和这种危机、这种堕落的关系是直接的。让我们不要将这种灾难的罪过归咎于少数本身就片面的领袖或是体制，因为是你制造出了这种混乱，而要将其归序，要找到和平，你必须从自身着手；你必须在自己的房间归序。让我们不要再考虑那些体制和准则的对与错，我们曾把希望寄托于它们身上；让我们不要再考虑理论，也不要再考虑外部的革新；我们必须从自身着手，因为是我们，是你和我，要为这种灾难、这种混乱负责。没有你，就不会有世界；你便是世界，你就是问题。这个观点不是一种理智上的准则，而是一个存在的事实。不要将这个观点放置一旁——这样只能表明你想要逃避问题的欲望。

当你认识到你显然要为这些斗争和悲伤负责，你的所想、所感、所为、所在就变得极其重要，而因为你不愿面对这种责任，于是你寄希望于体制、准则和令人安慰的逃避。你便是世界，这是个事实，并且你对这种令人痛苦的混乱负有责任，同时，我们的谈话也必须基于这个事实之上。因为你就是这个问题所在，而且不会有独立于你之外的问题存在，所以如果你想要带来和平，归于秩序，你就必须要理解你自己。当你觉察到这个事实，你还必须积极、强有力地做出行动，而因为你害怕这种行动，你就转向体制和领袖求助。而只有你才是关键，才是起点。

通过对体制的重视——无论是左翼还是右翼的体制，无论是不是宗教体制——你个人的责任被否定，被掩盖。为了拯救人类所设下的体制和准则变得比人类本身、比你更重要。有组织的社会抹去了个人的责任，使得每个人遵从于它。任何社会、国家都变得比个人重要。通过政府机构，通过乏味的办公室和例行公事，个人创造性的责任被慢慢摧毁。基于教条和信仰而组织起来的宗教逐渐削弱了个人的责任和自由。通过信仰和教条，个人、你感到了安全，因此你使得有组织的宗教、国家和体制产生。人类、你，通过机器的高效，通过政治或机械变得不再重要；而工业、政党承担了极大的重要性，你则仅仅成为一种达到高效的工具，成为某种教义的一个装置。这确是你身上所正在发生的，你要为这种死亡和不负责任的行为负责，而你却还未意识到这个事实。

教育非但没有唤醒你创造性的责任，还将你变成不同方向的专家：律师、警察、军人等等。你受到了教育，于是你不再是具有深远意义的个人。你受到的教育越多，你受到的限制也会越多；你读的书越多，重复的就会越多，因此你所具备的革新思维的能力就会越弱。通过社会和国家的活动，通过教育的活动、军队的活动等等，严格的管制强加于你的身上。所以这些管制和其他因素将你变成一个重复的机器，不能觉察自己的责任和意义。

要给这种黑暗和不幸带来秩序与和平，你必须从自身开始，而不是从体制着手，因为心理层面上你永远都是机器、体制的主人。比起社会和国家，你具有更重要的意义，因为你和他人的关系就是社会。你的所想、所感、所为是最重要的，因为你创造出了环境，创造出了国家。在回答问题之前，我希望说明的是：如果提问的人专注而认真，那么问题就会有正确的答案。如果你问的仅仅是某个理智上的肤浅的问题，那么你有可能陷我于困境，但你却会是失败者。

问：当今，若我们想要和平的生活，都需要些什么呢？还有，您能给出一种方法，使亿万人民填饱肚子吗？

克：想要和平，你必须平和地生活。导致人与人之间斗争的原因有很多。财富是竞争的根源之一。不论是对双手制造出的事物还是对头脑制造之物的占有都会导致战争；利用他物作为个人获取的工具这种行为导致了人与人之间的敌对。所以如果你想要和平，你就必须不加任何贪婪地生活。嫉妒是构成民族主义、促使人与人对抗的因素之一。为了成功而产生的竞争和欲望导致了人与人之间的冲突。组织起来的宗教将人与人分离。一种教条，一种信仰无一例外会滋生出对立的教条和信仰。信仰和教条使得人类和同胞成为敌人。皈依并不是和平的途径。要得到和平，你必须从对抗的根源中解脱出来，你必须保持平和。不论是信仰共产主义还是信赖于某个经济或宗教体制，这些都不会将我们引向和平。要得到和平，我们必须停止去做一个穆斯林或是印度教徒、基督教徒或是佛教徒，因为所有种族和宗教的划分都是错误的，都会滋生出冲突、混乱和敌对。

当你内心平和，那么要组织分配大家的食物、衣物和住所就相对容易。如果你没有从野心，从对地位和权力的渴望中解脱，那么对人们必需品的组织分配也因此变得不可能；于是体制就变得最为重要，而不是人类本身了。有充足的知识可以使人们吃饱穿暖，各得其所，但是具备这些知识的人却卑微渺小，心怀民族主义，就像你一样，充满野心和贪婪。分裂主义是一种毒药，它腐化了这个世界，腐化了你，而如果你觉察到了这一点，你就会毫不犹豫地将之结束。但是你却并未觉察到它。你很少考虑到那数以百万计的饥民，因为这对你来说不是一个当紧、持续的问题。这种危机对于我们大多数人来说还很遥远，至少你觉得很遥远，所以你只是在口头上对它进行探讨。

没有人会将和平赐予你，即使是上帝也不行，因为你不配得到和平。是你一手造成了这种悲哀的混乱，而且希望只存在于你的自身，而不是存于某种体制，也不是存于某个领袖，只是存在于你自己。

问：祷告所带来的往往比这个世界所梦想的还要多！圣雄甘地曾在他的日常生活中很好地验证了这一点。如果个人不加分心，没有物质上的扩张，并通过忏悔的祷告将心灵奉献于上帝，那么上帝的恩泽就会驱散笼罩于这个世界的灾难。难道这不是需要培养的正确态度吗？

克：只有你要为这种灾难负责，而且只有你才能驱散它，而不是外界的某种力量，不管这种力量有多强大。

我们必须将祷告和冥想区分清楚。我们所说的祷告是什么意思？按照人们一般对它的理解和实践来看，它是一种恳求和请愿的形式。你有需求，于是你祷告；你处于混乱、悲伤之中，于是你祷告。你在向谁祷告呢？"向上帝"，你如是说。但是上帝或真理是未知之物，既不能被规划，也不能被创造。必须是由它走向你，你不能主动接近它；你不能乞求它的到来，向它请愿；必须是由它来寻找到你。当你主动寻求它，当你向它祷告，你就等于创造了它，而你所创造的却并不是真理，也不是上帝。真理所带来的和平会粉碎你所渴望的和平。

上帝不会给予你和平，因为你所追寻的上帝是你自己的头脑编织出来的，因而当你向它祷告，它的确产生了某种结果：你得到了你所求之物，但是就像童话故事里描述的那样，你必须付出代价。如果你祈祷和平，你会得到它，但你得到的是腐败、死亡的"和平"。和平是动态的，富有创造性的，而且它不会通过恳求而产生。祷告和冥想完全不同。祷告者不能理解何为冥想，因为他考虑的是索取。冥想就是了悟。了悟不是通过书籍、通过追随某个榜样而得来的，它是通过自知，也就是通过一种自我发掘的过程而产生。冥想是一种对生活整体过程的觉察，而不是仅仅对生存的某一部分的觉察——要觉察每种思想、每次感觉和行为。

冥想不是专注；冥想是全面的，而专注是独占的。将你的注意力专注于双手或头脑制造的形象，而将其他所有思想、意象和感觉排除在外——这不是冥想。专注的排他过程相对容易，但也徒劳无用。冥想是一种觉察，通过对意识诸多层面的明晰认知而不断深入、幽远地延伸。

祷告、专注和冥想是不同的过程，每个过程则具有不同的结果。祷告和专注不会开启真实之门；而由自知而生的冥想则会开启那扇通向无限和永恒的大门。那些被困于祷告所带来的满足感之人，因于专注排他的兴趣之人不会知晓冥想那纯粹的意义。自发性对于自知而言至关重要；自发的反应揭示了头脑和心灵的运作方式。当没有了斥责、评判，没有了辨识，觉察就会揭示出每一思想和感觉的意义。觉察汇入冥想，在这个过程中，思考者和其思想是统一的，并无思想者和其思想之分。正确的冥想会带来安静，带来心灵的绝对安静，于是心灵便不会被诱导，也由此得到了自由。只有此时，真实才会降临。

问：您嘲笑婆罗门。可这些婆罗门却在印度文化中扮演了非常重要的角色，难道不是这样吗？

克：确实是这样，但是他们的作用是什么呢？毫无疑问，这个问题表明了这个提问者内心传承下来的骄傲，不是吗？传承下来的所有权和骄傲对社会和人与人之间的关系造成了巨大的伤害。最重要的是你现在如何，而不是你过去怎样。每个国家都有这样一种人，他们不被野心所驱使，不在乎权力和地位，也不考虑财富和体制，而是在生气勃勃地追寻着真实的脚步；他们超越了社会和国家的喧嚣，因而是身处斗争和悲伤的人的导师和帮助者。他们是人类的向导，是那些老一辈的婆罗门。但是那些已获自由，本能够帮助人们正确思考的人又做了什么呢？他们变成了商人、律师、政客、士兵。当人类的内心只被感官价值所占据，会有真正的文化出现吗？

所以重要的不是过去，而是过去的结果，也就是当下，就是你。要理解过去，当下有着极为重要的意义。当下是通往过去之门。如果当下只是用作通向未来的通道，那么你就是在为灾难，为那些不能言说的悲苦和衰落做准备。

因为在古代，有这样一群从野心和权威，从贪婪和恶念的束缚中脱离出来的人们存在，因此他们帮助引导社会远离精神和道德的堕落。这个群体越大，这个社会、这个国家就越安全，因为这个原因，只有一个或两个像印度这样的国家存活了下来。因为只有很少一部分人没有困于这个世界的纷乱之中，所以这个世界，你，无不处在一个巨大的危机当中。要为这种疯狂的混乱和悲苦带来秩序与和平，你必须跳出产生这种堕落的根源。你必须摆脱所有的种姓制度及教义，从野心和恶念，从权威和贪婪、阴谋和世俗中脱离出来。只有一个开悟的你，才能为一种新文化打下基础——一种超越地理位置和种族的文化，一种超越民族和有组织宗教所带来的束缚的文化，一种不分东西地域、不分印度或是佛教、基督徒或伊斯兰教徒的文化。

寻找永恒就是从时间和悲苦的束缚中解脱。那些并未当紧考虑衣食住所之人身上负有很大责任。要带来一种基于永恒价值的新文化，你就必须对你的头脑和内心进行革新。仅仅是智力上的准则，以及由传承下来的区分和财富而产生的骄傲是完全无用的，甚至是有害的，它们并不能消解世界的混乱和悲苦。唯一的希望在于你自身。

问： 您寻得了开悟，而我们这些亿万大众该怎么办呢？

克： 谁寻得了开悟这一点都不重要，至关重要的是觉察你自身的状态。大众便是你；亿万人民便是你和我。绝望和混乱、冲突和悲伤包围了我们；你和我都是导致这种绝望和堕落的因素，而且除了你自己，没有任何其他人可以解决世界存在的这些问题。无论是开悟的人还是领袖，无论是寺院还是教堂都不可以；不论是上师还是体制都不能将你和世界从冲突和悲伤中拯救。只有你才可以解决这个问题，其他人则不可能帮你解决。

要觉察你自身悲伤和斗争的根源，进而将其解决。不要口口声声称拯救大众或是保卫亿万民众，因为大众就是你自己。要觉察你的悲伤和空虚，觉察你自身的混乱，因为你是怎样，世界就是怎样。你的问题就是世界的问题。要给世界带来欢乐与和平，你的头脑和内心就必须有根本性的转变。

你就是生命和行动，而没有对你自身的理解，就去试图解决别人或世界的问题则只会带来更多混乱，更多不幸。这个世界的复兴依靠于你的双手，因为你就是世界。

（在马德拉斯的第二次演讲，1947年10月26日）

问题不在于世界，而在于你

　　社会的革新只有通过个人的复兴才能够实现。希望存于个人，存于你的内心，而不是存于某种体制，不是存于某种计划出的社会蓝图中，也不是在任何宗教组织里；希望只是在你的身上，在个体的身上。你和他人的关系就是社会，由此生出了国家。国家不是一个分裂、不可控的实体，它是个人思想和行为的结果。虽然我们一直在口头声称我们必须相互友爱，宣称生命的平等，我们必须为同胞之情而努力奋斗，而实际上，这种人与人之间的关系是基于感官价值的。这种感官价值的关系生出了战争、冷酷、冲突和混乱。这种关系生出了个人的事业和其对立面，也就是集体的行为。不论是个人事业还是集体行为，它们都基于感官价值。

　　不论是人类、个体，还是你，都不能通过左翼或右翼的活动而找到持续的快乐。人类还是处在绝望、困惑和悲伤之中。人们的快乐依存于感官价值吗？也就是说，你的快乐依存于双手或头脑制造出的事物吗？只有通过自知，才能发现这个问题的真相。当真实被重复，它便不再是真实；真实必须去感受、体验。自知就是自我发现。只有通过自知，你才能发现真实和持续的快乐。自知是对你实际整体存在过程的不做选择的觉察。这种自知不能通过书籍、也不能通过对其他事物的学习而得到。觉察你存在的整个实体，觉察你的思想、感情和活动过程，不管是有意识的还是无意识的，这就是自知。觉察你精神和感情层面的活动就是自知的开始。

没有自知，就不会有思想和行为的基础。自知是所有思想和行为的基石。如果你不了解你自己，就不会有正确的思维和正确的行为。如果没有自知，就不会有价值观上的变革；而只有这种价值观的革新才能够解决这个世界所存在的问题。鉴于你就是世界，鉴于你和他人的关系就是社会，所以如果没有你通过自知而带来的价值观上的革命性转变，那么就不会出现和平与秩序，也就不会有跳出这种混乱和悲伤的希望。所以，理解你自己是最为重要的。没有自知，社会的转化便无从谈起。我们声称要解决世界的问题，就像这个世界和我们是不同的一样。其实，是我们每一个人诱发这种冲突，这种敌对，这种与日俱增的疯狂，而且如果我们不知道该怎样思考、处理、检视这个问题，我们就不能将这一切结束。解决问题的方法比问题本身更为重要。问题不在于世界，而在于你。除非你能将它当做最当务之急的问题来觉察，否则你就不能正确地思考这个问题。你或许没有觉察到这个问题，就好像这不是你的问题一般。而其实是你制造了问题，所以你必须要把自己当做问题来觉察。你内心的混乱必须要清除，因为在混乱中的行动只会滋生更多的混乱。

转化、复兴必须由你自身开始，而不是从其他地方开始——这才是正确的途径。要觉察你精神和感情上的活动，觉察你日常的习惯和观念，觉察你周而复始的恐惧，觉察阶级、所有制的划分，以及民族、种族之间的敌对。在给这个世界带来和平之前，你必须先给自己的内心带来和平与秩序。

我们面临着最特别的灾难及深度的混乱；我们在用不同的制度，用准备好的公式，用这个群体或那个组织的结论来应对这种灾难和混乱。而要为这种混乱带来和平与秩序，则必须进行价值观上的革新。由于我们被感官价值所控，所以才会产生混乱。我们必须去发掘永恒价值。永恒价值必须由每个人去发掘；革新必须由每个人开始。我们要觉察每种思想、每个情感及每一举动，因为真实就在附近，而不是在遥远的地方。

问：在一个著名记者最近写的一篇文章中提到，智慧和个人榜样不足以解决世界的问题。您是怎么看的呢？

克：鉴于这个问题里有很多含义，所以我们必须对其进行分析。那些记者别有所图，我们被他们说服应该去思考什么，而不是怎样去思考。而一般来讲，很不幸，我们总是接受我们所读到的东西。所谓的教育使我们停止思考，停止觉察；作家和记者在我们的生活中变得非常重要。我们必须觉察到自己这种倾向于接受印刷文字的习惯。这种记者和其他许多人需要政治上的行动和个人榜样，而个人榜样和政治行动却并不足以解决这个世界的问题。我们需要更为重要的一些东西。

模仿和服从是个人榜样所带的固有效应。对某个理想的服从未曾减少悲伤的负担。个人榜样在巨大的危机面前意义甚微。智慧不是通过模仿、通过对思想的严格控制而得来的；智慧没有固定的居所，智慧也不依存于大量的阅读。政治运动必定向来都是片面的、不完整的行为，因此它并非是真实的，由此也导致了进一步的混乱和不幸。必要的是思维和感觉上的革新。这种创造性的革新不能够由少数的领袖、由某种政治运动或是某个榜样来实现。只有通过个人的觉醒，革新才变得可能。基于任何准则的个人榜样或政治运动不会将世界拯救于灾难之中。人类将信仰置于体制、政党、领袖之上，因而他们不可避免会失败。希望只存在于你的身上，而不是在其他人那里。

这是人类的危机，而不是一种经济或政治灾难；涉及其中的是人类的整体存在，而不是任何人类的活动。问题不在于这个世界，你才是问题所在。因为你所考虑的是结论和准则、体制和模式，所以你给自己、也给世界带来了这种混乱和不幸。个人榜样不会将你从冲突和痛苦中拯救。由创造性思维带来的价值观上的革新异常艰辛，所以我们求助于他人、领袖、榜样。我们所做的思维活动只是对某种限制的回应，因此它根本不能算作思维。因为你是一个印度教徒，你被某种思想和行为的模式所限制——那些穆斯林、基督徒也是一样。毫无疑问，这并不是思维。只有当你从限制中解脱出来——不但是从意识层面，而且还从深藏的无意识层面那里得到自由——你才会有思维和感觉上的创造性革新。你必须结束任何民族性，任何宗教的或政治的体制；你必须超越社会和经济相互分化这个谬误，从而进行创造性的思考。也许你认同我所说的这些看法，于是很可能之后的每个星期日都会再来，但是你却很不幸地在固定的思维和行为模式中继续。所以你的认同非常肤浅，也因此毫无意义。如果你开始质疑这种模式，并做出相应的行动，你就肯定会为自己制造出更多麻烦和痛苦。所以，觉察到了这一点，你便仅仅肤浅地认同了，并口头声称"这个世界确实处在混乱之中，必须要做些什么"。

因此问题就是你；因为你就是世界、大众、国家。如果你觉察到自己内心的冲突和悲伤，混乱和疼痛，那么在超越它们的同时，你也就会解决这个世界的问题了。组织上和政治上的问题相对来说比较容易解决；单纯的理论和书本上的知识并不能拯救你，因此也不能拯救世界于混乱和不幸之中。书本知识对于直接的理解和行动来说变成了一种阻碍。你必须打破你自己为自己制造的限制和堕落的价值观。希望不在于体制、政治行动、个人榜样或是领袖之中，希望只存在于你的身上。

问：您说我们将当下当做通向过去和通往未来的通道，这是什么意思呢？

克：上周日我说过，在将当下用作通向过去或是通向未来的通道这个过程中，你滋养出种种灾难和不幸。我们把当下用作一种得到结果的方法，心理上如此，生理上也是这样；当下只是被当成通向过去或是未来的通道。当下是过去的结果；你现在的所想基于过去；你的存在状态建立在过去的基础上。过去总是通过当下穿行到未来；未来是受当下限制的过去。过去只能通过当下才能够被理解；通向过去之门只能存在于当下。要理解过去的意义，当下就必须得到领悟，并且不能够被当做未来的祭品。政治和宗教团体将当下作为未来乌托邦和希望的祭品，于是给人带来了灾难和不幸。为了未来而牺牲当下，这其中所蕴含的灾难性已相当明了了。方法就是结果；结果存于方法之中；方法和结果不能分割。

永恒就是当下；非时间就是现在。永恒不能通过时间来达到。然而你却还在利用时间——过去、当下和未来——将时间当做实现无限性和无时性的方法。一个人必须觉察到将当下作为未来祭品这个谬误，以及"未来将会和当下不同"这个谬误。如果你现在没有了悟，你将来也不会了悟：因为智慧永远存于当下，而不是居于未来。

思想是过去的结果，因而要达到了悟，将思想从过去中解脱，就要觉察你现在的状态，觉察你的思想、感觉和行为，此时你就会认识到你现在所做的仅仅是把当下用作一种通道。时间的过程不会引向非时间性的不朽，因为方法就是结果。如果你所用的是错误的方法，那么你就会制造出错误的结果；只有正确的方法才可以创造出正确的结果。用战争来达到和平便是错误的方法。方法就是结果，结果不会与方法脱离联系。如果想要理解非时间性的不朽，那么缚于时间的思想就必须从通过当下而变成未来的过去中解脱。

问：共产主义者说，印度土邦的统治者、柴明达尔[①]和那些资本家是这个民族的主要剥削者，他们应该被肃清，才能保证所有人的衣食住所。而甘地却说统治者、柴明达尔和资本家是被他们控制和影响的民众

---

① 指向英国交纳赋税的印度地主。——译者

的受托人，因此允许他们继续存在，发挥作用。您有什么看法呢？

克：这是一个非常奇怪的现象：世界各地的人们都熟知他们领袖、他们团体的思想，无论这些人是左派还是右派。但是看起来他们却不知道自己在想的是什么。他们极度重视别人——也就是重视那些所谓的名人所说的话，而很少关注他们自己的思想。真正重要的是你的所想所感，因为我们关注的是你的生活，你的不幸和冲突。让我们就像从未读过书、从未听过你们所谓领袖的演讲一样来对待这个问题。这是一个关于剥削、关于怎样摆脱剥削的问题。你是怎样成为一个柴明达尔或是一个土邦主的呢？当然是通过剥削民众。追求多于你的所需就变成了剥削。你需要食物、衣服和住所，但是当它们成为个人扩张的工具，那么剥削也便由此开始了。利用他人得到权力和地位，得到权威和控制力，这就是剥削。问题在于剥削，而不在于谁是剥削者。资本家、统治者、柴明达尔其实和你们一样；如果你有这样的机会，你也会变得和他们一样。当你攀上了成功、获取的阶梯那一刻，你就会失掉你的爱和慷慨。

那些资本家、柴明达尔和印度联邦的统治者，他们是受托人吗？有爱才会有托付，但是随着贪婪的出现，随着想要控制和想要影响他人的欲望到来，爱也就结束了。当你把自己当做一个领袖或是一个柴明达尔来重视，爱就会结束了。不论是领袖还是被领导的人，不论是土邦主还是资本家，他们都是剥削者。不要被他人劝服要去想什么，而是要自己思考。

问题在于剥削。那么剥削可以通过集体行为而停止吗？还是剥削会通过个人的事业而增长呢？我们知道，个人对权力的贪婪和渴望使世界陷入混乱和悲伤；我们还看到，一个极富权力的国家也可能确实存有剥削，并且带来了其他形式的冲突和不幸。我们看到不论是对于个人、国家还是集体来说，对权力的贪婪和渴望都是冷酷无情、极富毁灭性的。在集体组织分配人类所需之时，人们的生存状态，他们的所想和所感同时受到剥削。只要有获取，就必定有剥削；对获取的渴望必定会不可避免地带来剥削。获取永远都是心理层面的活动。当你强调某种获取的实体，就永远会有剥削，这一点对于个人和集体来说都一样。这并不是说我们不应该为满足人类身体的温饱去进行组织，而是说如果组织者将组织用作获取的工具，那么他和组织都会变成剥削的工具。

人能够生活在和他人不加获取，也因此不加剥削这样的关系中吗？你能生活在一个没有获取的社会吗？你能够不加越来越多的要求，不加越来越多的所有物——也就是权力、地位和心理上的安全感——而生活吗？因为你不愿放弃获取，不愿放弃将满足人类必需的过程当做一种自我扩张的工具，因此不论是右翼还是左翼的运动都在其各自的道路上将你清除。但是清除、杀害当然都不是解决问题的方法。

所以获取能够被自愿放弃吗？你能对权力放手吗？放弃通过双手或头脑制造物所得到的权力？如果你不能，那么社会、他人就会在其获取的过程中驱使你，此时你也就会仅仅变成其他巨型社会机器里的一个小齿轮，就像现在一样。这种对获取的自愿放弃正是逃脱这令人窒息的混乱之计。获取随着对安全的渴望而来；越是混乱，对安全的欲望就越大。但是存有真正的安全吗？因为我们寻找了安全，心理上的安全，所以我们为自己制造出混乱和不幸。除非你自愿放弃获取，否则国家就会控制、规制你；到那时你就会被集体所剥削，而不是被某个人或某个团体剥削。如果你自愿、机智地将这种占有的渴望放置一旁，那么你就会创造出一种并非基于强迫和剥削的社会。

要创造出一种新的社会，你必须彻底转化你现在的价值观，这需要柔韧的敏觉和延伸的觉察。但如果你保持漠然和冷淡，你会受到指导或驱使，而这个世界的问题——也就是你自己的问题——不会通过任何强迫的手段得到解决。要理解剥削更深层次的心理上的意义是很艰辛的过程，但是如果没有对它的理解，而是仅仅用一个剥削者替换另一个剥削者，那么斗争和不幸就会继续。因为在内在的心理上，你是贫乏的，饱受孤独、空虚之苦，所以双手或头脑所制造的财富在你的生活中具有主导意义。你必须面对、理解这种痛苦的空洞持续伴随的状态，此时心理上的剥削也就会停止了。

问：您所讲授的只是针对那些修士呢？还是针对我们所有这些有家庭和责任的人呢？

克：我的这些讲授是针对所有人的，既针对那些出世的人，也包括那些依旧处在尘世之人。出世之人和世俗之人一样，仍旧生活在其熊熊燃烧的欲望世界里。他们都处在束缚之中——感官价值的束缚或是头脑的束缚。这些讲授会给二者皆带来自由。真实并不能从双手或头脑制造出的事物中找寻得到；真理就是解放者，真理就是"当下实相"。一个人必须理解"当下实相"——欲望和嫉妒是什么，恶念和获取是什么——而对"当下实相"的理解本身就是自由。一个人很少会意识到当头脑只是沉浸于本真，当自我不再之时所能带来自由的真实。

有家庭的人被困在他自己的责任世界中。他越是混乱，就会越多考虑他的家庭和他自己，也因此会去寻找安全感，而这只会进一步增加混乱。他自身并没有理解混乱的含义，而是在寻找被他称为责任的家庭安全感。他必须给自己的内心带来和平与秩序，而不是通过焦虑地去寻找安全感来逃脱这个事实。出世的人同样被困于对安全感的欲望之中；他没有什么不同，因为他负担着自己头脑所制造的准则，而这些准则同样给他自身带来了混乱和悲伤。只有当头脑停止制造、创造、真实才能出现。

有没有可能住在一个没有贪婪和恶念，没有愚蠢，也没有那些毁人的欲望的世界呢？其实有可能。你可能会发笑，但是这确实有可能。你可以试一试，然后看看这到底有没有可能。要不加贪婪和恶念地生活，你必须非常警觉，从而觉察自己每种思想和每次感觉。跟随领袖、接受结论和准则这种行为就意味着缺少觉察，而只有觉察才能将你从冲突和不幸中解放。没有爱，家庭便没有意义，而且只有爱才能带来一个复兴和快乐的世界。

问：也许您听说过在旁遮普发生的骇人听闻的惨剧[①]，它甚至到现在都还没有结束。那么少数那些能够做到自知和正确思考的个人，他们的行为对解决旁遮普问题有没有什么意义呢？

克：在旁遮普所发生的事情，其实在这个世界的各个角落都在发生；人类对同胞的残酷虐待——这不是一个特别的只有印度出现的问题。谁要为这种悲剧负责呢？答案是我们每一个人。每个人都多多少少被某些宗教、种族或民族这种愚蠢观念所缚。你难道没有就印度教徒、穆斯林思考过，没有就德国人和英国人思考过吗？此时我们并不能算是人类，我们仅仅是标签罢了。当民族主义、爱国主义在世界各地都不断得到助长的同时，冲突、混乱和敌对就肯定会随之而来。疾病都有根源，而在病根去除之前，就不会有真正的健康存在。我们祖祖辈辈都活在错误的思维方式里，于是很自然会导致冲突和不幸。这种混乱和不幸是对感官价值培养的结果。通过对根源的觉察，根源就会结束。根源的消解不是时间的问题，也不是循序渐进的过程，而是一种即刻的认知。由于各种各样的原因，我们不能做到即刻的认知，其中一个原因就是恐惧，恐惧即刻行动所带来的后果。所以，即便我们拥有即刻认知的能力，我们仍旧沿袭着旧的愚蠢之路，因为它更方便，不需要你做什么努力。你必须清醒地认识到不幸和灾难的原因，不是在明天，而是现在就要清醒。不要将你的哲学观建立在时间之上，而是要觉察"当下实相"，这样才会将你的思想引向无限。

---

① 1947年9月8日，印度和巴基斯坦宣布独立，在交界的旁遮普地区，发生了印度教徒和穆斯林之间的大屠杀。——译者

问：您说过纪律和自由是对立的。但是难道纪律对自由来说不是必须的吗？

克：错误的方法只能生产出错误的结果，正确的方法才能带来正确的结果。方法和结果是互不分离的；它们相互关联，是统一的整体。

如果思想被约束、控制，陷于习惯的条条框框，那么它就只能认知或理解那些受制约、受限制的事物。如果你根据某种模式来制约你的头脑，那么你肯定会生产出一种通过某些方法塑造成的结局。你因为恐惧或贪婪而制约自己，于是结局就会根据你的动机而绘制。但是有贪婪和恐惧的地方，真实就不会存在。

然而你会说："我必须组织自己的日常生活，否则我会一事无成，而这种组织难道不是一种纪律吗？"你组织自己的日常活动，使自己高效，完成许多必须做的事情；为了达到某种结果，你规制、组织你自己。而即使是这种有组织的存在也变成了对柔韧的阻碍，因为柔韧就意味着持久。那么，真实是一种结果吗？如果它是一种结果，那它就可以通过一种方法来达到，而一种结果必定有其对应的原因。但是拥有某种原由之物就不再是真实了。真实给予的是自由，而不是规制或纪律，而且通过规制或纪律而产生的便不是真实了。

将这个问题换一种说法：你需要成为醉汉才能够知晓清醒吗？必须要理解那些使规制和其全部内涵变为必须的原因。对得到、成功、指导的渴望和恐惧是造成模仿、规制的原因之一。在觉察到原因的过程当中，影响——规制、遵从——就能停止运作。那么问题就转化为对原因的消解，而这种消解也并非时间的缔造者。

有了觉察，自由就会随之而来，不仅是从规制的根源中解脱出来的自由，还包括整个生活过程的自由。只有当心灵从其自我创造出来的限制中解放，只有当心灵不再受任何思维模式的限制，自由才会到来。你什么时候才能做到发现或理解？只有当拥有了自由，当你的思想感觉不被任何欲望的模式所束缚或训导之时。处在束缚之中的心灵是流浪、躁动、无序的。当心灵觉察到它自己的游离状态时，自由就已经到来了。

思想不能理解、也不能规划真实是什么；必是真实走向你，你不能走向真实。要接受，就必须要有自由。你必须要具备不做选择的觉察能力——不是斥责、辨识的觉察——才能够带来自由。只有在自由当中才会存有真实和无限。

(在马德拉斯的第三次演讲，1947年11月2日)

使思想从次要的事情中解放出来

觉察到倾听的艺术很重要。要知道，我们大多数都是带着偏见或是一个填满结论、信仰或知识的头脑去聆听；我们透过自己头脑的嘈杂声聆听，或是我们听得很不用心，于是我们对于所听到的内容几乎都不能理解。倾听者和说话者之间的正确关系总是很难才能达到，因为关系是暂时的、肤浅的，是一种简单的接触，而后就分道扬镳。但是我希望我们这些聚集并不是像上述的那样，因为在这些谈话的过程中，每个人都收集了关于他自己的知识，于是便能够正确地进行思考了。你不是仅仅听到一次演讲然后就又回到你旧的生存方式之中了，而是要唤醒你的整体存在，这样一来，你就会打碎旧形式的机械和习惯。

我请你们不要抱着学习的观念来聆听这些演讲，而是让我所说的话自然生根。如果这些话是真理，那么它们就会坚稳地站立且深深地扎根；但如果是谬论，那么它们就会渐渐跌落、枯萎。因此，重要的是带着敏觉和轻松的注意力来聆听这些应属于你日常生活一部分的演讲，而不是仅仅将它当做你每周参加一次的活动。这些演讲旨在唤醒、激发理智，而不是给你任何结论，因为结论和信仰一样，都会阻碍思想和理智开花结果。

我们曾问道：为什么我们每个人及这个世界都这么强烈地强调财富

的意义和人与人之间的心理分界的意义呢？为什么每个人都如此重视获取，重视社会、民族以及种族的分别呢？为什么几乎我们所有的问题都围绕着财富和名义呢？我不知道你是否在日常生活中觉察到了这个问题，但是如果你觉察到了，那么你难道就没有问过自己：为什么这种具有多重复杂性——包括名义、民族和其他形式的分裂和专属——的财富会填满你的头脑呢？为什么你的头脑和心灵会充斥着这些复杂的东西？其中必定有某些原因，不是吗？为什么人们加入战争，为了财富和名义相互残杀？为什么他们试图以同样的方式来解决那些财富和名义制造出来的问题呢？难道不是因为他在寻求安全感吗？食品、衣物和住所固然很重要，但是我们却好像没有能力满足人们的这些首要需求。

因为我们没有比获取和阶级更重要的价值观了，所以获取观和阶级观变得异乎寻常的重要。如果能对更为重要的事情感兴趣，那么你就会使思想从次要的事情中解放出来，此时次要的事物也就不会成为主导价值了。如果你将主导的重要性赋予次要的价值，那么它就会带来灾难和不幸，这也就是现在这个世界所发生的状况。所以为什么没有出现一种更高的价值，尽管所有那些所谓的"圣书"都声称它的存在？你必须去寻求答案，难道不是吗？你找到答案了吗？

你说你找到了，但是这个答案将你引向哪里了呢？引向更大的分裂，引向更多的占有。而为什么没有更高的价值呢？

当头脑和心灵寻求安全感和确定性，那么就不会出现比感觉更大的价值了。获取、名义以及阶级都是心理方面的；它们是心理需求的结果。当头脑在寻求安全感，它就只会由自己或通过双手来创造价值。所以就不可能出现比头脑制造出的价值更高的价值了。因此，感官价值就变得最为重要。为控制获取及其结果所立的法律是必要的，但是却并不能解决问题。革命来来回回地进行着，但是我们仍旧面临那个相同的问题——获取和阶级划分。混乱和不幸仍旧存在于此，而且不论是源自左翼还是右翼的对感官价值的追求，都不会给予人类秩序与和平。

怎样才能找到更高的价值呢？因为如果你对发掘一些更为宏大的事物感兴趣，那么你就不会对次要、渺小的事物强烈重视了。只要你还没有找到更为宏大的事物，那么那些次要、渺小的事物就会变得具有主导性意义。通过理解对安全的心理需求，你便能够发现更为宏大的事物。问题并不是食物、衣物、住所以及对它们高效的组织，而是在于心理需求；因为安全感、食物、衣物、住所以及生活必需品，都被我们用作满足心理渴望的手段了。现在，我们假设有某种安全存在，但是有没有心理安全这样一种东西呢？我们都在通过不同的媒介、通过事物、通过关系、通过观念来寻找它；头脑一直处在对安全感和确定性的追求中。基于对心理安全存在的肯定，我们建立起自己的存在结构。当头脑在寻求安全感的时候，它肯定会紧附于微小价值、感官价值，于是那些微小价值、感官价值就变得最为重要了。

通过自知，我们可以发掘心理安全的真实情况。要发掘已知价值、感官价值之外的价值，就必须要有自知。在对安全的真正探寻中，感官价值就变得不那么重要了。安全的真相并不是在对它是否存在的结论中找到的，只有通过直接的认知，通过自知，才能够发现它的真相。对真实的揭示会带来巨大的喜悦和明晰。自知很重要，因为它揭示了我们所面临的问题的最根本的事实，揭示了安全的真相。只要头脑不利用自知作为达到安全和取得成就的工具，自知就是一个创造性的过程。

所有的关系都是一个自我揭示的过程，而且都并不是一种通向安全的途径。如果你觉察到自己的思想、感觉和行为，那么它们就会自己揭示出其运作方式——即不停在寻找安全感和确定性。如果你觉察了，你就会认识到：在关系当中，头脑一直在寻求心理上的安全感。关系能够存于不安全之中吗？如果有不确定存在，那么就会出现恐惧和深刻的探寻。确定性会使你沉睡。自知在对真实、确定和永恒的追求中变得极具意义。头脑永远都在寻求安全和已知。如果头脑觉察到自己的思维方式，那么它就会认识到自身永远是处在从已知到已知，从安全到安全的运动中。头脑从已知中创造出未知，并将其供奉为终极的安全状态，但是它所创造出的并不是真实。如果你非常勤勉地观察了自己的思维方式及感觉方式，那么你就会看到：安全就意味着思维和感觉活动的终结。

真实只有在自由中才可以被发现，而不是在安全中。当我们追求安全感和确定性，财富和名义就变成最为重要的问题。感官价值中的安全将人类引向冲突和不幸，但是感官价值的真相可以将人类从悲伤和灾难中解放，而这种真相只有通过自知才能得到发现。

问：您能进一步解释一下您所说的冥想是什么意思吗？

克：在真实地认知问题的过程中，了悟就会到来。解决方法就存于问题之中，而不是在问题之外；了悟处在问题本身之中，而不是存于答案里。我们一般所说的冥想指的是什么呢？我们不是在斥责冥想，而是在检视一般情况下所谓的冥想之中都发生了什么，因为在认知我们活动本质的真相这个过程中，我们就会得到释放，从而做到正确的冥想。你之所以冥想，是因为你被告知要这样做，而基于权威的行为则只会导致混乱和冲突。在你试图冥想的时候，你的头脑在到处游离；思想就像梭子一样来回穿梭于过去、当下和未来之中，永远处于躁动、焦虑和漂泊的状态中。通过排除所有其他观念，思想试图集中于某个被选中的观念，但是很快，其他念想又倾涌而来；于是你又重新试着集中意念，可思想却再次游走了。你一次又一次试着集中，却一次又一次以失败告终。因此你将时间花费在了冲突、控制之上，而不是花费在所谓的冥想之上。又或者是，为了能够更好地集中意念，你坐在一幅画前面，或是重复某个词句，又或是试图去发现某个词语的更深层意义。培养美德也被当做是冥想。如果一个人可以将自己的头脑固定于某个观念，并可以完全拿这种观念来为自己定位，那么这就会被认作一个巨大的精神层面的成就。这是一般意义上的冥想，不是吗？这是我们一般情况下所试图做到的所谓的冥想，难道不是吗？

处于游荡、无序的状态中，却又在寻求安全和秩序的头脑，其实它追寻的是排他；如果这种头脑可以居于专属，并可以将自己定位于此，那么就会有满足感和成就感产生。这些观念和词句都是人们制造出来的；词语也是人们所重复的。对某个词语、句子的重复或是对某幅画面的凝视将你置于一种自我诱导的昏睡状态；这样的重复麻木了头脑。这种拿自我规划出的观念来辨识定位的行为虽然会带来强烈的满足感，但却不是真实。真实不是可以规划出来的，它也不能被思考，因为被思考的事物都是已知，而已知便不是真实。你只能思考已知；你却不能思考未知。对已知的规划和供奉不是冥想，而是自我催眠的一种形式。这种自我催眠的形式对于理解真实来说是一种阻碍。

思想是过去的结果，而且它所思考的也仍旧是时间性的事物。可毕竟，冥想的目的是揭开真实，而不是就真实来催眠自己。真实并不是通过对词语或句子的重复，也不是通过仪式和集中来麻木心灵而揭示的，这些都是排他的过程。因此，未知有没有可能自己呈现呢？只有当时间、已知都停止，未知才有可能出现。头脑就是记忆，就是对经历的记录；头脑紧握住记忆，不停地在增加、扩张。记忆变成了未知的阻碍。你怎样才能找到那些非规划的、不可估量的真实呢？这才是冥想的问题，不是吗？冥想不是祷告，而且"集中"这个排他的过程也不能引向冥想。所以，你怎样才能理解冥想呢？作为过去、已知的产物，头脑能够理解非时间性的永恒吗？只有当时间停止运作，非时间才会出现。只有当已知、当积累的记忆终止，真实才会存在。那么头脑这个过去的产物怎样才能将自己从已知中解放出来呢？只有当思想不被自己的结构——即词语、句子、习惯、纪律、常规、信仰、教条、记忆等——所困，头脑才能得到自由。

所以问题不是在于怎样去冥想,这本身就是个错误的问题。"怎样"就意味着一种方法;而方法便是已知的;已知只能引向已知;一个错误的方法只能导致一个错误的结果。结果就存于方法之中。如果方法是已知的,那么结果也同样会是已知的,但是已知不是真实。只有当思想从已知中解脱,真实才会存在。已知是被积累起来的,而且它是积累知识、名义和事物的推动力。思想能够从积累、从其自身的创造中解脱出来吗?答案是:能。头脑,这个过去的产物,能够从时间中解脱吗?答案是:能。头脑能够通过当下之门将自己从时间中解脱。当下便是思想、感觉、行为——觉察你现在的所想、所感、所为,就在即刻的当下。当下是通向非时间性永恒之大门。通过觉察你现在的所想与所感,你就会认知到思想和感觉的运作方式,当然这只发生在没有斥责、没有辩护、也没有辨识的前提下。因为斥责、辩护和辨识会阻碍思想完善自己的进程。对你的思想、感觉和行为自始至终的觉察和对它们自发的反应是自知的第一步。觉察到意识以及隐藏的活动便是自知。自知的开始就是冥想的开始。不存在脱离自知的冥想。

要做到不加选择的觉察,也就是说,不加斥责,不加辩护,也没有追求;此时就会出现思想的最高形式,也就是创造性的思想。富有创造性就是创造,就是真实。

问:我现在开始意识到我非常孤独了。我该怎么做呢? (笑声)
克:我很奇怪你们为什么会发笑呢?是因为你们讨厌孤独,还是你们将孤独当做小资情调来看待,还是认为它根本微不足道呢?因为你如此忙于社交,心心念念想着改革,于是你认为孤独对你来说毫无价值而言,于是你就笑了。你能将它一笑了之吗?找到你发笑的原因应该是很有趣的一件事。对发笑的觉察便是自知的开始。自知会引向伟大的高度和深度,而如果能够以前所未有的深度和广度来追寻它,那么这种极度的艰难会将你引至难以置信的愉悦和极乐。

你知道孤独是什么意思吗?你觉察到它了吗?我怀疑这一点,因为你通常以各种各样的行为、知识,以关系之中的冲突以及种种事物来慰藉孤独的痛苦。所以你并未觉察到疼痛和孤独。孤独是一种一切皆空的虚无感,是令人害怕的空洞,是一种极其不确定的状态,没有庇护所,无锚地可依,是痛苦的空虚,是一种深不可测的沮丧。每个人都感受过这种孤独——不论是由于高兴或黯然所带来的孤独,还是积极、沉迷地追求知识所带来的孤独——这种无止境的痛苦永远不会消失。我们试图从中逃脱,试图掩盖它,抚慰它,但是这种孤独永远在那里。

还是那样,对待这个问题,让我们不要急于寻找它的答案,而是要理解问题本身。问题在于你是否意识到了孤独,以及针对孤独应该做出怎样的行动。当出现了孤独的疼痛,实际上都发生了什么呢?你试图从中逃脱,你拿起一本书,或是去电影院,或是打开收音机,又或是讨论政治,使自己迷失在各种形式的活动中;你膜拜或是祷告,你画画或是写一首关于孤独的诗。当觉察到了痛苦和深不可测的恐惧,你就根据自己的特点和脾性从中逃脱。所以逃脱的方法就变得异常重要——包括你的神明,你的知识,你的活动,你的收音机。当你赋予次要价值以主导意义,那么就会出现混乱和不幸;次要价值无一例外是感觉方面的,现代文明都是基于次要价值。

你曾试着孤独吗?孤独需要极高的智力,因为头脑是躁动的、活跃的,并困于自身的欲望之网中。对于思想来说,处在孤独的状态中并且不加逃避是非常困难的,不加任何受限反应地觉察自己也很困难。思想在觉察到自身的空虚之时,就会拿已知来填充自身和自己的空虚。我们尝试用已知,用知识,用关系中相互之间的回应和一些其他事物去填满那些不为我们所知的东西,填满那种空洞。你成功填满过这种空洞吗?

你成功地掩盖过它吗？很显然没有。这种空虚，这种空洞能够被填满吗？在试过一种逃避方法且发现了它毫无用处之后，我们难道没有发现其实所有的逃避方法都是徒劳的吗？难道所有的逃避不都是一样的吗？所以去寻找不同的逃避方式难道不是毫无用处的吗？当你理解了某种逃避是无用的，那么所有的逃避都变得无效，难道不是这样吗？

那么在理解这种孤独的过程中，什么才是正确行为呢？只有当你不再逃避，才会理解这种刺痛的空洞。当你愿意抛弃所有的逃避和价值，而去面对"当下实相"，只有这时，"当下实相"才会得到转化。对"当下实相"的理解便是自知和智慧的开端。

问：难道您不是正在成为我们的领袖吗？

克：我收到好几个本质上类似的问题了——也就是我应该进入政界，领导印度走出当下的混乱等等。

为什么你们想要一个领袖呢？为什么你会变成领袖，为什么你会变成追随者呢？无论这个领袖是政治上的，是宗教上的，还是上师，这都不重要。因为你不确定，因为你不知道要思考些什么，你迷惑，所以你渴望被指导、被保护、被引导。这种欲望创造出政治专政和独裁，而之于宗教，那就是接受权威、信仰、传统这些麻痹头脑和心灵的事物。当内心和外界都充满混乱，你便去寻求、创造领导。当今存有混乱和不幸，堕落和饥饿，同时存有剥削，这些剥削来自富有、聪明之人，来自那些沉迷于体制、准则的人，也来自那些滋养出划分和敌对的组织及党派之人。在这种巨大的混乱中，你渴望得到拯救。所以你创造了领袖，而你变成了追随者；你渴望领袖，因为不论是在内心还是在外界你都希望得到安全和保护，远离混乱。你害怕不确定，于是你创造出权威。在这个过程中，你变成了追随者，也因此毁掉了自己。当你追随一个政党或是一种纪律，一个领袖或上师，你难道不是在毁灭你自己的思想过程吗？

在混乱和悲伤之中，有没有能够给予你明晰和快乐的人呢？没有人能够将你从混乱和悲伤中拯救出来，除了你自己，因为是你自己带来了这些混乱和这种不幸。正确的解决方法就在问题本身，而不是在其他任何地方；解决方法就在混乱和不幸本身之中，不是在其他任何地方。但是你却不愿观察冲突和痛苦，你所要求的无非就是将自己从对"当下实相"的理解中引开。所以你创造出领袖，来进行剥削，而自己任由其剥削。领袖通过领导、指引、阴谋和操控来满足自己，于是当受到阻挠，他自身就会感到沮丧；因为他和你一样，你们都是在滋养权力和地位。剥削不仅仅存在于工人和雇主之间，它同样存在于追随者和领袖之间。你不但滋养了领袖，而且还成了剥削的工具。领袖依赖于你，而且你依存于领袖，可因为你处在混乱和悲伤之中，你所带来的领袖也肯定不可避免是混乱和不幸的。

想要追随某人的欲望是自我满足的一种形式。你在某个领袖那里满足自己，反过来，他在你身上满足他自己。这种相互的自我满足和剥削不会带来任何结果。当你存有通过组织、政治或宗教，通过绘画、写作，或通过任何其他活动得来的自我满足，你就必定会被引向沮丧。在无意识地觉察到这种痛苦的失败时，你求助于一个又一个领袖、一个又一个上师。所以领袖变得非常重要；他永远是领袖，而你永远是追随者。

自我满足会导致不幸，而且它是混乱和堕落的原因之一。因为我没有在以上帝或国家的名义、以和平或信仰的名义去寻求自我满足，也没有在心理上以任何方式依赖于他人，所以我就不可能成为你的领袖。对我来说，是否有一个人或是很多人听我的讲授，又或是没有人听都没有关系，因此就不存在相互的剥削。对权力和地位的贪婪导致了剥削、阴谋和侮辱。所以我既不是你的领袖、上师，你也不会使我成为你众多领袖、上师之一。我不想领导谁，原因很简单，那就是对真实的理解并不能通过追随另一个人来获得。只有当不论以任何形式出现的自我满足的欲望都完全停止，真实才会到来。当你从心理需求——不论是有意识还是无意识的——中解脱出来，当思想从对欲望的追求中解脱，这时真实就会出现。只有真实才能带来和平和快乐。

问：信仰和信心有什么不同呢？为什么您要斥责信仰呢？

克：你所说的信仰指的是什么呢？为什么我们必须要怀有信仰呢？信仰就意味着接受、信任，指内心或外界对某事具有信心。信仰给予了保证、信心，提供一种安全感，而且你对于某事信仰得越深，安全感就会越多。心理上如若没有信仰是非常恼人的一件事，不是吗？恐惧和信仰永远形影相随；它们不可分割，是一枚硬币的两面。当头脑在寻求安全和确定之时，信仰就产生了。头脑将信仰作为一种自我保护的工具创造出来，又或是接受别人的信仰；抑或是头脑将其希望和恐惧投射于未来与时间，使它们成为一种理想，而后根据其映射来训导头脑自身，从而达到安全的境地，进入一种没有任何纷扰的庇护所。这个因素——即对安全、对庇护的欲望——根据环境和心理上的影响滋养了不同形式的信仰。你信仰上帝，另一个人却不信；你是印度教徒或是穆斯林，基督教徒或是无信仰者，如此等等。因此，信仰带来分裂，使得人与人对立。想要得到心理安全的欲望创造出了分裂，就像有"我的"和"你的"之分，而因此给予次要价值、感官价值以巨大的意义。

看看信仰对人类和这个世界都做了些什么吧。政治上或宗教上，人类被分离；人们对于诸多令人满足的计划和蓝图的信仰正导致着冲突和敌对；以上帝与和平的名义组织起来的宗教信仰使人与人对抗；人类由于对自己国家、安全和上帝的信仰，正在毁灭自己的同胞。信仰无一例外会滋生出更多信仰，更多冲突，更多混乱，更多对抗。信仰源于对自我满足的隐藏需求。你通过自我满足来寻求快乐，通过信仰来达到自我满足，而在双手或头脑制造出的事物中并不存在任何快乐。如果你通过某物寻求快乐，那么这件事物就会变成最重要的，而重要的就不再是快乐了。

我们所说的信心是什么呢？对某事的信任或信念。保证或是信心给予你本身某种信任，就像现实中某件工具给予你的那种感觉一样。这种持续不间断的保证会产生出一种自我的进取。存于自我的自信是自我满足的另一种形式。

现在，存有通过自知而来的另一种信心。我用"信心"是因为缺少一个更好的词眼。当你觉察到每种思想和感觉，并且自始至终坚持，那么你便会得到喜悦；在理解意识的许多层面的过程中——不论是表面的还是深藏的意识——就会有自由出现，在这种自由中得到的喜悦完全不同于自我扩张的保障感。当理解了阻碍所带来的毒害，你就会得到自由；当自我的活动得到探寻和理解，那么你就会拥有永不消亡的极乐。这种探寻并不是基于任何信仰，也不基于任何头脑制造的准则。基于信仰的发掘就不再是真实的；基于信仰的经历只是自我投影的延续，因此经历永远是具有束缚力的。当头脑能够觉察，当它了解自身狡猾的诡计，它就会知晓其实自己才是自己的创造者。此时，当头脑不再创造，就会出现真正的创造。

（在马德拉斯的第四次演讲，1947年11月9日）

停止找寻,快乐才会出现

如果你我一同踏上自知和自我探寻之旅,那么这将会有很深远的意义。但是对于我们大多数人来说,困难都在于我们仅仅是观察者,而不是参与者;我们宁愿观看游戏,而不是去做玩家。如果每个人都可以作为玩家去思考、感觉、生活,而不是仅仅作为观察者,那么这将会有很大的益处。我们大多数人的困难就是在发掘自我的途中不知道该怎样分享。我们不习惯于亲自发掘我们自身思考的过程,但是只有这种发掘才能带来正确的行动。有没有可能不仅仅作为观察者,而是真切地参与到所要探寻的事物之中呢?只有以这种方式,你我之间才能建立起一种全然交流的关系。我们大多数人都和周围的人和物拥有口头上的关系,但是困难在于去超越这种口头关系,进入一种更深的层面,只有在这种层面中才会产生理解。只有当存有相互的理解,交流才能存在;如果你理解了而我却没有,那么我们之间的交流就会停止。在同一层面和同一时间建立起正确的交流是极其不易的。如果你和我能够共同探索自我的运作方式,那么这会是极具价值的。而单向你描述我的旅行结果将没有任何作用。

其中一个问题就是对快乐的寻找和对悲伤的克服。我们渴望快乐,然而悲伤却是我们持续的伴侣。虽然我们肯定经常就这个问题进行挣扎斗争，但是此刻，让我们以一个新的视角去检视它，就像我们第一次考虑这个问题一样。没有什么问题是老问题，因为每个问题都在经历着不停的变化。让我们一起来觉察这个悲伤和快乐的问题，在同一时间，在同一层面；不要仅仅是听我说，不要只是去接受一个根本没有你参与其中的交流，因为如果你可以正确地聆听这些演讲，它们会为你带来更深更广的觉察。

我们通过事物，通过关系，通过思想、观念来寻求快乐。所以事物、关系和观念变得最为重要，快乐不再重要了。当我们通过某些事物去寻求快乐，那么这件事物就会变得极具价值，而不是快乐本身了。当我以这种方式陈述时，这个问题听起来很简单，而它也确实很简单。我们在财富、家庭、名义中寻找快乐，于是财富、家庭、观念变得最为重要，因为此时，快乐是经由一种方法来被找寻的结果，而这种方法则毁掉了结果。快乐能够通过任何双手或头脑制造出的事物找到吗？事物、关系和观念很明显不是永恒的，我们永远都不会因为它们而得到快乐。我们通过事物寻求快乐，而我们却没有在那里找到快乐；在关系中，我们寻求快乐，可同样我们也没有找到快乐，因为在关系中并不存有永恒，虽然我们试图在其中得到庇护；同样，我们试图在思想、观念、信仰中找到快乐，可我们还是未能在那里找到，因为一套观念可以被另一套观念毁掉，一种信仰可能被另一种信仰所征服。事物并不是永恒的，它们会渐渐消磨殆尽；关系中永远存有摩擦，而死亡就在那里等候；观念和信仰中也没有稳定和永恒。我们在其中寻求快乐，而我们却没有意识到它们的非永恒性。所以悲伤变成我们持续的伴侣，克服悲伤成为了我们的问题。

我们从未问过自己：快乐是否可以通过双手和头脑制造的事物找到？只要快乐还不是方法和结局本身，悲伤就不可避免，难道不是这样吗？快乐有可能被找到吗？它能够自己存在吗？只有当你停止找寻，快乐才会出现。要找到快乐的真正意义，我们必须去探寻自知之河。自知本身并不是目的地。一条溪流存有源头吗？自始至终，是每一滴水组成了河流。幻想我们能够在源头找到快乐是错误的。只有当你处在自知的河流中，才能够找到快乐。

要跟随无论是意识还是潜意识的思想与感情、动机和需求是异常艰辛的。你们这些认真聆听的人必须尝试去觉察每种思想和感觉，从而洞察它们的意义。以这种方式，有意识的头脑就会清楚认识到自己的冲突、混乱和敌意，从而接受那些隐藏的思想和暗示。要跟随自知这条深深的河流，就必须要在意识上具备明晰的特质，要觉察到真正在发生的是什么。通过觉察意识的活动，隐藏的思想和追求就会得到理解。意识就是当下、现在，而通过当下，你就可以理解隐藏的部分。隐藏的部分只有通过对当下强烈而无为的觉察才能得到理解，由此，思想便可以将自己从自身创造出的艰难险阻中解脱出来。有意识的头脑充斥着即刻需要解决的生存问题；如果不理解这些问题，思想感觉就不会进入更深和更远的问题。头脑被日常生活的问题所占据：财富、阶级划分、关系等等。这些问题在有意识的头脑中来回穿梭；有意识的头脑正是由这些问题构成，而如果思想不将自己从自我施加的劳苦中解放出来，那么它就无法进入自知的更深的维度。

要跟随自知的河流，你必须迈出第一步，也是最困难的一步，因为自知的开始就是智慧的开始。快乐不是通过任何方法而找到的，而自知本身就是喜悦。爱自有其永恒的特质，所以自知就是快乐。

问：我听说您不读任何哲学或宗教作品。我很难相信这点，因为我在听您讲授的时候意识到您肯定读过，或是说您有一些秘密的知识源泉。请坦诚地告诉我们。

克：我没有读过任何哲学、心理或是宗教作品，也没有读过《薄伽梵歌》或是《奥义书》。秘密的源泉在于一个人内心，因为你和我都是知识的储藏室；我们是所有思想和智慧的仓库。你和我是过去和时间的结果，而在理解我们自身的同时，我们就会揭示所有的知识和智慧。自知是智慧的开端，而我们能够、且必须通过自知发现真理。

智慧是买不到的；它也不能够通过祭祀来找到，也不存在于任何书籍中，无论是多么神圣的书籍。真理不会随着任何体制、任何领袖、任何上师而到来。当你拥有了无为的觉察能力，当头脑能够机警地接受，智慧就会到来。当具备了自知，你就会拥有欣喜和无可比拟的极乐。但是大多数人的头脑都被他人的思想所麻醉，于是模仿和重复便不可避免地出现。当你引用《薄伽梵歌》，或是《圣经》、《古兰经》，又或是引用一些所谓的中国圣书、一些现代哲学家或经济学家的句子，你都只是在重复而已。真实的事物是不可能被重复的，而如果被重复、被引用，它就不再是真理了，它就会变成谎言。谎言可以被提出，被传播，但它不是真理；当真理成为一种宣传的工具，那么它便不再是真的了。

自知不是一种结论，也不是一种结果；它没有开始，也没有结束。你必须从你所处的地方开始，阅读自知之书的每个词语，每个词组，每个段落。若要理解自知之书的内容，就必须不加斥责、辩护，因为所有的辨识和否定都会将自知之流终结。要想清醒地意识到自我的运动，就必须拥有某种自由、自发性，因为一个受到训导、控制和被模式化的思想从不会追寻自我的湍流。一个受到训导的头脑在某个模具中被塑形，所以它不能够追随来自意识不同层面的微妙暗示。但是会有很少的一些时候，被训导、被麻醉的头脑具备了自发性，而在这些时刻——也就是当思想能够超越其自身的限制时，你就会理解那些受到限制了的反应。

智慧不是一本书籍，它并没有秘密的源泉。你会在非常近的地方找到真实。其实真实就存于你自己的内心。但是要发现它，就必须要有持续而警觉的活动。当思想做到了无为的觉察，不停观察着、跟随着，那么自知的地图就会自己展开。自知并不是自我在与世隔绝的状态下学习而来的，因为根本就没有真正的隔绝状态。生活就是关联，而隔绝只是一种逃避。如果思想做到了无为的机敏，观察到它自身的运动和脉律，那么当睡意袭来，有知的头脑就能够接收到意识层面的暗示了。如果你渴望发现真实和永恒，就必须将所有书籍、体制、上师放置一旁，因为只有通过自知，真实和永恒才能够得到揭示。

问： 目前，我们国家的政府正在尝试着修正教育制度。我们能知道您对教育的看法吗？还有，怎样才能将它付诸实践呢？

克： 这是一个复杂的问题，要想在短短几分钟之内试图理解这个问题看起来是很荒谬的，因为它的涵义很广袤。在清晰地认知事物的过程中会出现极大的喜悦。让我们不要因为他人的观念、观点而变得纠结、迷惑，不论是政府、专家的，还是那些博学之人的观念和观点。

在经历了几个世纪的所谓的教育之后，世界发生了什么呢？发生了战争、毁灭和不幸。两次灾难性的战争几乎摧毁了人类通过其教育所建立起来的全部结构。我们看到了教育的失败，因为它带来了就我们所知的这个世界上最可怕的毁灭和不幸。国家、政府现在控制着教育；他们要控制你的思想，因为如果教会你如何思考，那么你就会成为政府、国家的威胁。当国家控制或指导教育，就必然会出现为了高效而生的严格管制，而就像当今世界需要机器而不是人类一样，技术上的高效变得至关重要。这就是当今这个世界所正在发生的情况，不是吗？教育曾经被宗教组织，被牧师所控制，现今又被政府、国家所控制。这样的教育的结果对于人类来说就是灾难和不幸，它也会导致人类的剥削。不论是通过组织、宗教还是通过国家而进行的剥削，对于人类来说，这仍旧是剥削和悲伤。由于人类比体制强大，所以人类最终将体制推翻，但是我们不幸又坠入另一个体制。只要教育还在那些牧师、政府手里，或是在那些将教育当做工具的人手里——他们为自己的政党或是利益而剥削他人——人类就不会有任何希望。

教育的目的是什么？生活的目的又是什么？如果不清楚这一点，那么教育就没有任何意义。教育不能够从生活中分离，因为生活是一个完整的过程。教育会根据环境、宗教或是工业的不同，随着时代的变迁而变化吗？教育仅仅是用来使人适应环境的即刻需求的吗？如果是的话，那么工作就比人类本身重要得多；这样一来，机器、体制就会比人类本身重要得多。而这就是当前这个世界正在发生的事情。

如果你没有理解人类本身的意义，那么教育就根本不会有任何意义；那时，人类就将会是国家、宗教、政党为了某个体制等等而利用的工具。如果你不知道生存、生活的目的是什么，那么为什么要在意你受到的教育是怎样的呢？如果你不知道你的意义，那么你就会变成一片炮灰或是变成原子弹的目标。如果那就是人类的终极目的，那么我们就必须使自己极度高效，以便相互屠杀。目前出现了空前之多的军队、军饷，出现了空前之新的摧毁方式，也出现了更多的技术和军官，然而，也出现了比以前更多的教育。科学家埋头于他的实验室中，商人则投身于市场，他们都沉溺于自己的专长，而不论是他们还是我们，其实都没有意识到生命的意义。

生存的意义是什么？这种斗争和混乱、不幸和疼痛的目的何在？如果我们不了解这些，那么教育就意义甚微。生存的目的就是要从斗争和悲伤中解脱出来，得到自由，这样你才能得到快乐。快乐之人就不会再对这个世界有任何危害；有爱的人就不会再去占有、分割。一个快乐的人，一个心怀有爱与和平的人会从所有体制、政治和宗教之中解脱出来，于是他就不再是不幸和剥削的根源。要找到真实，就必须要拥有从受限的思维和反应中解脱出的自由，要拥有从限制思想和感觉的渴望中解脱出的自由。

自由是通过任何左翼或是右翼的教育制度而来的吗？父母、环境能够给予我们自由吗？没有什么体制可以解放思想；体制本质上就具有约束力。方法创造了结果，在某种体制中训练出的某种思想不会是自由的。环境、父母、老师固然都是极其重要的；可教育者也必须受到教育。如果教育者本身就混乱、狭隘、愚昧，被古代或现代的迷信思想所困，那么他就会根据自己的愚昧来为孩子的思想塑形。因此对教育者的教育要比对孩子的教育重要得多。教育者去寻求能够带来正确思维的自知了吗？要知道，只有正确的思维才能带来价值观的变革。几乎所有的父母和教育者都不曾渴望基于正确思维的价值观之上的变革；他们寻求的只是安全感，他们渴望事物以原来的面貌延续，由此做出某些微弱的修正。

教育教育者要比教育孩子困难得多，因为教育者已经愚蠢地长大成人。他自身混乱，并寻求某些体制作为教育孩子的方法，而且他还从一个体制转向另一个体制；他不会找到最好的体制，因为他是教育者，而非体制。如果他混乱无知，并且没有自知，那么他就没有能力去培养其他人的理智。孩子是父母的结果，是和当下相关联的过去的结果。如果得到了自由，孩子就会顺其自然地聪明地发展，这种观点看似是谬论，因为毕竟孩子并没有完全摆脱习惯性的反应。而如果教育者本身忽略了其限制因素，那么他怎样唤醒孩子头脑中的理智呢？

我们大多数人对自己的孩子并没有爱，虽然我们经常用"爱"这个字眼。没有爱，你能理解他人吗？没有爱，你能教育别人吗？没有爱，体制就会变得最为重要，而体制只能造出机器，而不是人类。爱是在同一层面、同一时间进行即刻的交流和理解，而因为内心枯萎，我们求助于政府或宗教的体制，把体制当做解放思想和唤醒理智的工具。因为我们没有爱，所以教育者、环境变得最为重要，而因为教育者也像我们一样，他同样没有爱在心中，所以他依赖于体制，仅仅依赖于对理智的培养。

否定的思维难道不是最高形式的理解吗？智慧并不是对知识的积极获取，也不是事实的累积。智慧随着自知而来，而没有自知，就不会有正确的思维。教育的体制和蓝图并不能解决人类的冲突和不幸。对体制的爱其实是对爱的毁灭，而没有爱，就不会有正确的思维，就不会有创造。爱的效能和效率比机器的效率更大。

问：据说通过人为的训练，或经由弟子而成为圣人或导师的这种传统方法仍旧适用于所有人类。您的讲授是不是也是针对那些走在这条道路上的人呢？

克：没有任何道路是通向真实的。真实无路可循；它是通过未标明的自知之海洋而找到的。不可估量的事物并不能够通过已知的途径来测量。

已知不是真理。已知被困于时间之网。一条道路只能将你引向已知。通向你房子的道路，通向你村庄的道路，这些都是你所知的——因为你知道你的住所，你的目的地。但是对于那些不可估量的事物来说则没有任何道路可言，因为真是是不能够被规划的，而如果它被塑造了，那它就不再是真实。你从书籍中所学到的关于真理的知识并不是真理。被重复的真理就不再是真实。它只是能够被重复的谎言，而不是真理。

你说所有的道路都能引向真理，但真是这样的吗？无知的道路和怀有恶念之人的道路会将你引向真理吗？你必须摒弃无知和恶念，才会找到真理。一个在以国家名义考虑杀戮的人如果不放弃这种所作所为，他能够找到真理吗？一个沉溺于知识的人，他能够找到真理吗？难道他不是必须要把自己的沉迷放置一旁，才能找到真理吗？分裂的人是不能够找到真理的。所有的道路都不能引向真理；因为部分不会引向整体。

仅仅付出行动的人会揭示真实吗？答案是他不会，因为他的途径是不完整的。知识、虔诚和行动就像三条分离的道路，他们并不能引向真实，而只能引向虚妄、毁灭和躁动。正是对真实的找寻这种行为需要自知、虔诚和行动。仅仅是付出行动的人绝不会揭示真实，而仅仅怀有虔诚的人，仅仅追求知识的人也不行。付出行为、虔诚和具有知识的人不是自由的，因为他们的各种活动都是自我所创造的，是具有约束力的；如果将他们的行为对象移去，那么他们也会迷失，比如说如果没有了虔诚的对象，那么虔诚者就会迷失。

智慧不是通过任何道路而得来的；没有任何导师或其学徒可以给予你智慧与快乐。导师和弟子的分裂正是无知和冲突的根源。那些特殊的少数人和他们的道路是空虚且无用的，而他们也为保住自己的安全付出了代价。由于他们觉得自己是被选择的对象，于是就坚持他们的道路和行动，这很幼稚。只有成熟、完整的人才能够得到开悟。一个致力于某种行为、某种生活方式的人没有能力接收永恒，因为部分永远在为了时间而忙碌。

你永远不可能通过不幸而找到快乐；你必须理解不幸，由此将之置于一旁，迎接快乐的到来。若是爱要存在，就定不能出现竞争和混乱。黑暗的地方不会有光亮，只有黑暗不再，光亮才能到来。只有当没有了占有，没有了斥责和自我满足，爱才会出现。如果你开始了探寻之路，你必须再次变成一个"乞丐"。不要卷入任何道路中，也不要在任何组织中迷失。对于一个在认真寻求真理的人来说，寻求本身就是行动、虔诚和知识。通过墙壁上的一条裂缝，你不能看到整体，也不能看到明澈的天空；你必须在旷野中去欣赏天空的美丽。对于那种抛弃所有道路去寻找真实的人来说，他们很有希望找到真实。

问：您建议我从事什么职业呢？

克：一个想法总是和另一个相关联，没有什么问题是孤立存在的。要理解这个问题，正确的思考是必要的，而没有自知就不会有正确的思考。每个行为、每种感觉和思想都是相互关联的；完全考虑清楚一个想法就等于感觉出、思考出了所有的想法。那么现在这里发生了什么呢？

你能够选择自己喜欢的职业吗？你接受你所能得到的，而其实如果你能够得到一个职业，那已经是你的幸运了。因为除了一种价值——也就是感官价值——以外，我们把其他所有的价值都丢掉了，所以这个世界就会出现极端的混乱。你经历了一系列艰苦的学习，成了办公室里的一个机器人。社会的结构建立在相互毁灭的基础上。这个社会适应了毁灭；所有的职业都为战争作出了贡献。当士兵、警察、律师数量充足，社会便开始堕落了。一个士兵的工作就是杀戮，而他的存在正是战争的一种延续。你能选择这样的一个职业吗？警察注定不会快乐，因为他的职责是监督、汇报、观察和密谋。你能选择这样一个职业吗？律师，这个无足轻重的狡猾之人，用他的聪明维持着分裂，在冲突中壮大；他变成政客，足以处理表面性的事务。政客从不能给这个世界带来和平。你能选择这样一个职业吗？你能选择这些在分裂和痛苦之上生活、奋斗的职业吗？他们的生活并不是建立在爱和善意之上，他们其实是生活在人类的愚蠢、贪婪和恶念之中。你能加入那些通过剥削、贪婪和无知聚敛财富之人的行列吗？所以你看到我们的选择是多么有限。一个医生，一名技术人员，一位艺术家——他们同样有自身的烦恼和不幸。

只有正确的思考才能带来一个美好的社会，这种社会中的任何活动都不会给人类带来伤害。而没有自知，就不可能有正确的思考。你愿意花费时间来了解自己、正确思考，从而创造出新的社会吗？你们这些没有要立即谋到工作的压力的人可以有所作为，你们这些拥有闲暇的人可以培养出正确的思考，由此带来一个美好的社会。这种责任落在上述这些人的肩上。但是这些有能力的人并没有去寻求正确的思维。只有正确的思考才能带来正确的行为；而自知会产生出正确的思考。

（在马德拉斯的第五次演讲，1947年11月16日）

努力就是分心

倾听需要艺术。我们大多数人都习惯于去翻译所听到的话语，或是根据自己所受熏陶、背景、传统等等来诠释。难道我们就不可能像倾听音乐、歌曲一样去聆听话语吗？当你聆听音乐的时候，你会去解释音乐吗？你在听的是两个音符之间的间歇；你专注，然而又充分地放松，完全专注地跟随音乐迅灵的律动。

只有当爱存在时，正确的交流才能存在；当爱存在，就会出现在同一时间、同一层面的理解，并且不加任何翻译和诠释。我们很少能够找到这样全然的理解，因为这种爱同样很少见。但是我们却在不同的层面、不同的时间相遇，于是交流就变得异常困难。在这里，我们要试着去做的不仅仅是正确地聆听，而且还要具有创造性。不仅仅是要聆听话语，而且是要不加任何否定地体验所说的内容，就好像你在警觉而安静地跟随其中一样。但是我们不知道怎样去聆听，怎样观察新事物，而且我们拿旧的形式套在所听到的内容之上。我们将新的酒放入旧皮囊里，于是旧皮囊就爆裂了。因为将新的内容放在旧术语中，新内容的风味就被破坏了。我们并不是在进行全新体验，而是带着过去的负担去接近它，可这样却只能加强过去。爱永远是崭新的，永远都在自我更新。达到了悟的人，就拥有那么一种更新、崭新，因为他并没有陷入思想、诠释的模式之中。如果我们能够带着创造性的专注这种特质来聆听，并且不带着任何过去负担地迎接新事物，那么这会有极大的价值。正如我所说，被重复的真理就不再是真理了——如果你仅仅是听到了这句话，那么这其实就是一种重复，于是它也就不再是真理了，即便你沿着思想熟悉的航道来指引它。如果你带着创造性的理解力去聆听，并且不加任何诠释，那么你所理解的就是真理，而正是真理给了你自由和快乐。如果我们根据旧的公式来翻译新的事物，那么我们将会失去快乐，失去创造性的喜悦。只有当头脑能够接受新事物，我们才会快乐。而因为头脑是过去的结果，所以要摆脱陈旧异常艰辛。你肯定在清晨时分聆听过鸟儿的歌唱，这种歌唱是全新的，美妙的，无可比拟的；此时你的头脑是清新的，也并未被日常活动所困扰，于是，即使鸟儿的歌唱和山峰一样古旧，头脑也能接受全新。

请就像你第一次听到这些话语一样聆听我所说的这些内容，你将会觉察到你的体内正在发生一件奇妙的事情。快乐不是陈旧的，快乐本身处于不断的更新当中。

就像我上周说过的那样，当你通过双手或头脑所制造的某件事物来寻找快乐的时候，这件事本身就会变得比快乐重要得多；此时快乐就仅仅是一种满足感，且永远都不会是永恒的。当你理解了变得快乐这个过程，你就会得到快乐，但变得快乐却是我们每一个人所试图做到的。我们试图变得聪明，变得快乐，变得有道德。如果我们能够理解"是如此"和"要成为"这两种不同的状态，那么或许我们就会觉察到快乐了。"是如此"和"要成为"是两种截然不同的状态。"要成为"是连续的，而连续的事物向来都是有束缚力的。如果关系仅仅是连续的，那么它就会具有束缚力。连续的事物就是重复的，它仅仅是一种习惯。当关系不再具有连续性，那么它就会拥有新的特质了。如果你走进它，你就会看到：只要有连续这种"要成为"的过程，只要有从一个连续体转向另一个连续体的思想，就会一直有束缚和痛苦相随。如果不理解连续，那么就没有"是如此"这种存在状态。你绝不会对自己说："我要变得快乐。"只有当"要成为"或"变得"不再存在，"是如此"的状态才能得到理解。

美德给予我们自由。你难道没有观察过那些没有德行的人吗？他们是多么愚蠢，多么可悲，就这样被困在自己所编织的网中。具有美德的人才能得到快乐和自由；他并不是在"要成为"什么，而是处于"是什么"的存在状态中。只有在美德中才能得到自由。美德给予秩序，它带来了明晰和从斗争中摆脱出来的自由。而一个没有美德的人则无序而混乱，并处于冲突之中。美德本身并不是终点，它会生产出自由，而只有在这样的自由中，真实才能到来。但是当美德被用作成为的工具，那么美德也就会终止了。拥有美德和变得有美德是两种完全不同的状态。美德就是了悟，但是变得有美德则是在无知中继续前行。你所理解的事物带来了自由，而你未能理解的那些则带来冲突、混乱和敌对。当你理解了，那么你就会具备美德。理解是必须经过努力才能得来的吗？还是必定有这样一种状态，在其中所有的努力都停止，而理解会自然到来呢？如果我渴望理解你所说的话，我就必须努力去听吗？只有当你分散注意力时，努力才会存在；这时分散注意力比听你说话更有趣。因为对你所说的不感兴趣，所以我必须努力不让自己分心，来听你说话。只有具备认真的态度，才能有交流——不加努力的交流。努力就意味着存在分心。现在你正在不加任何努力地听我说话；而当你做出了努力，你就不会再理解了。当你看到一幅画，你会去努力理解它吗？你必定会为了评判它、比较它，为找出它的作者而做出努力。但是如果你想要理解这幅画，那么就安静地坐在它旁边；在这种安静中，没有任何分心存在，你就会理解它所散发出的美。因此，美德就存在于没有为了成为所做的努力的地方。可是既然我们的整体存在都基于努力之上，我们就必须发现努力的真正意义，以及要成为所导致的不断的冲突。我们有意无意地总是忙于要成为，被它所带来的喜悦和痛苦所充斥。这种奋斗是不可避免的吗？它是为了什么呢？我们所说的努力是什么意思呢？努力的意思难道不就是要成为某些事情，而不是"当下实相"吗？因为愚蠢，我努力变得聪明。而愚蠢能够变成机智吗？还是说愚蠢必须终结，来迎接机智的到来呢？如果我们能理解这个问题，那么我们就会理解付出努力和奋斗的含义。

我们害怕面对"当下实相"；我们害怕理解"当下实相"，于是我们永远在努力转化、修正、改变"当下实相"。一支玫瑰不会努力要成为另一朵；正是在这种"是"的存在状态中，创造才会出现。此时，除了为了生存所做的本能斗争之外，便再无其他冲突。可对于我们来说，除了为生存——食品、衣物、住所——所做的本能斗争，还有为了转化"当下实相"而做出的不懈努力。在理解"当下实相"的过程中，才会出现创造。要理解"当下实相"是异常艰辛的，因为思想本身就从"当下实相"分心了；它永远在将"当下实相"转化成其他。宗教和教育就基于必须改变和修正"当下实相"的观点。你本是这样，而你必须变成那样；你贪婪，于是你必须变得不贪婪，所以要努力、尽力，要斗争。可其实要理解"当下实相"并不需要任何努力。只有当你理解贪婪，贪婪才能终止，它不是因为你努力要变得不贪婪而终止的。但是要理解贪婪的"当下实相"，你就必须交付出你全部的、不可分散的注意力，充分觉察它外延的价值。如果你分心，也就是转化了"当下实相"，那么你就不会理解"当下实相"了。贪婪永远不会变成不贪婪；只有当贪婪终结，才会有美德出现。愚蠢永远不会变成机智。只有当你将愚蠢当做愚蠢来认知，这才是智慧的开始，但是追寻智慧的努力仍旧是愚蠢。

努力对于理解"当下实相"来说是必需的吗？努力就是分心，从"当下实相"分心。我们的精神倾向和社会倾向都是基于对"当下实相"的转化，这种渴望改变的欲望本身就成了一种分心。我们将自己的精力花费在转化之上,而转化必定需要努力。我们不理解"当下实相",而我们却试图通过准则,通过强制等等手段来改变"当下实相"。如果不理解"当下实相",你怎么能将它转化呢?要理解"当下实相",就一定不能有任何斥责、辩护,也不能有压抑或是分心。压抑和控制不会带来理解;压抑和准则都是从"当下实相"分心而来的。如果我们将用于改变"当下实相"的分心所耗费的能量用在理解"当下实相"之上,那么我们就会发现"当下实相"的根本性转化了。只有当没有斗争,没有分心之时,理解才能到来;只有当你拥有了安静,当没有了要成为"当下实相"之外的其他状态而做出的努力,理解才能到来。

问: 内省和觉察有什么不同?

克: 自我为了改变自身、修正自身、转化自身而做出行动,这就是内省。在这个过程中,一直会有斥责、辩护和辨识存在。我贪婪,而这是错误的,于是我必须变得不贪婪;我气愤,但是我必须变得平和。内省是一个专横的过程,它不会将我们引向任何地方。内省之中的连续性变成了一种束缚,一种对理解的阻碍。每一种体验都在根据自我的模式被翻译,也就是永远在检查、分析、诠释,将痛苦的事情放置一旁,引导那些令人愉快的事情。内省是为了改变"当下实相"的不停斗争的过程。

而觉察是对"当下实相"的完全认知,从而理解"当下实相"。当出现了斥责,就不会有理解存在。理解是随着无为的觉察,随着安静的观察而来的,此时"当下实相"就会自我呈现。当一个人意识到自己的贪婪,处于内省之中的他会有怎样的反应呢?不是斥责,就是辨识:如果是痛苦的,那么他就试图改变它;而如果是愉悦的,他就去追求它。这种反应是辩护或斥责的一种形式。他永远都在依照成为来翻译"当下实相"。在成为还是不成为的斗争中,我们迷惑又疲惫。内省的行为是残余的;这种行为总是由昨日的残余和回忆而生。已做到觉察之人的内心中不会有残余的反应。他就仅仅是觉察而已；他并没有翻译，没有斥责，也没有辨识，因此他的反应是非残余的，是自发的。

残余的反应和觉察迥然不同：一个永远处在成为的过程，因此一直在斗争并痛苦着，而另一个则是处在对"当下实相"的觉察状态，由此理解并超越了"当下实相"。自省之人永远不能超越他所审视的客体。如果你深入觉察之中，你会认识到觉察的创造性特质，以及自省的毁灭性特质。一个处于自省的人考虑的是改变"当下实相"，因此他永远不会具备创造性；他考虑的是自我的进步，因而永远不会拥有自由。他只是在自身欲望的围墙里运动，所以永远找不到真实。真实会避开他，因为他被困于成为之网中，正在"变得正直"。"一个受尊敬的、正直的人"其实是一种诅咒——当然这并不意味着"罪人"不是一种诅咒。对于那些有罪的人来说，他们也有可能看到、感觉到更多，而那些被圈附在自身的"受尊敬"之光环下的人们却永远不可能超越他们自身的围墙去认知事物。觉察的人会直接理解"当下实相"，而在这种理解中便会有即刻的转化。这种理解就是创造。

问：您相信永生吗？

克：你所说的相信是什么意思呢？你为什么要相信，要相信什么呢？你相信你是活着的，你相信你真的能看到吗？当你迷惑、焦虑的时候，你才会去相信，因为信仰给你带来一种幸福、安全的感觉，不是吗？那么也就是说，信仰并不是"当下实相"，而一个觉察到"当下实相"的人是不需要信仰，也从不会"相信"的。信仰基于权威，不论是内在的还是外在的，因为权威会给予他身体上或是心理上的安全感。一个拥有安全的人，不论是内心的安全还是外部环境的安全，他都不会找到真实。只有那些不确定、且永在探寻和寻找、既不接受也不否定的人才能找到真理。一个在其信仰里处于安逸和安全的人，实则迷失于轻信和固执之中；

他不但是自己信仰的囚徒，从而破坏了创造性的思考，而且他还永远处在恐惧和忧郁之中。

我们所说的永生是什么意思呢？如果我们理解了什么是连续，我们或许就能获悉它的含义。如果我们能理解死亡，那么或许我们就能够认识到永生的意义。如果我们能理解终结，那么永生和不朽就会存在。死亡是未知的；正如真实一样，不朽是未知的，死亡也一样。自古以来，人们将思想寄托于对上帝的理解之上，由此写出很多书籍，而你却一直在逃避死亡。为什么会这样呢？你躲避、推开死亡这个未知的事物，而去追求上帝。每个寺庙都放有神明的一副画像或是一尊雕塑，而你就将生命托付给这种双手或是头脑所制造出的事物。你为什么会追求上帝这个未知呢？你认识他吗？如果你认识的话，那么这就会是一个不同的世界了，因为这样一来便会出现爱和善意。为什么你会接受一个——也就是上帝，而躲避另一个——即死亡呢？你躲避死亡，因为你害怕自我的延续会终结；而你追求上帝，是因为你渴望延续和永存。你为了永存而向上帝进行投资，却又不知道你所投资的对象到底是什么。这难道不是很奇怪吗？投资过后，你便又问是不是确有永生这一说，因为你渴望进一步的保证；你对给予你这种保证的人感到满意。

诚然，问题并不是到底有没有永生。如果我告诉你有，那这种论断能够转化你现在的生活吗？

答案是不能。如果我告诉你没有永生这回事，那么你就会转向其他人，直到你找到能令你得到安慰的保证为止。你陷于相信和不信两者之间，而这只能造成痛苦。要理解对死亡的焦虑的恐惧，你必须找出为什么在生存和死亡之间有一道不可逾越的鸿沟，以及为什么你们会一代又一代周而复始地不停追求你口中所谓的上帝，而其实你却并不认识他。有没有一本圣书是关于死亡的呢？现在有，并且会有更多关于所谓的上帝的书籍。真实是什么，这是一回事，可如果你将真实作为一种想法，一种推测，那么这则是另一回事了，它也就不再是真实了。未知不能够拿词语来估量。词语并不是事物本身；你不可能将真实告知于那些并未觉察到真实的人。心怀有爱的人之间便存有即刻的交流。你可能会写一首关于爱的诗篇，但是如果你并不了解爱，你就不能和他人进行交流。

去质询有没有上帝存在其实是徒劳的，但如果你去寻找了，你就会发现到底有还是没有上帝存在。所以如果你能够勤勉、正确地去寻找，你就会找到死亡的意义。你通过财富、名誉、家庭，通过信仰和观念来寻求延续。只要使你相信自我能够延续，你就没有了恐惧。那些寻求心理上延续的人在财富方面投入，而后发现财富并不永恒，于是便又寻求于其他形式——在种族、民族、组织、活动及爱中寻求——而如果这些形式也被否定，那么他就会在寺庙、教堂、以及最终在他所谓的上帝那里寻求心理上的延续，而同时这种寻求也被死亡这种未知所威胁。因此你所真正考虑的并不是真实、上帝或是死亡，你考虑的是延续，用一个悦耳的词语来表述，就是"不朽"。你所渴望的只是某种形式上的延续。那么延续了的那些事物都发生了什么呢？它们会衰落、腐化；它们会陷入效用、惯例和习惯的单行道之中。延续是衰落的保证。只有当没有了恐惧——当然这只有随着对延续的理解才能做到——生存和死亡之间的界分才会消失。

真实和死亡都是未知的，而一个处在已知状态的头脑永远不可能理解未知。已知永远是延续的。头脑紧握住已知，并将生命交付于已知和回忆；在已知的房间里，头脑一直很活跃，在这种状态中，头脑便会渴望延续。已知的事物已经处在时间之网中了。只有当头脑从时间之网中解脱，永恒和非时间性的不朽才会存在。那些渴望延续的人会处在对生命和死亡的持续恐惧之中，而文明为了平息他的恐惧而培植的各种逃避则将其毒害，使其麻木，于是他便看不到死亡的广袤意义了。死亡与生命和真实一样富饶，它们都是未知的；而一个被困于已知的头脑永远不能理解不朽和永生。

问：请您进一步解释一下您所说的意识上的明晰是什么意思。

克：上周日我曾说过意识的表层必须首先使自己明晰，并从它们所纠结的问题中解脱出来，这样，那些隐藏的动机和追求、希望和恐惧才能够得到认知和理解。要理解即刻所发生的事物，头脑必须冷静。如果你遇到了一个问题，你就像一只小狗在为得到一根骨头而着急一样担忧这个问题——你会一直思考这个问题，急于找出答案，睡觉也想着它，由于思想斗争而精疲力竭。当你入睡的时候，你有意识的头脑处于放松、安静的状态，所以当你苏醒之时，问题的解决方法往往会自然呈现。这个一直在思考某个问题的有意识的头脑变得安静，从问题中抽离，于是更深层面的意识就可以给出问题的意义了。有意识的头脑，也就是意识的上表层面，必须首先将自己从问题中解脱，它们才能一直保持平静，才能接收到隐藏的暗示和信息。可事实是有意识的层面躁动不安，创造出一个接一个的问题，从一种反应移向另一种反应，从一种欲望移向另一种欲望，从一种分心转向另一种分心。你难道没有注意到头脑的表层是从不会静止的，它们嘈杂的活动压制了所有其他行为吗？它们永远在琐事和寺庙中战斗、努力，保持着狡猾和机警的状态。这样的头脑怎能接收任何事物呢？只有当一个抽屉空着的时候，它才是有用途的。一个有意识的头脑若是被填满，那么它便是一个无用的头脑，这样的头脑对任何除了当代文明之外的事物不会有任何益处，而当代文明又是如此的衰落和黑暗，因为这种文明是意识的表层所产生的。意识的表层机械、敏捷且狡猾，它永远在保护自己。

一个人怎样才能给意识的表层带来平静呢？你不可避免会这样反问，但是这本身难道不是一个错误的问题吗？这是一个有意识的头脑提出的问题，因此仍旧是即刻的思维所做出的活动，难道不是吗？有意识的头脑仍旧是活跃的，它只是换了一个方向而已。那么，重要的是要觉察"当下实相"，觉察这种表层头脑真正的焦躁活动；重要的是不加任何否定或辩护地觉察；重要的是觉察其狡猾的替换、分心。通过觉察——而不是变得觉察——意识的表层，你就能够得到平静。只要没有斥责和辩护，这种觉察便能带来了悟。头脑觉察到了自身的活动，也就会由此带来平静。觉察——就仅仅是觉察——某种习惯，那么你就能够理解这种习惯，并且进而将它终结。头脑是极度活跃的，而你从来都不能理解那些运转迅速的事物，除非它能减慢速度。对于头脑来说，要将自己减慢下来是异常艰辛的。如果你能够完全思考出每种思想，完全感受出每种感觉，那么头脑就能完成减速。要彻底地思考和感受，就一定不能有任何辨识和斥责。

问：既然您已经领会到了真实。那么您能告诉我们上帝是什么吗？

克：我冒昧地问一下，你怎么知道我已经领会到了呢？如果你觉察到我已经领会真实，那么你肯定也已经领会到了。知晓就是成为知识的分享者。想要理解某种体验，你也必须要有同样的体验。还有，我有没有领会到真实又有什么关系呢？我所说的难道不是真理吗？即使我没有像你所说的"领会到"，可我所说的难道不也是真理吗？一个崇拜别人的人，即使他领会到了，也会为了自己的所得而继续崇拜下去，也因此不会找到真实；那些对领会者心生崇拜的人将自己移交给了权威，而权威永远是盲目的，因此他永远也找不到真实。对于领会的行动来说，谁领会到了，谁又没有领会到，这完全不重要，虽然传统并不这样认为。你所能做的就是和大善之人同行，而这又非常困难，因为大善之人很少。善人就是那些不追逐个人所得的人，就是那些不寻求利益，不去占有也不被占有的人。你将那些由于希望获取，从而制造出错误关系的人理想化，而要知道，只有在爱的前提下，交流才有可能发生。在所有这些演讲和讨论中，我们对彼此并没有怀有爱；你处于防守的位置，因此你害怕，你想从我这里得到些什么——知识、某种经验等等——而这些都表明了你我之间并没有爱存在。渴望获得的欲望滋生了权威，这不但是盲目的，也成为了剥削的工具。只要有爱，就会有理解；只要有爱，谁领会到了，谁又没有领会到，这些都意义甚微了。

因为你的心灵枯萎，所以上帝、观念变得最为重要。你想要了解上帝，因为你已丢掉了你心中的那首歌，你转而去追求歌唱者。歌唱者能够给你带来心中的那首歌吗？他也许会教你怎样歌唱，但是他不可能给你那首歌。你也许知道一支舞蹈的舞步，但是如果在你的心中没有舞蹈，那么你也只是在机械地运动。如果你在追求一种获得，如果你在追寻一个结果，一种成就，那么你就不会知晓爱为何物。一个心怀有爱的人没有理想，而一个有理想或是有达到理想这种欲望的人则没有爱。美不是一种理想，也不是一种成就；美是当下的真实，而不是明天的种种。爱能够理解未知，从而达到至高的存在状态。但是美不能诉诸语言，因为没有什么词语可以用来衡量美。

爱自身便是永恒。没有爱，就没有快乐；如果拥有了爱，你就不会在琐事、家庭、理想中寻求快乐了，而此时这些事物也都会有其正确的价值了。因为我们没有爱，所以你从上帝那里寻求快乐。这是你在上帝身上的一种投资，因为你希望得到快乐作为回报。你想要我告诉你真实是什么。但不可估量的事物能用词语来衡量吗？你能捕捉到透过你拳头的风吗？如果你确切阐述出真实，那它还是真实吗？当未知被翻译成已知，它就不再是永恒的了。然而你却急需永恒。你为了自我的延续而渴望了解它。你不允许自己觉察到"当下实相"——这种混乱、斗争、痛苦以及衰落——而是渴望从"当下实相"中逃脱。为什么你不将全部的注意力都放在"当下实相"之上，进而不加斥责或辨识地觉察它呢？在理解可知事物的过程中，你就会得到平静，这种平静不是诱导或强迫而来的，这种安静是一种创造性的空灵，只有在这种空灵中真实才能够存在。成为不能够接收真实。在理解"当下实相"的过程中，就会有真正的"存在"。真实并不遥远，未知也并不是在远方，它就在"当下实相"中。正如答案就存于问题之中一样，真实就存于"当下实相"里。当你觉察到了"当下实相"，真理就会到来，正是真理可以将你解放，使你得到自由，而你所做的努力则不行。真实并不遥远，但是我们人为地和其拉开距离，使自我得以延续。永恒就是当下，而被困于时间之网的人们不能理解这一点。冥想是为了使思想从时间中解脱。冥想是完整的行为，而不是延续的行为。当头脑理解了延续、回忆的运作过程——不仅是对事实的回忆，还包括心理上的回忆——创造性的自由就会到来。在延续中只有死亡，而在终结里则会有重生。

（在马德拉斯的第六次演讲，1947年11月23日）

停止努力才会有创造出现

难道我们不是必须要理解你我之间的关系吗？难道这种老师和门徒的关系不是错误的吗？对知识、技术的获取建立起一种有知者和学习者的不同关系——而这就是我们的关系吗？你真的从我这里学习到了什么东西吗？难道我们不是在一同理解这充满痛苦、斗争和不幸的日常存在吗？除了技术知识，我们还学到了什么东西吗？难道不是只有当你拥有了无为的觉察和自由，理解才能到来吗？理解是积累的结果吗？理解是通过知识、通过书本而得来的吗？建立正确的交流很重要，这种正确的交流就是你我之间正确的关系。当你带着想要获取的欲望接近我，我们之间的交流便就此中断了。你对我显示出尊敬，而这就意味着理解吗？对待你们的妻子、仆人和邻居，你通常会显示出冷漠、无情和无礼。你对那些你期望从中得到什么、能满足你的人显示出尊敬，而对其他人，你却苛刻、冷漠。

我们整个存在就仅仅是为了学习吗？我们必须要学习什么，又有什么可学习的呢？如果将生活作为一个学校，我们在其中学习，那么我们不会丢掉爱吗？这样一来，生存便既痛苦又悲伤。而如果我们在每一时刻都能够理解生存的意义，那么就会出现喜悦和快乐。但是如果你仅仅是在学习、积累，在这种积累中进一步阐释经历，那么生活就会成为一种悲剧，变成一片黑暗。口头上领会我所说的话，将口头的结构作为思想的模式，这不会为你带来任何理解。只有你不加任何努力，理解才会存在。理解在自由中产生，它并不是由积累和知识而生。生命原本痛苦，且转瞬即逝，要了解其意义，你就必须理解努力是什么。我们并不是快乐的人类；看看那些我们所经受的压力、混乱和悲伤。我们从未经历过一个可以感受到深深、持久快乐的时刻。我们处在自身内部和与邻里之间的不停战斗中。如果我们理解了努力的含义，那么我们就会理解生命的意义。快乐是通过努力而来的吗？你曾为了高兴而做出什么努力吗？喜悦并不是通过努力，也不是通过压抑、控制或是通过放纵而来的。我们的生活是一场拖沓冗长的斗争，伴随着令人悔恨的放纵；它是一种不停克服的过程，随之而来的便是麻木。欲望、嫉妒和愚蠢在吞噬着我们的生命。

爱和理解是通过斗争和努力而来的吗？很显然不是，但我们好像并未认识到这一点，而且我们还为了得到快乐和理解，通过各种方法努力挣扎。通过努力就会产生创造吗？只有停止努力，才会有创造出现。只有当没有了努力，当意识的所有层面都完整统一，才会有创造出现；此时，喜悦便会到来，内心的那首歌就会奏响。在表达中会有斗争，而在创造中却没有。创造的时刻并不是由斗争而产生的。

我们必须理解奋斗这个问题。如果我们能够理解努力的意义，那么我们就能够将其转化为我们日常生活中的行动。难道努力不就意味着一种将"当下实相"转变成为"不是什么"，转化成"应该是什么"，"应该变成什么"的斗争吗？我们一直从"当下实相"中逃避，并在转化它，修正它。真正达到满足的人是那些理解了"当下实相"的人，是那些将正确的意义赋予了"当下实相"的人。真正的满足不在于财富的多少，而在于对"当下实相"整体意义的理解。只有在无为的觉察中，"当下实相"的含义才能得到理解。此时此刻，我说的并不是与地球环境、某个建筑或是某个技术问题所做的身体上的斗争,而是指心理上的努力。心理上的斗争和问题总是会遮蔽生理上的斗争及问题。你也许会建立起一个周密的社会结构,但是只要心理上的黑暗和斗争没有得到理解,他们就会无一例外地颠覆被精心建造起来的结构。

努力就是从"当下实相"中分心。在对"当下实相"的接受中,努力就会停止。当你存有转化或修改"当下实相"的欲望时,你就不会对其接受了。只要有想要改变"当下实相"的欲望,那么努力——这是个分心的标示——就肯定会存在。克服愤怒的种种方法并未平息愤怒,而如果你不去为了将愤怒转化为不愤怒而做出努力,而是拥有了机敏和被动的觉察,或是认识到了"当下实相",那么会发生什么呢?如果你觉察到了自己的愤怒,则会发生什么呢?你还会沉溺在愤怒之中吗?如果你觉察到自己愤怒,觉察到"当下实相",了解到将"当下实相"转化成为"非是"的愚蠢,那么你还会有愤怒吗?如果你不做选择地觉察到愤怒,没有斥责、辩护或辨识地完全觉察,那么你就会发现愤怒即刻停止了。要做到这样的觉察是异常艰辛的,因为我们本倾向于修改或否定。

美德不是对恶习的否定。当想要成为的努力停止,美德就会出现。成熟或是整合都是随着对"当下实相"的完整觉察而来的。对恶习的觉察就是美德的开端。当你觉察到愤怒,愤怒也便停止了。体验这种觉察,你就会发现它的效能。在对"当下实相"的觉察中,就会出现创造性的自由。没有美德,就不会有自由。愚蠢的人便是那种没有美德的人,他混乱而无序。他通过自己的行为给自己和社会带来不幸;因为他愚蠢,所以他陷入信仰、欺骗和恶念之中。美德需要智力的最高形式。要给自己带来秩序需要自知,而不是仅仅去遵循或压制。当你将错误当做错误来觉察,就会拥有自由和理解,因为你认知了错误的真相。

自由只能通过消极的方式而得到。美德存于理解之中,而不是存于"变得有美德"的过程里。成为的过程会导致混乱和不幸,因为美德存在于"是"的状态，而不是存于成为的过程。"我将会"这种态度表明了你的愚蠢，因为其中意味着有一种成为的过程存在，而这是不道德的。理解就在现在，而不是今后。愤怒不能被转化为不愤怒，愤怒永远只会维持愤怒的原貌。如果你有了对愤怒的不做选择觉察——也就是说，不加斥责、辩护或辨识地觉察愤怒——那么愤怒就会不加你任何努力地被消解。只有当你对"当下实相"未能确切觉察，那么你才会为了转化做出努力。所以努力就等于不觉察。觉察揭示了"当下实相"的意义，而对这种意义的全然接受就会带来自由。因此，觉察就是不加努力；觉察是不带有任何扭曲地认知"当下实相"。只要有努力出现，就会存在扭曲。

正如我所说的，如果提问者自身并不认真，那么就不会有正确的答案出现。要找到一个问题的正确答案，就必须要去学习问题，而不是去期望某种答案。生活并不是一种结论，带着已备的对错答案。生活是一系列的挑战和回应，而要理解这些挑战和回应，就必须要有自知，必须要觉察到你的日常思想、感觉和行为。你必须始于足下来行千里，必须经由山谷才能攀上山峰。自知是对每日思想、感觉和行为之觉察的开端，而不是自我超越头脑和其意识的寻找。我针对这诸多问题的回答意在揭示你自身思想和感觉的过程。这些回答并不是以指导为目的而做出的结论。因为某种判定或某种结论都不是真理。

问：性欲严重困扰着我。我怎样才能克服它呢？

克：让我们来理解一下这个克服的过程。克服的过程中并不存在理解；对于你所克服的事物来说，你必须一遍又一遍地去再次征服它，就像一种身体上的敌人一样。克服是抑制的另一种形式，而被压抑或控制的事物则会以其他的形式再次出现。由一个国家来征服另一个国家是一种徒劳无益的无休止过程。克服是一个困难且乏味的过程，是一种愚蠢的行为。理解需要细致而正确的观察，需要一种试探性的方法和理智。只有缺乏思考的人才会永远处在克服的过程中。为了克服而作的斗争确实很愚蠢，但这并不是在宣扬它的对立面——也就是放纵，因为放纵同样很愚蠢。你必须要理解问题，而不是去压制或克服它。被克服的问题会以不同的形式反复出现。

只有当你未迷失在克服问题、合理化问题或是辨识问题的过程中，你才能理解问题；只有当问题本身是最重要的时候，你才会理解问题。通过对问题的觉察，问题就会产生其意义。想要理解问题，你必须去接受它。这个提问者所提的问题具有一定的创造性。我们所有的思想和感觉都不具备创造性，因此性作为一种快感便成了一个问题。快感变成了感官的、机械的，性欲也是如此，你在其中能够忘记自我，从而得到创造性的喜悦，因此这就变成了一个严重的问题。当自我的活动不复存在，就会有创造性的喜悦出现。自我的所有活动都会滋生出厌倦和不幸。所谓的自我的宗教活动变得毫无思想可言，变得悲惨、机械，成为了一种徒劳的重复；权威使你盲目；恐惧使你残缺；惯例仅仅是徒劳的重复，是对情绪的一种发泄。对那些形象、雕塑或是观念的崇拜不具备任何创造性，因为这是自我活动的微妙形式之一，这是为了保护自我而产生的辨识。对圣书的阅读和对词语的重复只会麻痹思想和感情，这是逃避的另一种形式。随着美德和自由而来的喜悦、快乐是智力的最高形式，但是它们却由于想要获得的欲望，由于信仰、权威和模仿被否定了。

宗教就是美德，它生产出自由，而只有在自由中，真实才能存在。可是，对权威的追随——去寺庙、教堂，重复咒语，反复唱圣歌，聆听牧师的教诲——这些其实都不是宗教。在思想和感情方面你是一个饿殍。你的头脑因遵循而变得麻木，你的心灵因激情、恶念，以及感官欲望之间的冲突而变得干渴。机器不具备创造性，习惯只能麻痹头脑和心灵。重复破坏了明晰，破坏了思考、感觉和理解的能力。

教育，商业，对金钱的聚集，办公室里乏味的例行公事，缺乏思考性的娱乐等都会破坏喜悦和快乐。你被愚蠢的社会、被不具创造性的思想、被扭曲了的情感主义圈围起来，于是你还期盼些什么呢？此时，性欲就变成最重要的问题了。如果你理解了创造性是什么意思——不论是宗教方面还是感情方面的——理解了你何时有爱，何时哭泣，那么性就会变成一个次要问题了。当次要问题承担了主要问题的重量，那么冲突、混乱和不幸就会到来。虽然宗教和法律都已禁止欲望的泛滥，但其实欲望却还未得到理解。

因为斗争和严格的管制，你丢掉了爱。爱是纯贞的。没有了爱，克服性欲或是在性欲中放纵都是毫无意义的。你和你的社会都是缺乏爱的结果，是堕落、剥削、冷酷及战争的结果。你是多么幼稚，多么不成熟啊！孩子是激情制造而出的；财富和嫉妒处于主导地位——而你在这样的回应中能够期盼什么样的文明出现呢？你被告知若想要找到上帝，你就必须做一个禁欲的人，做一个名人。可没有爱，你能找到上帝吗？你通过意念的行为，通过对某种理想的遵从，通过追随某种信仰和结论而达到的那些境地并不会将你引向真实。通向真实之路存在于自知之中，而不是存在于压制或放纵，也不是存在于替换与扭曲；自知会带来理解。爱带来了纯贞；但是要变得纯贞——这是渴望和自我延续的行为——则便是丑陋的，邪恶的，幼稚的。我们并不了解爱；你的生活就是一系列为了实现某种理想或达到现实中某个位置的抱负，是你的自我通过财富、家庭或是通过理想而延续自身的过程。没有爱，存在就没有意义。对欲望的压抑并不能解决存在的问题、性欲的问题，也不能解决想要成为的欲望。你也许压抑了性欲，但是如果你雄心勃勃，这种欲望则会变成另一种主导性问题，而这个问题同样的残忍、邪恶、丑陋。但是对于一个心怀有爱的人来说，欲望就不是一个问题了。你被困入习惯、想象以及昨日的记忆之网中。为什么你会困入其中呢？同样，是因为你不具备创造性，因为你胸中无爱。创造就是不断地更新。曾经绝不会成为现在。

你紧握住回忆不放，因为在回忆中有兴奋和鼓励。你的内在贫乏而空洞，恐惧且孤独，于是重复和回忆便跟随而来。爱不是回忆，也不是重复；爱是永新的，充沛的。重复之物会变得机械，也不会有喜悦。问题并不在于性，而是在于有没有创造。你被焦虑所圈围，陷入对安全感的寻求中——不论是身体上的还是心理上的安全感；你被那些广告、电影、杂志等等所激发。而要知道，没有创造性释放的激励是非常具有毁灭性的。政治是狡猾的欺骗，而这个社会的结构也是基于暴力、冷酷和妒忌。所以必须出现一种内在的变革，而只有正确的思考才能够带来这种变革。只有通过自知，正确的思考和创造才能到来。真实随着自我的终结，随着积累自我圈附的记忆这种力量的终结而到来。你被自身的渴望和恐惧、回忆和理想所圈附，而只有你所具备的能够使你忘记自我的这种释放成为了一个压倒性问题。不要去斥责它、压制它，或是寻找他物来替代它，而是要去觉察它，这样一来，这个问题深刻且宽广的意义不久便会揭晓。只有此时，当问题的全部意义都得到理解，这个问题才会松开被紧握住的头脑。将你能够将错误当错误看待，并看到错误的真相，这就是智慧的开端。如果你没有觉察到每一种思想、感觉和行为，那么你就看不到错误。觉察是通向爱的大门，同时，也正是爱能够使你得到净化，拥有纯贞。

问： 在您看来，对转世轮回的信仰意味着什么呢？

克： 我们将把这个问题作为一种通向自知的方法来考虑，而不是去寻找任何确定的结论。真理不是能够从任何结论、信仰、信条或理想中找到的。

社会利用恐惧来控制人们的行为。人们因为其当下的活动，被未来的奖赏或惩罚所威胁。有这样一些人，他们没有被将来的奖赏或惩罚所恐吓，可是却深陷他们的感觉活动中；也有少数人，他们的行为被这种恐惧所钳制。可现在，我们不是在考虑这两种行为中的任何一个，也不是在说信仰。对于一个在寻求真理的人来说，信仰无论如何都不会有任何意义，因为信仰仅仅是能给你带来慰藉、安全感、庇护所，或是一片锚地的源头。被系在某种信仰之上的人永远不可能发现或理解真实。一个寻求真理的人必须从未知的海洋上出发，他并没有什么可以指引他的天堂或理想。他必须去探险、找寻。

这个问题中包含有两个基本问题——延续，以及因果。首先，让我们来考虑延续。据说在每个人的体内都有一种精神本体或实质，在身体死亡后继续存在。你也觉得这是真的，因为这种论调满足了你渴望延续的欲望。你和我必须找到这个问题的真相，所以，请不要处于防守的姿态，也不要斥责这种观念。真理既不是通过斥责、也不是通过辨识来找到的。接受权威就意味着盲目，而且不论是何种权威——内心的，或是外部的权威，都绝对不可能给予你明晰和理解。所以不要去接受圣书上的论断，也不要坚持你自己的感觉，因为你所感觉到的——所谓的直觉——是你对安全感渴望的结果。现在，在你的体内，除了转瞬即逝的特质外，是否存在一种精神本体，一种精神实质呢？精神本体必定是无限的，难道不是吗？那么因此它必定是超越生死，超越时间的。如果精神本体超越了时间与空间——它也必须是这样的——那么它就不再是你所能够得到的了；你既不可能去思考它，也不可能考虑它的延续或非延续。既然它没有时间性，也因此不会延续，那么你为什么要紧握住它不放呢？你又为什么去声称有或是没有这样一种精神上的、非时间性的实体呢？如果它是永恒的，那么它就不可能是延续的。但是对于你来说，它是具有时间性的，因为你紧紧地握住它。如果它真实存在，那么它也会是你的欲望和身体所不能企及的。你所知晓的并不是真实，而你却紧握住它不放。你声称这种精神本体就是"我"。这是为什么呢？"我"是延续的，因此是时间性的；那么它既然不可能是非时间性的，而你却紧握住它，并将它称为永恒,所以这只会造成虚妄幻象。

所以你必须理解延续和死亡的问题。能够延续的都是什么样的事物呢?是回忆,不是吗?活动中的思想留下残余、回忆,而正是回忆在延续。作为"我"和"我的"这种回忆通过财富,通过家庭和名义,通过观念和信仰而延续——生理上和心理上的延续。这种延续被死亡所威胁,而且延续被困在另一种存在的层面中,困于观念、灵魂、阿特玛①和上帝之中。那么,都是什么在延续呢?是你在延续,也就是说,你的思想、回忆,你每日的经验在延续。那些已经被辨识定位了的回忆——我的成就,我的特质,我的财富——就是我吗?而且这有没有终点呢?你知道,你,还有你的身体都将死亡,可这个我,这些被辨识了的回忆会继续吗?所以,问题不是在于发现转世轮回的真相,而是在于渴望延续的欲望。你那么不顾一切、焦急万分地要抓住的到底是什么?难道不是你的回忆吗?你就是你的回忆——而若能够让这些回忆终止,你也便终止了。这些积累起的回忆其内在并没有什么实质,是那些不停辨识的追忆将活力赋予了回忆。"我记得"是一个对过去进行辨识的过程。思想,这个过去的结果,将当下延续到将来。追忆的习惯,积累的习惯等等都在延续。那些延续之物会发生什么呢?它不久就变得乏味、腐朽,并失去了创造性。这是发生在我们内心和周围的真实情况,发生在这个社会的真实情况。你紧握住回忆,因为它能够给你满足和慰藉。有满足的地方就会有追寻,也必定有延续。满足感不久就会消去,但是你会通过其他方式再次寻找它,你希望通过信仰,希望通过终极手段——也就是上帝——得到永恒的满足感。

延续的事物就不会有更新。只有在终结中才会有更新出现。延续的事物也不是永恒的;所延续的事物永远被死亡所笼罩,伴随而来的是无

---

① 阿特玛,atma,佛教中"我"之意。——译者

尽的恐惧。你紧握住回忆，生活在死亡和腐朽之中。而只有在终结中才会有创造。

接下来是因果的问题了。原因和结果是两个分离的过程吗？还是它们相互关联？结果永远会变成原因。从来不会有和结果分离开来的原因存在。曾经的原因成为现在的结果。原因和结果之间的间隔造成了幻象。而其实原因和结果一直是一起发生的；结果就是原因所在。

当你觉察到"当下实相"，你也就认知了原因和结果，由此便可以实现转化，不是在未来，而就是在现在。当你理解了"当下实相"，就会发生即刻的转化。确实存有这样一种永恒的改变，而它并不是通过时间而来的。如果你认知到了正在变成结果的原因，和正在变成原因的结果，那么你就能够得到即刻的理解，于是原因也便中止了。如果你觉察到气愤，你就会立即认识到它的原因，它也便会由此消解。这种行为将思想从"你可以通过时间得到理解"的幻象中解脱。原因就在结果之中，正如结局就存于方法之内。

信仰者和无信仰者其实都被困于他们的信仰、困于他们的愚蠢之中，于是便没有能力找到真实了。在对问题本身开始觉察的过程中，自知便开始实现了。自知是智慧的开端。将错误当做错误来看待，看到错误中的真相，且将真理当做真理来看待——这就是最高的理智。

问：您的这些演讲似乎清楚地说明了理性是获得自知的主要途径。是这样吗？

克：理性能够和感觉分开吗？如果能的话，那么它就不再是理性了。你将它们分隔，由此开发了理智，而这样实际破坏了完整性。对理智的培养就是对不和谐的培养。理智解决不了我们人类的任何问题，然而当代文明却恰恰是理智的产物。要理解理智所滋养出的这些问题，就必须要有未和感觉分离的理性。任何对理智或是对情感、对感觉的过分强调都会阻碍完整性的出现。平衡以及内心的秩序和明晰都不可能通过理智而产生,而当我们以牺牲任何他物为代价来培养理智的时候,我们其实是在通过周而复始的灾难——如战争,通过感官价值所带来的冲突和不幸来为其付出代价。对理智的崇拜是一种堕落的标志。

只有当拥有了完整和成熟,理性才会出现。理性必须超越自身,真实才会由此出现。只要还有思维参与,就不可能会有真实,因为思想是过去的产物;它是时间的结果,是时间的反应,所以它永远不能够理解非时间性的永恒。思维必须停止,由此非时间性才会出现。思维过程可以是暴力的,规制的,压抑的,但是这些都不能带来理解。头脑必须觉察它自身,觉察它表面和隐藏的活动。随着不做选择的觉察,安静、静止便会到来。当思想这个与当下相毗邻的、过去的产物不再制造,那么就会出现静止和安静,这种静止和安静不是自我诱导的,也不是自我催眠的结果。在这种静谧之中,创造就会出现。思想必须停止创造,真正的创造性才会存在。

如果单有理智,你不会和真实有任何关系;纯粹逻辑上的结论会封阻通向真实的大门。快乐、极乐都不是理智的产物,它们是随着真实的创造性气息而出现的。

(在马德拉斯的第七次演讲,1947 年 11 月 30 日)

"变成"本身就是贪婪

如果没有老师、上师，也没有门徒存在，那么这将会是一个有序而和平的世界。你有没有考虑过为什么必须要存有上师和门徒呢？为什么你必须向他人期求指导和开悟呢？想要得到、获得的欲望滋生了冲突和不幸；这种对利益的渴望，不论是精神层面的还是物质世界的，都会滋生出人与人之间的敌对。如果我们能够一同理解这种为了获得而产生的斗争，那么我们就会找到和平，而且老师和门徒之间的分隔也会不复存在。如果我们停止就成为所做出的思考，那么导师和学徒之间实为恐惧的所谓的"爱"和"尊敬"也会消失。

被困于成为和获得的过程中，并且意识到了由此而来的斗争和痛苦，于是想要从中逃离的欲望就生出了二元冲突。得到永远会产生恐惧，而恐惧又会生出对立面的冲突——即克服"当下实相"，而后将其转化为欲望中的形态。对于某个对立面来说，它难道不是包含着其自身又一对立面的发端吗？美德是恶习的对立面吗？如果是的话，那么它便也不是美德了。如果美德是恶习的对立面，那么美德就是恶习的产物。美不是丑的否定。美德没有对立面。贪婪永远不会变成不贪婪，就像无知不会变成开悟一样。如果开悟是无知的对立面，那么它也就不再是开悟了。当贪婪试图变成不贪婪，那么它仍旧是贪婪，因为变成本身就是贪婪。

对立面之间的冲突并不是相异造成的冲突，而是处于改变和对立着的欲望所造成的冲突。只有当"当下实相"未被理解，冲突才会存在。如果我们能够理解"当下实相"的存在状态，那么就不会有对立面的冲突了。只有通过不加任何斥责、辩护，也不加任何辨识的不做选择觉察，"当下实相"才能得到理解。

问：您经常谈到关系。那么关系对于您来说意味着什么？

克：没有什么存在是孤立的。生存便是关联，而且没有关系，就不会有存在。关系即挑战和反应。一个人同他人的关系就是社会；社会之于你并不是独立的；大众本身并不是孤立的实体，而是你，以及你同他人、同团体的关系之产物。关系就是觉察你和他人之间的相互作用。那么，这种关系基于什么呢？你说它基于相互依存，基于互相帮助等等，但是事实上，除了我们投掷于彼此的情感屏障之外，现在的关系到底是基于什么呢？基于相互给予的满足感，不是吗？如果我没有取悦你，你就以各种不同的方式摆脱我；而如果我取悦了你，你就会接受我，把我当做你的妻子、邻居，或是当做你的朋友、上师。这就是事实情况，难道不是吗？有了相互的满意和满足，就能找到关系，而当你找不到或是没有得到满足感，你就会改变你的关系，你就会寻求分离，或是开始不能容忍"当下实相"，你会试图在别处寻找满足感。你换掉你的上师，你的老师，或是加入另一个组织。你从一个关系转移到另一个，直到你找到你所寻找的东西，也就是满足、安全、慰藉、等等。当你在关系中寻找满足感，就注定会不停出现冲突。当你在关系中寻求安全感——安全感永远意味着逃避——那么就会出现为了占有、控制而产生的斗争，出现嫉妒和不确定所带来的痛苦。自我宣称的要求、占有，以及对心理上的安全及慰藉的渴望否定了爱。你也许会把爱说成是一种责任、职责等等，但是实际上这并不是爱，这点可以从当代社会的结构中看出来。你对待你丈夫、妻子，你的孩子、邻居以及朋友的方式都是关系之中缺少爱的标示。

那么关系的意义何在呢？如果你观察了处于关系之中的自己，难道你没有发现这种观察其实就是一种自我揭示的过程吗？如果你觉察了，你难道没有发现你和他人的联系实际揭示了你自身的存在状态吗？关系就是自我揭示、自我认知的过程。而由于它所揭示出的都是不愉快、不安静的思想和行为，于是你就从这样的关系中转向某种慰藉和安抚。当关系基于相互的满足感，它会变得意义甚微，而如果它是自我揭示的过程，那么关系就极具意义。

爱中没有关系可言。只有当另一个人变得更为重要，愉悦和痛苦的关系才会开始。当你彻底、完全地交付出自己，当你心怀有爱，那么就不会有任何关系存在——不论是相互满足的关系，还是自我揭示的关系。在爱中并没有满足感。这样的爱是极其美妙的，在其中没有任何摩擦，而是有一种浑然一体的状态，一种极乐的存在状态。对于我们来说，拥有爱，并能够全然交流的时刻是如此之少，却又如此地快乐和欣喜。当爱的对象变得重要，爱就会褪去；此时，占有、恐惧和嫉妒所带来的冲突便会开始，从而爱也淡去，而爱愈加淡去，关系的问题就会变得更为严重，并失掉其价值和意义了。爱不能够通过规制，通过任何方法或是任何理智的敦促而产生。它是一种"是"的状态，当自我的活动停止，这种状态就会到来。这些自我的活动不应该被戒掉、被压制或躲避，而是需要得到理解。你必须去觉察、并随之理解自我在其所有不同层面所做的活动。

当没有思想干扰，没有任何动机的时候，我们确实体验过这种爱的时刻，但这种情况极少发生，而正是因为这种时刻如此罕见，于是我们永远都希望能够紧握住它们，但是这种回忆对于鲜活的、真实的爱来说是一种阻碍。要理解关系，重要的是觉察到现实正在发生的真实情况，不论这种现实以何种形式出现，这样一来便会为你带来自知，从而也会揭示自我的活动。因为你不渴望为自己揭示自己——事实上你自己在寻求满足感,将自己深藏于慰藉中——于是关系就失掉了其意义,其深度,失掉了它的美了。只有当你忘记自我,能够与真实交流,爱才会存在。

问:通神学会将您誉为救世主以及世界导师。可您为什么离开学会,并且放弃救世主的称号呢?

克:让我们来一同检视关于组织的这个问题。这是一个相当美妙的故事:一个人沿街而走,而身后跟随着两个陌生人。当他向前行走时,看到一件非常闪耀的物件,于是捡起来放在他口袋里。这两个陌生人观察到他的行为,于是其中一个人对另一个人说:"这件事对你来说太糟糕了,不是吗?"而另一个人——也就是魔鬼回答道:"不,虽然他捡起了真理,我还要帮他将真理组织起来。"然而真理能够被组织吗?或者说你能通过任何组织找到真理吗?要发现真理,难道你不是必须要超越所有的组织和信仰吗?为什么这些所谓的精神组织,这些教堂会存在呢?它们围绕着信仰、教条等等建立起来,不是吗?信仰和组织永远都在将人与人分开,使人们保持距离,就像印度教徒和穆斯林,像佛教徒和基督教徒的分别一样。不论是以任何形式出现的信仰——政治信仰或是宗教信仰——都只会在人与人之间投置一种障碍,进而会不可避免地带来冲突和不幸。虽然那些忠于组织、坚持信仰的人满口的爱和同胞情谊,而其实正是他们鼓励、纵容了对他人的毁灭。

这样的组织有必要存在吗?你理解我所说的组织是什么意思吗?我指的是心理上的,所谓的精神的、宗教的组织。它们是必要的吗?它们的存在基于它们将会帮助人们实现真理或找到上帝,或是实现你的愿望这种假设之上。它们的存在以宣传为目的,为的是劝人皈依,为的是扩充组织中的人员等等。你想要告诉别人你的所想或所学,或者是告诉别人那些看起来好似真理的东西。可真理是可以被宣传的吗?如果真理被宣传,那么它就不再是真理了。真理不是你能够根据任何信仰或模式来体验的，而体验一旦被组织，那么它就不再是真实了，它就变成了一个谎言，因此也就成为一种对真实的阻碍。真实，这种不可估量之物，是不能够被规划的，未知不可能被已知所衡量。当你去衡量它，它就不再是真实了；它会是一个谎言，因为只有谎言才能够被宣传。组织本应该基于对真实的追寻，而当它们变成了宣传者的工具，它们就不再有任何意义了——不但是这个提问者所提到的这个组织，事实是所有的所谓的精神组织都变成了剥削的工具。这样的组织变得和任何其他做买卖的公司一样，有房子、有投资，而且这些房子和投资变得最为重要。真理不是能够通过任何组织而建立起来的；当你拥有了自由，真理便会到来。任何形式的信仰都是对安全感的渴望，而一直寻求安全感的人则不能够发现真实。

我究竟是不是一个救世主，这个问题不能简单地回答：我从没有否认过这一点，而我也不认为我对它的看法很重要。重要的是你自己去发现我所讲授的是不是真理。不要根据标签来判断，不要去重视那些名称。对你来说，不论我是世界导师还是救世主，又或是其他，这些都是最最次要的。一旦名称变得重要，那么你就会与真理擦肩。一个人会声称我是，而另一个人却说我不是，可你的冲突、迷惑和悲伤并不能通过任何这些论断和否定来解决。在踏上寻找真理的路途后要做到认真，这一点很重要，可以说是非常重要，因为它会将你从斗争和痛苦中解放出来。我的讲授所蕴含的真理可以在你的日常生活中发现；其实真理并不遥远，它离你很近。理智高的人并不见得能够发现真理，因为他被困于自己的知识之网中，而这种知识阻碍了他的理解；一个虔诚祈祷的人也不会发现真实，因为他被困于自身的形象和情绪所造成的混乱之中。认真的人自然会理解这一点。

问：在我参加演讲的过程中，曾有那么两三次，我变得具有了意识，我想冒昧地描述一下这种体验：也就是站在一个安静而孤独的浩大空洞之中，就这么短短的一秒钟时间。感觉就像我站在一个入口，但又不敢踏入其中。请您告诉我，这是什么样的感觉呢？这是在当前我们每天生活在其中的这种骚动、混乱的环境里存在的一些幻觉和自我暗示吗？

克：在这些演讲和讨论的过程中，曾有过某些时刻，我们可以深切地感觉，深刻地理解，我们自己认知到某种意识状态，由于我们将这种意识状态推向绝妙的理解和深度，于是便出现了静止，以及绝对的安静。但是当这种不可估量的静谧被驱使或被诱导，那么它便成为迷幻和自我催眠的产物了。如果你自己在这些讨论和演说中并未觉察到，也并未向深处寻求你自己的思想和感觉，而且没有完全理解它们，从而亲自体验它们，那么彻底安静且孤独的空洞就会变成你逃避生存的混乱及痛苦的地方。你一直都面临着被别人向好的方面或坏的方面影响的危险。"你可以被影响"这个迹象非常重要；如果你可以被别人向好的方面影响，你同时也可以被朝着坏的方面影响。战争、种族仇恨等等就是例子。问题不是在于怎样进入这种安静，进入这种创造性存在状态，而在于你是通过理解还是通过他人的劝说和影响而进入这种安静；是通过你自己谨慎且明智的寻找，还是通过渴望来达到这种状态。如果这种安静的空洞是通过你自己的理解而降临于你，那么它就会有极大的意义；而如果它仅仅是停留在理智层面或是口头上，那么它就没有丝毫的意义。并不存在理智上的理解；当你的整体存在处于机警状态，你就会拥有理解的能力；并不存有部分或理智上的理解。只有你理解或是你不理解这两种情况。部分理解没有任何意义。

无为的觉察使冲突得以终结。当头脑不再创造，就会出现平静，出现彻底的安静。如果你心怀恐惧，你就不可能进入这种安静。它必须不受任何诱导、不受任何邀请地走向你；如果你尝试走向它，那么就相当于你已经知晓了它，而已知的就不是真实的。如果你努力追寻它，那么就是说你已经规划了它，它也因此不是真实的了。真实必须走向你，你不能朝它行进。所有伟大的事情都是由它们走向你。必须由爱走向你，而如果你去追求爱，它就会一直躲闪。如果你敞开心灵，处于理解、安静的状态，那么爱就会朝你走来。

影响这个问题很有意义。我们渴望被影响，我们希望得到鼓励，我们渴望他人给予的安全感。处在迷惑之中，我们寻求权威的认可。向他人期求拯救和理解，这样很危险。自由不可能由他人给予，你也不可能通过他人得到拯救，不论那个人是谁。当头脑独自、自由、不被努力所分心，理解就会到来。你必须用你的整体存在去理解"当下实相"。在这种对"当下实相"的完全屈从中，你就会得到绝对的安静。在这种空洞中，真实就会出现。

问：您说过一个被束缚的头脑是游离的，躁动的，无序的。能请您进一步解释一下这是什么意思吗？

克：你难道没有注意到一个被某种观念和问题所束缚的头脑一直是躁动不安的吗？它永远都在寻求一种答案，永远在谋求卫护这种观点、这种信仰的方法，所以它永远都处在担忧和无序之中。被囚禁的头脑，不管是有意识还是无意识的，它都永在寻求自由，于是它们永远在游离。但是如果头脑觉察到自身的囚笼，觉察到自我制造出的束缚，那么它就会追寻束缚的真相，也就不会游离于问题本身之外了。问题就是头脑本身，而不是头脑编造出的事物。当你意识到某个问题，你的反应就是要从中解脱，要解决它，逃离它；正是这种努力意味着躁动和无序。如果你没有对寻求问题的某种答案感兴趣，而是对理解这个问题本身感兴趣——只有在这种理解中才会有答案出现——那么头脑，由于从对某种答案和逃避的寻求中解脱出来，由此处于全然的专注状态，所以它便也能够迅捷地捕捉到这个问题的一举一动；因为问题永远都是新的，永远都在经历某种修正，所以头脑也必须是清新的，不能受到信仰、结论、信条以及理论的限制。

对于头脑来说，从制造问题的状态中解脱出来就是冥想。冥想不是仅仅对词句、咒语、颂歌和口号的重复，也不是坐在双手或头脑制造的某幅画面或形象的前面。冥想不是祈祷，也不是专注。冥想就是思想从时间中解脱；非时间性，不可能通过时间的过程被理解，而因为头脑是时间的产物，因此思想必须停止，真实才会到来。思想是时间的产物，是昨日的经验；思想被困于时间之网中，因此它不能够理解非时间性的事物——即永恒。

于是，对于头脑来说，问题就是将自己从时间中解脱。不论它规划了什么，不论它创造了什么，这都是时间性的，不管它是帕茹阿玛特玛①，是超级灵魂，还是大梵天②等等，它始终是时间的产物。冥想就是将思想从时间中解脱；冥想就是将思想结束。

对于思想来说，结束它自身难道不是异常艰难的吗？一个思想出现不久，另一个就会将它清扫到一旁，因此，思想永远是不完整的。而冥想是通过正确的思考得来的完整的思想，终结的思想，因为在终结中才会有更新。思想怎样才能使自己完整呢？毕竟，完整的事物才不会有延续。只有当思考者理解他自己，思想才能告以终结。思考者和其思想不是两个分离的过程，而是一个统一体。思考者就是思想，但是思考者却为了他能够永恒、延续，将自己和他的思想分割开来。带走思考者的思想，思考者也就不再是思考者了。移去"我"的特质：自我，我的名字，我的财富，我的特点，我的回忆，那么思考者也就不存在了。要使得每一出现的思想都保持完整——不论是所谓的好的思想还是坏的思想——是异常艰难的过程，因为这牵扯到要使头脑减速。你不能够去清楚地观

---

① 帕茹阿玛特玛，paramatma，梵语，在印度教中指最高境界的灵魂，或称为超灵。——译者

② 大梵天，Brahma，梵天是印度教三大主神之一，负责创造宇宙。——译者

察一个高速运转的马达。它必须减下速度,你才能研究它的零部件。要使头脑理解它自己,头脑必须减慢速度。

要给迷惑、无序、游离的头脑带来秩序,就要从头到尾地跟随每一个思想。要紧跟每一个思想,将它写在纸上,当一些新的思想出现,就将它们记下来。因为大多数的头脑是游离的,充斥着各种看似极不相关的思想,故只有当每种思想都是完整的,秩序和明晰才会到来。就像你在听我演讲,你是从头至尾跟随着一种思想,你在跟随着不断向前推进的思想。你的思想没有游离别处,正如我说的那样,这不是单纯的理智上活动,而是实际的体验。你专注地跟随,也就是说,你可以将自己的思想减速,以便从头至尾地跟随一种思想。当思想一出现,你就将它们记下,在这个过程中,你很快就会意识到你自己的斥责、辨识、偏见等等。由此,不做选择的觉察便会到来,将意识从其积累中解放出来。一个充满各种回忆、种族偏见、民族要求、宗教及心理忧虑的意识永远都不会是安静的。当思想将自己从时间中解脱,那么它就不可能会沉溺在某种活动里。

前几天,有个人过来拜访我。他希望找到和平,找到他所谓的上帝。他说自己是一个观察员。而他永远都不会找到和平,因为他沉溺在不和平的活动里。你们也一样,希望得到和平和快乐,得到爱和喜悦,但是你们沉溺于那些不和平、甚至是邪恶的活动里,被困于那些富有毁灭性的职业中,比如军队、警察和法律这样的职业。思想,在理解其自身的过程中,将会给其日常活动带来一定的危机——你不必去等着这种会要求你直接行动的危机到来。因此,在带来明晰的过程中,喜悦与和平就会到来。就像一片池塘,当微风停止,水面就会静止一样,当自我创造的问题不再存在,平静、安静就会到来,那是一种不受引诱,也不受驱使的安静。在这种安静中,无法形容的极乐境地才会出现。

问:难道对转世轮回的信仰不正解释了社会的不平等吗?

克：这个分析问题的方法还真是生硬！不平等这个问题会因为你拥有某种信仰而停止吗？你也许不会根据你的信仰来阐释苦难，因为苦难仍在继续，也仍旧存在不平等。可你根据自己对满足感的需求来选择信仰，而信仰并不能够解决分隔所带来的痛苦。不平等及其所带来的恐惧能够被理论——不论是右翼还是左翼的理论，不管它是经济的还是宗教的信仰——所解释吗？极端左翼的理论，或是修正了的左翼或右翼理论都必定不能够解决不平等这个问题，不平等并不是基于感官价值，而是基于心理价值。因为你信仰转世轮回——作为一个进步人士你变得比别人高那么一点，也更加有品德——你觉得心满意足，觉得受到了嘉奖；因为你在经济上富足，社会地位较高，或是因为你在过去的年月，上辈子中受到了某些苦难，辛勤劳作过，于是你觉得高人一等，他人都要比你卑微一些，而当然也会轮到他们爬上成就的阶梯，所以这样一来，人们就一直都会有高低之分。毫无疑问，这是对待生活最奇怪的方式，难道不是吗？这是对待生活中所出现问题的最残忍最无情的方式之一，不是吗？你想要得到解释，而且这些解释也很显然满足了你——无论是右翼还是左翼的解释。

无论是转世轮回，或是对转世轮回的信仰，都不是解决生活问题的溶剂，不是吗？这样的信仰有助于推延理解，而理解永远是存于当下的活动。不平等的事实——贱民，婆罗门和非婆罗门，冷漠无情的政委和在他手下干活儿的可怜的人们——这种分裂的事实以及痛苦依旧存在，而任何的解释，不论再怎么科学、美好，不论是理性的还是浪漫主义的解释，都不可能将其抹去。那些居于上层，往往还包括那些处于底层的人们好像都满足于语言，满足于更多的解释。而这样的不平等怎样才能抹掉呢？它能够通过任何经济或宗教体系来抹去吗？不论是左翼还是右翼的体系，它们能够消除人类喜欢将自己划分为高低优劣这个事实吗？血腥的革命并没有产生平等，虽然它们的初衷是试图维护自由与平等，但是当革命结束，当激情与泡沫褪去，不平等又会出现——老板、暴君、独裁者，还有其他所有丑陋的生存伎俩。没有什么政府，也没有任何理论可以抹去人类对优越和控制的渴望。所以寄期望于某种理论、某个信仰其实是愚蠢又冷漠的行为。

当你内心干枯，当你心怀无爱，你就会寄期望于某个体系或是某个信仰；于是体系就变得最为重要。当有了爱存在，那么就不会有高低的分别；那么当然也就不会有所谓的妓女和正经人家之分了。对于那些被冠上"正直"头衔的人们来说，却恰恰存有那种残酷的划分。信仰或体系并不能解决我们所面临的这些问题。你或许可以建立一个具有完全的经济自由的社会，但是只要心理上还存有想要优越、想要成就的欲望，那么就会出现不平等，进而将经济结构瓦解，不论这种结构是再怎样被精心建立起来的。对于你的这些问题，唯一真实、长久的解决办法就是爱、善意、宽容及悲悯。要做到心怀有爱、悲天悯人并不容易，而对于一个因于竞争，因于冷酷无情的活动之人来说，对于一个追逐满足感和成就感的人来说，解释、信仰、理论都非常令人欣慰。他可以在实则是追求丑陋的道路中却感觉到自己是正直的。

信仰不是爱的替代物，而因为你不了解爱，所以你沉溺在理论中，沉溺于去追求那些承诺可以消除你痛苦的体系。这种口头上的追求是最愚蠢的行为。当你心怀有爱，就不会有聪明的理智，也不会有令人厌倦的呆笨，既没有罪恶之人，也不会有正直的人，既不会有富裕的人，也不会有贫穷的人。能够如此自由是一件美妙的事，而只有爱可以给予这种自由。只有当信仰、结论、理论、教条隐去，爱才有可能出现。只有当你是真正的人类，而不再机械地运作之时，爱才有可能到来。我们在日常生活中的爱是多么少啊！你不爱你的孩子，你的妻子或是你的丈夫，因为你并不了解他们，你也并不了解你自己。通过自知，爱就会到来，而只有爱可以解决人类所面临的难题。要质朴地做人，将你的进取心，你的竞争意识和贪婪的追求抛却一旁，你就会了解爱为何物。心怀有爱的人不会考虑高低优劣，不会考虑导师和学徒之分。满足于"当下实相"的人便会拥有理解，便会得到快乐和爱。

问：我曾经造访了各种老师、上师，而且我也想从您那里了解生命的目的何在。

克：在欧洲和美国，女士们总是会花大把时间来逛街，从这个橱窗逛到那个橱窗，从外面来看那些衣服，并希望自己能有钱买下它们，或是满足于看到这么多商品的兴奋之中。同样，好像也存在许多这样的人，他们沉溺在对一个又一个上师的拜访之中，沉浸于这个能带来特别快感的游戏中，他们总是在做"橱窗购物"。在这些人身上都发生了什么呢？他们如此经常地拉伸情绪，于是弹性尽失。这种肤浅的刺激不久便会麻痹感觉，于是快速反应的能力便会失去，柔韧也不复存在。为什么你去拜访一个上师，拜访一个老师呢？很显然是为了自我保护，为了得到安慰和指导，而你在哪里可以随时找到它呢？上师可以满足你，老师可以给予你慰藉。如果老师告诉你要放弃这个世界的纵横纷扰，要质朴，心怀有爱和悲悯，那么你就不会再去找他了。而如果他满足了你所渴望的，那么你就拜倒在他的脚下。这是孩子们或是愚蠢的人才会染指的游戏，而不是成年人、成熟的人应该参与的。再说一遍，如果你在老师的面前觉得舒适、平和，那么你就变成了他的崇拜者；这种崇拜是一种腐化，对于善思和认真的人不值一提。但是如果老师要求一些超乎你可悲的安慰或安全感的东西，你不久便会去另找一位老师了。这种对上师愚蠢的追求会使头脑钝化，使心灵空虚，而它们崭新的活力和生机也会由此失去。你们所有这些追随上师的人身上都发生了什么呢？你们丢掉了敏感所带来的美，丢掉了头脑和心灵所具备的迅捷和深度。

这个提问者希望从我这里知道生命的目的是什么。很显然，肯定他曾经拜访过的各种老师都告诉了他生命的目的所在,而现在他又想要来收集我的观点。可能他希望在他收集的这些观点中选出最好的、最能满足他的那一个。先生们,这种行为极度的幼稚、不成熟。这个匿名的提问者在他的信中解释道:他是一个已婚人士,是几个孩子的父亲,迫不及待地想要知道生命的目的。看到其中的悲剧了吧,但不要笑。你们都处于相同的位置,难道不是吗?你繁衍出后代,你处于要负责任的位置,然而你在思想上、在生活中却并不成熟。你不了解爱。你怎样能够找到生命的目的呢?别人能够告诉你吗?你难道不是必须要亲自发现吗?生命的目的就是年复一年在办公室例行公事吗?目的是追求金钱、地位和权利吗?是达到某种野心吗?是重复表演那些徒劳无用的仪式吗?你的目的就是要获取美德,被空洞的正直圈围住吗?毫无疑问,这些没有一个是生命的终极目的。那么什么是终极目的呢?要找到它,难道你不是必须要超越所有这些纷扰吗?只有超越了它们,你才会找到终极目的。

悲伤的人并不是在寻找生命的目的,而是希望从悲伤中解脱。但是,你也看到,你并没有觉察到自己的苦难。你遭受了苦难,但是却选择从中逃离,于是便不可能理解它。这个问题应该向你揭示了你自身的头脑和心灵。问题就是一种自我揭示。你处在冲突、混乱和不幸之中,而这些都是你自身日常思想和感觉的活动所造成的结果。要理解这种冲突、混乱和不幸,你必须理解你自己,一旦你理解了,思想就会推进得越来越深,直到终极目的得到揭示。但是仅仅站在混乱的边缘去询问生命的意义,这其实毫无意义。一个丢失了内心那首歌的人会永远在追寻,会被他人的声音所蛊惑。只有当他停止追随,当他的欲望平息,他才会重新找到那首心灵之歌。

(在马德拉斯的第八次演讲,1947年12月7日)

苦难要去理解而不是去克服

倾听和听到有一点不同：听到是主观的，而倾听是客观的。如果我们仅仅是倾听语言，而没有听到语言所蕴含的意义，那么这些演讲将会意义甚微。交流发生在同一时间，同一层面；只有当我们拥有了爱，交流才会存在。当偏见塑就了我们的头脑和心灵，理解就会被否定。区划的思考是快乐的阻碍。快乐并不是悲伤的否定形式，而是对悲伤的理解。冲突和苦难所带来的痛苦钝化了头脑和心灵。苦难不会造就理智，苦难也不会带来理解。苦难会培养思想和理智，这种假设是无知的标志。苦难会带来理解吗？当我们遭受苦难时，实际上我们身上会发生什么呢？我们所说的受苦是什么意思？是一种心理上的纷乱，不论是表面的还是深入的，它由各种各样的原因所造成，如失去了某个亲爱的人，如遇到了挫折，生活没有了意义，现在失掉了意义——由此，过去或是未来就变得重要了。一种充满混乱和矛盾的生活是悲伤；一种空洞和无知的生活是悲伤；一种充满野心和获取行为的生活是悲伤；一种受感官价值所操控的生活亦是悲伤。

那么，当你在受苦时，实际上发生了什么呢？你对于悲伤的本能反应是从中逃离、逃脱。我们试图通过信仰，通过规划和解释，通过仪式和牧师，通过音乐和上师或教师从悲伤中逃跑。对遭受苦难之原因的探寻恰恰成为了理智上或是口头上的逃离，因为如果一个人有能力觉察，那么他就会直接意识到原因；原因和结果之间并非相隔甚远，它们是不可分离的。遭受苦难的人变得有能力逃跑，在护卫自己不受苦难折磨方面变得高效。这种狡猾，这种逃跑的能力被认作是对理智的培养；更换逃脱的对象被当做是成长。但是苦难仍在继续。苦难怎样才能被理解呢？仅仅是找出遭受苦难的原因并不能消除苦难。苦难随着渴望而来，渴望以许多形式出现：贪婪和偏见，世俗和对延续的欲望等等。仅仅是关于原因及其结果的信息并不能消除苦难。

你对苦难认知和了解得越多，你就会越"爱"它，你就会越欢迎它，同它交流，它也会给你越多的芳香和其意义。如果你通过任何逃脱的途径从苦难中逃离——不论是宗教上或是科学上的途径——或是为苦难寻找替身，那么苦难就会无一例外地继续下去。苦难是要去理解的，而不是要去克服的，因为那些所要克服的事物必须一次次周而复始地去征服。只有通过自知，苦难才能够被理解、被超越，有了自知，正确的思维也会随之而来。如果你心生斥责或辨识，正确的思维就不会产生。如果你不去否定美，那么美就不是丑的否定。如果你拒绝苦难，那么你就同时拒绝了快乐，因为快乐并不是苦难的对立面。对苦难的理解随着正确的思考而来。通过对每种思想、感觉和行为的觉察，正确的思维就会出现，且只有正确的思维才能够消解痛苦和苦难的根源。

问：我听了您上周日的演讲，是关于二元以及二元所带来的痛苦这个主题。但是因为您并没有说明怎样克服对立，所以能请您进一步说明一下这个问题吗？

克：我们都知道对立面之间的冲突：我们被困在这个痛苦的长廊里，永远都在尝试着去克服对立。这就是我们的生存方式——对立面之间的战争：我是这样，而我想要变成那样；我不是这样，而我希望成为那样；

文员为了变成经理，以及不道德的人试图想要变得有道德等等所做的不停斗争。每个人都熟悉这个过程。

那么，对立到底存在吗？只有存在的才是真实的；但是对立是对"当下实相"的否定回应。对立就是"非是"，而它随着"要成为"的过程而产生。对立并不是真实的，真实存在的是"当下实相"；不论是积极还是消极的理想都是非存在,而实在的是"当下实相"。对于"当下实相"的理解就是自由的开端。举个例子来说：当傲慢的感觉出现——此时傲慢是真实存在的——你实际上对此做出的否定反应是谦恭，这当然是理想状态，但是这种状态却并未存在。"谦恭"这个对立面为我们所接受，因为傲慢不论是在道德上还是在社会及宗教中都受到了斥责，而且冲突和痛苦也由傲慢而生。因此，你就产生了想要摆脱傲慢的欲望，而且也因为傲慢对于你来说不再有利可图，所以你就去寻求恭谦——傲慢的对立面。所以，真正发生的情况是：我很傲慢，于是我希望自己变得谦卑。谦恭只是一个想法，而尚未成为一个心理上的事实；事实是傲慢，而它的对立面并不是真实存在，但是我希望变得谦卑。因此，正是这种渴望成为的欲望创造了对立。对立其实并不存在，也不是一个可以达到的理想。

爱不是恨的对立；如果是的话，它就不再是爱了。一个对立面含有其自身又一对立面的种芽：谦恭这个对立面是傲慢的产物，因此谦恭含有其对立面（即傲慢）的种芽。如果我们开始理解傲慢的意义，而不是去斥责它，也不去为了否定它而引进它的对立面，那么二元冲突就会完全停止。实际存在的是傲慢，而如果我能够理解这一点，那么我就无需走进成为的战斗之中了。换一种方式来说，也就是：当下是过去的结果，如果没有理解当下，那么未来就会仅仅变成"当下实相"——即当下——的对立面。但是未来是通过当下这个通道的过去，所以未来把握着当下的种芽；未来作为对立面仍旧处在时间之网中。当下是通向未来及过去的通道，而在理解这个运动的过程中，思想就不再会被困于作为当下对立面的过去或未来了。要理解"当下实相"——这里也就是指傲慢——我必须给予我全部的注意力，我全部的存在，而不被其对立面所分心。

为什么我们要为某种感觉命名？为什么我们把某种反应叫做气愤、嫉妒、傲慢、仇恨等等？你是为了理解它才为其命名吗？还是为了认知它、交流它？这些感觉独立于它们的名称存在吗？还是你通过这些名称来理解感觉？如果你通过名称、通过词语来理解这些感觉，那么这些名称就会变得重要，重要的便不再是感觉本身了。有没有可能不去命名这些感觉呢？如果可能的话，那么感觉会发生什么呢？通过命名，你在参考系的框架中纠结于某种感觉，由此生活就被困入了时间之网中，而这只会增强回忆，增强"我"的存在。如果你不为某种感觉、某种反应命名或给其称谓，那么感觉和反应又会怎样呢？它会终结吗？它会枯萎吗？请你亲自体验这一点，亲自去发现。当你不为那些对某种挑战所做的反应命名，不将它放在参考系的框架之中，不论是任何反应都会终结。

所以你已经学会怎样摆脱某种痛苦、悲伤的反应了。但是你会为某种可以称作"愉悦"的感觉命名吗？当一种愉悦的感觉出现，而你又不去给它某个名称，那么它也会消亡，也会枯萎。所以，当你不去命名那些愉悦和痛苦的回应，当你并未沉溺于参考系的框架中，这些回应就会枯萎消亡。你要亲自体验、发现这一点。而爱是不需要命名，于是任由其枯萎的吗？如果爱是仇恨的对立，那么它就会枯萎，因为那样的话，它就仅仅沦为对某种挑战所做出的受限制的反应。如果它仅仅是一种反作用力，那么它就不是爱。爱是一种存在的状态，它自得其永恒。我们大多数人都在试图变得仁慈、宽容、善良，而成为就是某个对立面的结果，不论它是积极的还是消极的。爱不是可以培养的；如果你培养仁慈，那么它就不再是仁慈，因为那样一来，它就会含有其自身的对立面——也就是仇恨。当再也没有可以衍生出对立面的成为过程出现，爱才会存在。

这种二元冲突以及冲突所带来的混乱与悲伤，都是源自我们的机械，源自我们缺少正确的思维。在理解"当下实相"的意义当中，对立便会停止。只有当你去回避"当下实相"——即当下——的时候，对立才会产生。"成为非是"导致了虚妄幻象。在理解"当下实相"的过程中——比如理解傲慢本身——不仅仅是表面上的理解，而是穿过意识的深层层面去理解，并不去为这种感觉命名，给其称谓，那么这种感觉就会枯萎消亡。对于成就感和骄傲感也一样。对愉悦的追求和对痛苦的否定只会制造冲突和悲伤，钝化头脑和心灵。

问：甘地在最近的一篇文章中说宗教和民族主义对人类来说都同样的珍贵，而且一个人不能为了他人而牺牲自己。您怎么看呢？

克：我想知道你自己对这个问题的反应是什么呢？你会质疑你所谓的领袖吗？难道你不是应该不加批判，也不加质询地找到真理吗？通过自我批判来找寻，会不可避免经受磨难，而且相对于觉察和理解来说，跟随他人来得更加容易，也更加方便。对权威的接受是盲目的，也会迫使理解终结，而只有理解才能带来快乐。如果你失去了警觉和自我批判的觉察，那么发现真理对你来说就是不可能的。滋养出领袖——不论是宗教领袖还是政治领袖——以及追随他们，其中都藏有潜在的危险。在追随者和领袖之间存有相互的剥削。在印度，和其他地方一样，注意多名领袖和专制者以宗教和体制的名义而发展，他们手中的权力越大，他们就变得越邪恶，这是很惊人的。要找到真理，就必须拥有一个开敞的心灵和一个未受污染的头脑———个不受某种体制、某种信仰、某个人束缚的头脑。要发现真理，你必须在这片未知的开阔海洋中探险。我们不是在考虑哪个特别的领袖，而是就权威本身而言。在权威的框架中，创造是不可能的。在权威的炙热笼罩下，创造性就会枯萎。你也许做出了某些机械的反应，但是创造性却已停止。这是现代文明的一大悲剧。

当你将自己交付于其他人——交付于一个牧师,某个政治领袖,某个救世主,某种体制,某种信仰——那么你就会停止去感觉、去生活,于是作为人类来说,其实你并非真正存在。通过对权威的追求,你的冲突和悲伤并不能得到解决。

现在,你说宗教和民族主义对人类来说都很珍贵,而且一个人不能为了他人而牺牲自己。让我们一起来找到这件事的真相,不要反对它,也不要为其辩解,因为只有真实才能将你解放,只有真实才能给予你快乐。你所说的宗教是指什么呢?宗教不是崇拜某个双手或头脑所制造出的形象,也不在于去某个寺庙或教堂,也不在于阅读圣书,亦不在于重复某些词汇或是颂歌,而且信仰也并非就意味着加入宗教。

宗教就是将真实作为上帝或是作为你所希望的任意名称来追寻。有组织的宗教和他们的信仰、他们的仪式以及他们的恐惧和剥削,其实都是发现真实的阻碍,因为他们根据其特有的模式限制了头脑和心灵。宗教是对真实的寻找和发现,而不是表演仪式,也不是追随某个上师、老师或是救世主。接近真实的方式必须是消极的,因为积极的行动都是基于已知的,而已知的就不是真实的了。真实是不可知晓的,而且你不可能通过任何途径来到达真实,因为一切途径都是已知的。任何针对未知所做出的积极的接近方法都是不可能实现的,因为积极的就是已知的;而真实只有当已知终止时才会存在。永恒不能通过时间来达到;当时间终止,当思想这个时间的产物终结,非时间性的永恒才会到来。

民族主义就是渴望辨识,就是依附于某个群体、某个种族、某个国家等等,不是吗?用更大的事物来将自己定位——比如说用印度、英格兰等等这些国籍来定位自己的身份——其实就是渴望延续。当你将自己称作是一个印度教徒,或是一个穆斯林,或是一个基督教徒,这难道不就意味着这个称谓、这个名称要比你自己更为重要吗?这个名称,这个标签,掩盖了你内心存在的贫瘠;你渺小而肤浅,而你希望通过定位从你自己的空虚中逃离。所以名称、国家、观念就变得最为重要，而且为了这些名义，你愿意去牺牲自己，愿意去杀害他人。这种对辨识定位的渴望其实就是剥削。民族主义，这个实以经济条件为划分标准的分界线，会不可避免地导致战争；民族主义是最近发展起来的，它是一种毁灭人类，驱使人与人对抗的毒药。由于民族主义的存在，人类的统一就不可能出现。民族主义者永远不会理解人类的同胞之情。民族主义是一个新的宗教，而且它只会滋生出仇恨和灾难。

有组织的宗教和民族主义驱使人与人对抗，由于它们的存在，人类就没有希望可言。它们一直以来都是那些不可言说的不幸与衰退的根源。无知不会引向开悟；无知必须终止，开悟才能到来。组织起来的信仰——即有组织的宗教，以及有组织的辨识——也就是民族主义，必须画上句号，人类才有可能与自己的同胞和平地生活。通过信仰，通过爱国主义，人类永远不会得到快乐。

难道你不应该超越这些双手或头脑制造出的事物而去寻找真实吗？只有随着自知而来的正确思维才能将你从生存的冲突和悲伤中解救出来。

问：您将剥削作为邪恶来谈论。难道您不也在剥削吗？

克：批判的能力对于自知来说是必要的，而轻信只会导致顽固和虚妄。

你说的剥削是什么意思呢？难道不是意味着为了你自己的利益——不论是物质上还是心理上的利益——而利用他人吗？当实质的需求得到了机智的理解和限制，那么物质上的剥削就会被最小化。拥有太多是一件麻烦的事情，对于那些知道太多的人也一样。只有当需求不被用作心理上的满足，当生存的必需品——如衣食住所——不被用作自我扩张的工具，对需求的限制才会实现。当双手或头脑制造出的事物被赋予比它们的感官价值更为重大的意义，那么剥削就由此开始了。当需求被用作满足人们的贪婪和获取心的工具，剥削就会开始。需求有它们自身有限的意义——使一个人吃饱，使一个人穿暖，使一个人居得其所——但是当需求变成了心理上的必需品，那么剥削就会开始。一个快乐的人不会将他的快乐依赖于任何事物——不论是双手还是头脑制造出的事物；他拥有最具意义的财富。一个不具备这样财富的人使得感官价值处于主导地位，由此导致了斗争和不幸。

心理剥削这个问题更加微妙，更加深邃。我们在心理上依赖于事物、关系、观念或信仰。当事物、关系和观念被用作掩盖内心贫瘠、内心空洞的工具，它们就变得最为重要。由于内心贫瘠、不足、恐惧、不确定，因此我们在双手或头脑制造出的这些事物当中寻求安全、确定和富裕。这种寻求正是剥削的开端。我们觉察到这种在事物中寻求心理安全感的结果：那就是战争和衰退，阶级和民族分化，人与人之间对抗，混乱和不幸，以及世界范围内的现代文明。此时，你就是这些事物，而没有这些事物，你也就会迷失。在关系中也一样，如果你寻求安全感，那么会发生什么呢？依赖滋生了占有、恐惧、嫉妒、愤怒等等。所依赖的对象变得最为重要，因此名誉、家庭、地位变得重要，而所导致的结果便是充满冲突的分化和不幸。这种依赖是内心空虚的产物，而你正是通过令人满足的关系来掩饰这种空虚的。当你内心贫瘠，那么头脑所制造的事物——知识、观念、信仰——都会变得高于一切的重要，而这样则会导致模仿，导致对权威的崇拜，导致对体制的接受，以及不加思考的机械。

人对人的外部剥削相对而言比较容易识别、理解及弱化，但是要辨认和超越人对人的心理上的剥削则要困难得多。它的运作方式极其微妙而隐匿。它所导致的冲突和不幸要比人对人的外部剥削严重得多。理解这种心理上的剥削并将其终结也要比理解、终结对他人的物质剥削要重要得多——当然后者也是必要的。因为不论人类的物质福利规整、组织得如何良好，人们内心的冲突和混乱始终会压倒外部的世界。这种通过事物，通过关系和知识进行自我扩张的过程就是剥削的开端。只有理解和爱才能将这样的剥削终止，立法则无能为力。

问：在苦难当中屈从于上帝的旨意和您所说的接受"当下实相"，两者之间有什么区别呢？

克：你在屈从于上帝的旨意吗？还是你将自己屈从于只是你所认为的"上帝"？你所知晓的并不是真实。如果你屈从于某种更高的意志，那么这种更高的意志只是你自身思想的投影。在这样的屈从中，你会得到满足感及慰藉，但是只有通过觉察和理解，冲突和悲伤才会终结。要理解"当下实相"，就必须要有觉察的能力和无为的理智，而且不能屈从于某个公式，不论这个公式多么令人满意。要理解"当下实相"，任何努力都是阻力，正如我所指出的那样，努力只有当你分心时才会存在。要理解"当下实相"，就必须不能有任何分心、任何努力。要理解你所说的话，我必定不能够分心；我必须投入我所有的注意力。要觉察"当下实相"是异常艰辛的，因为正是我们的思想成了一种分心。我们带着赞成或反对的偏见、成见，带着斥责或辨识去考虑"当下实相"。"当下实相"是真实、实在的，而想要去改变它的欲望就意味着你要从"当下实相"中逃离。

只有在对"当下实相"的理解中，才会出现根本性的转化。要理解"当下实相"，对立面之间的冲突必须终止，因为对立面其实是"当下实相"的否定延续，是成为的过程创造了对立面。成为是对"当下实相"的否定。要理解傲慢，就必须终止其对立面所导致的分心，而且为了成为而做出的努力，不论是积极的还是消极的，都必须画上句号。如果那种被称作"傲慢"的感觉未被命名，那么那种感觉就自然会枯萎消亡了。如果对某个挑战所做出的反应——不论是愉悦的还是沮丧的——未被命名，那么这种反应就会枯萎消亡，但是正如我所说过的，爱却是完全不同的。可如果爱是仇恨的对立面，那么爱也会枯萎消亡。

这种想要接受"当下实相"的欲望同样也是一种错误的途径。只有当想要成为的欲望产生，接受才会出现；一种事实不需要去接受；当你拥有某种想要逃避"当下实相"的冲动，此时才会出现想要接受它的欲望。要理解"当下实相"需要无为的觉察。一个被困于时间之网的头脑是在从过去和未来的角度来翻译"当下实相"，因此它不具备理解"当下实相"的能力。一个在寻求逃避、分心的头脑，不论它再怎样杰出和精微，都不能理解"当下实相"。没有了对"当下实相"的理解，生活就是无休止的冲突和痛苦；离开了对"当下实相"的觉察，真实就不复存在。而没有了真实，也就不会出现喜悦和快乐。

（在马德拉斯的第九次演讲，1947年12月14日）

正确的思考是随着对"当下实相"的理解而来

正确的思维对于解决我们每天所面对的诸多问题是至关重要的。重要的是要明白怎样正确地进行思考，怎样正确地理解问题，而非应该思考什么以及对待问题的态度。我们习惯于被告知要就某个问题思考什么，而不是怎样去思考它。至关重要的是怎样思考，而不是思考什么。仅仅只是寻求某个问题的解决方法会导致错误的思考，而正确的思考则随着对问题的理解——即对"当下实相"的理解——而来。只有具备了正确的思考，正确的行动才会产生，而正确的思考是随着自知而出现的。

思考是什么？我怀疑我们在座各位是否曾经问过自己这个问题。思考的过程是什么？如果我们能够一同讨论这个问题，这固然很好，但是鉴于这里有那么多听众，所以一起讨论是不可能的，但无论如何，我希望你能默然地参与进这个讨论中来。这是个你和我都参与其中的演讲。如果你允许自己沦为纯粹的聆听者，那么我们之间真正的交流也便终止了。只有当我们对彼此敞开心灵，我们之间的交流才能存在。不要让我们由于口头的误会和偏见而关上我们的心灵之门。

思考及思考的过程是什么呢？正如我们所知，它是记忆的回应，难道不是吗？记忆就是积累，或是经历的残余。因此，思考——这个记忆的回应——永远都是受限的。你拥有某种经历，而你对它做出回应，或是根据你的背景、记忆以及先前经历的残余来诠释它。这种记忆的回应就叫做思考。这样的思考只能加强你所受到的限制，而这种限制也只会生出更多的冲突和悲伤。对经历的残余产生的不停回应就叫做思考。生活就是一系列的挑战和回应，但是回应是受限的，而且这种记忆的回应就叫做思考。然而挑战是永新的，可回应却都是关于过去的。

相信并不是思考，相信只是受限的回应，它是盲目的，而且会导致冲突和悲伤。你根据你的信仰、背景、限制而经历，可这种经历只会导致进一步受限的思考。所谓的思考——这个对永新挑战的回应——是受限的，它被限制在参考系和回忆的框架中，于是便会带来进一步的冲突，进一步的混乱和悲伤。这种所谓的思考并不是真正的思考，然而这样一来，什么是思考呢？总之记忆对挑战的回应并不是思考。

你曾问过自己你所说的思考是什么意思吗？什么是思考？鉴于这是你所面临的一个新问题，一个新挑战，那么你对它的回应又是什么呢？正因为你从未思考过这个问题，你的即刻反应是什么呢？你沉默了，不是吗？请小心跟随我的思路。一个新的问题呈现在你面前；而正因为你从未"思考"过它——也就是说，因为到目前为止你还没有陷于参考系和记忆之框架的回应中——于是存在这样一种自然的，非强迫的迟疑，一种观察所致的安静和静止。难道不是这样的吗？你在安静地观看，你并没有根据参考系和回忆的框架来诠释这个新问题；相反，你的头脑非常的警觉，集中在一点，没有做任何的努力，而因为这个问题极其重要，所以你的头脑并没有昏睡，而是机敏而无为。头脑处于机敏的无为状态，等待着这个问题的真实答案。

现在，这种机敏而无为的状态就是真正的思考；正确的思考随着记忆的回应之终结而到来。因为面对的是一个新问题，所以你的头脑是静止、安静的，但并非麻木、昏睡，而是处于机敏的无为的觉察之中。你的头脑此时并不活跃，因为它甚至都没有在寻求答案，因为它并不知晓答案。这种机敏、无为的觉察就是思考,不是吗?这是思考的最高形式,其中既没有记忆的积极回应,也没有其消极回应。

那么,用这种永新、机敏且无为的觉察状态来面对我们人类的每个问题,这难道是不可能的吗?当我们做到了这一点,那么问题就会产生出其全部的意义,由此也便会终结了。但是当我们试图通过思考问题来解决问题——也就是说去跟随那些被修饰了的或不能改变的记忆所做的回应——那么我们就会进一步将问题复杂化,因为我们根据自己的限制而对它进行诠释,于是也就会带来进一步的冲突和悲伤。你可以亲自体验一下。将你所有的问题都拿开,不论是怎样重要或私密的问题。将你受限的反应放置一旁,全新地来看待这些问题。这种无为、机敏的觉察会解决我们的问题及问题所带来的冲突和痛苦。

问:我时常做梦。梦有什么意义吗?

克: 我们什么时候是清醒的呢?当遇到了危机,当碰到了一个严重的问题——不论是愉悦的还是痛苦的问题。问题本身是清醒的,但是我们本能的欲望是通过诸多不同的方式来逃避问题,于是我们使自己又一次陷入沉睡之中。当遇到了一个问题,你对它的反应是什么?你试图根据参考系的框架,根据一些准则、某些教诲将其解决,但这只会将你又一次推入沉睡的状态中。因此当出现了某个令人愉悦的挑战,你便去追求它,渴望得到更多这样的挑战,而这只会钝化头脑和心灵,使你又一次陷入沉睡;当某种挑战造成了痛苦,你就躲避它,这样也只能促使你的头脑和心灵钝化。应对挑战需要认真的注意力、清晰的认知以及理解的能力,有了这些,才可能促成下一步的行动;但是我们拒绝问题,或是认为问题在于沉睡是外界的诱导而至。这是一般情况下发生在我们身上的事,而我们只有在很少的时刻才会清醒。在那些极少的时间里,没有任何梦存在;在那些完全清醒的时刻里,既没有梦,也没有做梦者,既没有经验,也没有对经验的收集。

那么,梦的意义何在呢?在所谓的清醒状态中,在白昼里,有知的头脑积极地投入到为了生计的奔波中,忙于一些复杂的技术工作,忙于学习、争吵、逃避、享受,或是忙于祈祷和崇拜。头脑在不停地肤浅地活跃着,但是当你在床上睡去,表层的头脑就变得相当安静。但是意识并不仅仅是肤浅的表层。意识有很多层面:如隐藏动机、追求、恐惧等等这些层面。这些隐藏的层面将它们自身投射于当前的平和、肤浅的表层之上,而有意识的头脑在清醒的时候就会觉察到曾有梦的存在。有意识的头脑如此忙碌于它的日常活动,于是,它在白天就没有能力接受隐藏层面的暗示了。只有当肤浅的层面、有意识的头脑变得安静,深入的层面才会将自己映射出来。这些映射,再加上它们的符号便成了梦。有些梦毫不重要,但也有些梦意义重大。那些由于身体的倦怠,由于放纵,由于疾病等等而产生的梦在这里不属于我们的考虑范围。

梦来自意识深层的暗示。有意识的头脑通过符号,通过画面来接受这些暗示,当然这需要翻译和诠释。我不知道你是否注意过,当梦在进行时,与此同时还会出现对当前所发生情形的诠释。所以梦需要诠释,也就是说,如果你全然有知,你便希望了解梦的意义。有种奢侈的方式,那就是你花费数月,花掉很多钱,去拜访那些精神分析学家或释梦者,让他们为你解开谜底。但是我们大多数人都没有那么多钱,身边也没有这样的精神分析学家。如果我们不够聪明,那么他们就会变成新的布道者;我们将会剥削他们,他们也将剥削我们——这是人类的关系中最不幸的因素。

你曾做过一些具有某些意义的梦。你想要理解这种梦,并为此焦虑不安。你试图诠释它,而你对它的诠释将会是根据你的偏见、恐惧等等而做出的。你根据你的喜恶翻译自己的梦,于是便未能领会其完整的意义。这个诠释者过于焦虑、不安,于是他并不能全然理解他的梦。只有当诠释者具备机敏而无为的觉察能力，从而进行不做选择的观察，那么梦才会生产出其全部的意义。所以，梦并不像做梦者、诠释者那么重要。诠释者更具有意义。在理解他自身的过程中，他会对意识所有的隐藏层面开敞无遗，由此将他自己从冲突和悲伤中解脱。

只要诠释者还存在，他就肯定会不停做梦，也会不停地为梦的诠释感到焦虑。梦是必需的吗？只有当有意识的头脑在清醒的时刻做到了机敏而无为的觉察，因而隐藏的层面能不加误译地给出其所有暗示时，梦才会终止；只有当有知的头脑不再纠结于问题所带来的冲突，当头脑自然静止，而不是被迫静止之时，梦才会终止；只有当意识的所有层面都归于完整，由此肤浅的表层也就等同于深入层面的时候，梦才会终止。如果你真正去体验了，你就会看到，虽然表层充斥着外部的活动，但是因为它能够不做选择地觉察，于是一旦那些隐藏的暗示和投射出现便能够立即得到理解。因此，对于意识中不同且分裂的各部分来说，确存有这样一种自由和完整。只有当你理解了意识的不同部分，而且由此理解了部分组成的全然整合体，此时做梦者才会终止他的梦。由于梦是一种困扰，所以只有当这些困扰停止，意识才能深深渗入，才能超越自己。当没有了困扰，在清醒的状态中就会存有更新；因为总会出现结束，所以也总会存有更新所带来的极乐。

正如我们要允许土壤在耕耘、播种、收获之后得到休耕一样，有意识的头脑也必须允许自己进行无为的觉察。正如当土壤休耕时便可更新自我一般，头脑也一样可以更新自我。这种创造性的更新必须时时进行。当你遇到一个问题，和它斗争，没有完全地理解它，于是将它带入下一天——这样就永远不会有结束，反而加强了延续。只有在结束中才会有更新，而只要在延续中就会有悲伤。生活在四季中的某一刻就是被赐福于更新所带来的极乐。这并不是欲望和随之而来的无尽冲突及痛苦的更新，而是永新、永鲜的重生。

问：我们看到了您这些演讲的意义所在，但是有许多重要的问题是当下需要注意的，比如说资本家和劳动力之间的斗争。

克：现在，我们要么来处理那些改革家所考虑的问题——即寻找到一种即刻的、但只会滋生更多问题并导致更多改革的解决方法，要么来寻找能够结束整个过程的、但需要正确思维的终极办法。所以，你是要作为一个最广泛意义上的改革者去处理问题呢，还是作为一个真理的探寻者去解决问题呢？要清楚你解决问题的途径，这非常重要。如果你考虑的仅仅是即刻的改革和立刻奏效的解决方法，那么这就会不可避免地导致更多的冲突、混乱和悲伤。这种政治态度、这种人们致力于某种体制的态度会导致灾难和不幸。或者，你是在考虑日常生存所面临的问题——饥饿、经济新领域、劳资斗争等等——你是从一个追寻生存的整体意义的人的观点去考虑这些问题吗？

不论是个人还是集体对权力及地位的渴望，都会导致各种腐败和灾难，包括社会上和心理上的灾难。不论是以国家的名义还是宗教的名义所用的权力及暴力，都不可能为这个世界带来秩序与和平；恰恰相反，它只会滋生出多重的不幸。某个左翼或右翼的政府所拥有的权力，不论是以人民的名义还是以某个体制的名义，甚至连人们身体上的安全都不能保证。没有对生存之真正意义的理解，而仅仅是根据某个特别的模式来组织社会，这就等同于去培养冲突、混乱和不幸。仅仅是鼓励改革，施行某个特别的思想体系，这就相当于对人们的斗争和不幸全然漠视。

难道我们不是必须要考虑人类整体的过程，而不是拿出某一个问题然后试图单独解决它吗？这个过程不仅仅是物质层面的斗争，而更多是发生在心理层面的挣扎。隐藏在内心的冲突和混乱总是会遮蔽外部的存在，也就是说，如果不理解内在的问题，而是仅仅规制外部的事态，这是缺乏思想的表现。而那些改革者和政治家也都被卷入这种肤浅的活动中。这样的活动滋生了更多的冲突，更多的混乱和不幸，这正是在当今的时代所发生的状况。如果没有理解人与人之间的关系，那么不论是在任何体制还是在任何即刻的改革中，人们都不会得到快乐。人与人之间的正确关系不能仅仅通过立法或仅仅通过社会控制来实现。只有当你理解了你自己，正确的关系才会存在。因为你是怎样，这个世界就是怎样；你的问题就是这个世界的问题。如果没有首先通过自知给你自身带来秩序与和平，那你就不可能给这个世界带来秩序与和平。你必须从你自身开始，而不是从你所创造出的社会着手。你和他人的关系就是社会，而根据你的思想和行为，你会相应带来不幸或快乐。

问：难道我们没有被环境所塑形吗？难道我们不是自己感觉的创造物吗？

克：这个问题的内涵非常深刻，我们必须精心考虑这些内涵。我们虽被环境所塑形，但是毫无疑问，生命肯定具有比单纯的感官价值更大的意义。对于超越感官价值之外的发现取决于你是否拥有自知。没有自知，所有的知识都只会导致不幸和虚妄；没有自知，正确的思考和正确的行动就没有了基础；没有自知，生活就只剩下矛盾和绝望。

有一种观念认为：事物自身在运动；另一种则认为是上帝或意念在事物上作用。前者应该是唯物主义思想，后者就是所谓的宗教。唯物主义的法则意味着存在一种塑就、控制人类个体的方式——即来自环境的控制，因此人类自身并不重要。所以环境、周围的影响，外部的科学知识变得最为重要。其实它本质上基于感官价值。而宗教的法则却承认某种绝对价值的存在，也就是：个体是神圣的，终极的，个人并不仅仅是国家等这些实体手中的工具。可唯物主义者、极端的左翼分子认为并没有什么绝对价值，人类只不过是感觉的产物，是环境影响的结果，而他也根据感官需求改变了自身的价值。所以对环境、事物以及个体的控制变得最为重要，并且这些控制力根据某种体系将个体塑形，迫使他根据某个思维模式塑造自己，以便他可以在一个机械化的社会高效地运作。我们要做到的是理解，不要选择立场，也不要去防守；理解随着自由而来，而不是随着带有偏见的理智而出现。

对于所谓的宗教来说，个体是最重要的，因为是个体创造出了种种观念的意象。在个体中存有绝对价值，这种价值可以有多重译法。个体是精神实体，规划着自身的结局，由此来利用环境达到目的，因此环境变得并不重要了。我们无需将这个问题扩大，来进一步解释宗教的观点了。

这两种法则其实属于理论、信仰的范畴；两者都具备神圣的书籍，两者都拥有宣传的组织，都存有高级的布道者和中央政权，拥有他们盲目的教条和准则、他们未来的希望以及实现希望的方法等等。他们都会在遇到严重危机、遇到民族或经济灾难时聚集在一起。对于宗教来说，个体只有在他所处的国家或体制没有危险的情况下才是神圣的；当有危险出现，个体就会为了战争而牺牲，被国家所支配、管制等等。

因此，唯物主义者和宗教信仰者，都是带着存有偏见的头脑——一个被某种信仰、教条所限制的头脑——来处理问题。但是要找到真理，我们必须从信仰和教条之中解脱出来。很显然，人类是环境影响的结果——这是个事实；此外，人类还是其感官渴望的结果；基于感官价值的人与人之间的关系创造了这个社会，而你我都是这个社会的产物。当你称自己是一个印度教徒，一个基督教徒或是一个穆斯林的时候，其实你就成了你所在环境的产物。你带着限制去相信有上帝或是相信没有上帝——你就是如此。你根据自己的限制去寺院或教堂。经济环境或社会环境的影响都为你的头脑塑了形。但是若想要找到你是否只是环境的结果，只是物体自我运动的产物，还是你处于更高的层面这个问题，你就必须深入、再深入感官价值的创造者，并超越思想本身从而找到真相，因为思想仍旧是感觉的结果。你必须去亲自体验这一点。要发掘你的思想感觉怎样被感官所控,发掘思想之外还有什么,你就必须做到自我觉察——即自知。如果你接受了上帝这个令人满意的结果,那么其实你就无异于那些否定上帝存在的唯物主义者,因为不论是否定还是接受都会阻碍人类寻求真理的脚步。你根据自己的限制而生活、体验。但是那些根据自己的限制,或是根据令自己满足的决定或任何随意的决定而生活的人将不会发现真理。

如果你想要找到真理,很显然,你就必须从感觉着手;在理解感官价值的同时,你就会进入意识层面。如果你更深一步地探求,不是口头上的,而是实际去探求,你就会发现"当下实相"。如果你从对立面的角度出发来处理问题,那么你就不会理解问题的意义,因为对立面是其自身又一对立面的产物。如果你将信仰和无信仰当做对立的双方来对待,那么你就不可能会理解它们;此时就仅仅只会存有对限制条件的回应。当宗教之于唯物主义是一种对立之时,这种信仰就恰恰会滋生出冲突;而唯物主义者由于他对信仰的否定,则促进了信仰存在。当左被看成右的对立面,左其实延续了右的存在。

在保持对"当下实相"的深刻理解中,平静就会到来,这种平静并不是自我诱导而来的。当头脑完全静止——不仅仅是在其肤浅的层面,而是在意识的全部层面都完全静止——当所有的欲望都终止,真实就会出现。接受正是对真理的否定。

(在马德拉斯的第十次演讲,1947 年 12 月 21 日)

冥想就是终结思想

从我们和自己邻居以及和发生在我们生活中各种事件的日常接触中,我们一定观察到了那些日益增长的混乱和不幸,不论是社会中的还是宗教里的。我们将怎样理解这种与日俱增的冲突和灾难,该怎样跳出其中,从而带来秩序和快乐呢?我们大多数人都会或多或少地考虑这个冲突与悲伤的问题。那些将体制作为生产秩序与和平之工具的人并不是在考虑人类的快乐,而是在专为他们的体制而考虑,专为他们的解决方法而考虑。所以我们现在不去考虑任何社会的体系或组织,而是考虑怎样将秩序与和平带给这个充满冲突和混乱的世界。

千里之行必始于足下;你必须从近的地方开始,也就是从和你相邻、接近的地方开始。你是所有这些冲突和悲伤的中心,是这些混乱的迷惑和残酷的核心。在试图理解这些混乱的困惑时,我们好像丢掉了一个基本的因素:即你这个个体。你是这整个社会结构的中心。所以这种混乱和不幸与你之间有什么关系呢?这种混乱和不幸并不是自己出现的;是你和我创造了它们;而且它们是任意一种体制的产物——资本主义、社会主义,或是法西斯主义。你和我将这种冲突和敌对带到我们彼此之间的关系之中。你是怎样,世界就是怎样。你内心的面貌会投射到外部的世界——即社会。你的问题就是这个世界的问题。这是一个基本因素,不是吗？然而我们却看似忽略了这个因素，而且将重点放在体制、观念上，旨在拿它们作为能够改革价值观的工具。我们好像忘记了你是在同他人的关系中建立了社会的结构，于是要么会带来秩序与和平，要么就会带来冲突和混乱。

所以，我们必须始于足下；我们必须从自己的日常存在，从每天的思想、感觉及行动开始。要想给你的生活带来彻底的转化，你必须考虑正确的谋生之道，考虑你同近处以及远处的关系，以及你的观念和信仰。你现在的生活是嫉妒的产物，而不是基于对日常必需品的要求。谋生的方法现在变成了获得权力、地位、声望等等的途径，而这只会滋生出冲突和敌对。这种不停发展的成为过程——从职员变成经理，从牧师变成主教——会创造出一个必然会出现竞争与残酷的社会。如果你只是在考虑日常的需求，而没有考虑对权力的获取，那么你就会找到正确的谋生之道。嫉妒是我们社会关系中最富有毁灭性的因素，它最终会导致权力政治的出现。职员在千方百计变成经理，而经理又要变成主管，这是导致不幸和毁灭的原因之一。那些寻求权力和地位的人要直接为战争和混乱的出现负责。

我们的关系是一个自我隔离的过程。每个人都在铸造一堵自我圈附之墙，这堵墙将爱排斥在外，只是在滋生恶念和不幸。在这种所谓的关系中，嫉妒、控制、欲望都不可避免，因为每个人都在寻求安全感，所以这种关系就变成了冲突，人们便试图通过各种明显或微妙的方法从中逃离。只有当这种满足感所驱使的自我隔离过程终止，爱才会出现。难道信仰和准则没有将我们的思考过程扭曲吗？将错误的价值赋予双手或头脑所制造的事物之上是愚蠢的表现；而这种愚蠢则是我们日常生活中的指导性要素。正是这种愚蠢——像宗教中的信仰或是政治体制——造成了人与人对抗的局面。愚蠢滋生了嫉妒和恶念，滋生了冲突与不幸。

这便是我们的日常生存状况。将这种混乱归于秩序是美德的第一步。

外部的混乱就是我们的内部状态、我们的内心冲突及不幸的投影。从这种内在的混乱中引出秩序，就是美德。只有通过自知，美德才会到来。你只有通过自知——而不是通过任何宗教或政治的体制——才能带来和平与快乐。要了解你自己是非常艰辛的过程，然而去追随某个体制，按照某个体制来规制自己，将自己交付于某个左翼或右翼的政党，这却很容易。追随权威就意味着终结了思想和自知。要觉察到你每日的思想、感觉及行为非常艰辛，于是你就逃避到社会的活动和改革中，逃避到种种使你沉迷的嗜好里。缺乏思考的人为社会的改革，为混乱和不幸饱受折磨，而这些混乱和不幸其实都是他们内在的日常思想及活动的结果。

自知并不是那些关于"至高的自我"或"较高自我"的知识——这些依旧属于头脑的范畴；自知是时时刻刻对你的思想、感觉及行为的了解和理解。由这种自知和理解，就会出现正确的思考和正确的行为。当你做到了自我觉察，你便也会理解正确的行为，但是如果从理论角度来考虑正确的行为，那么它就很难被理解了。没有任何宗教或世俗的体制能够为这些冲突、混乱及不幸带来快乐、和平与秩序，因为是你们创造了体制，你和我通过我们的嫉妒、恶念和愚蠢创造了它。人类的希望只存在于自知之中，而不是存在于任何体制或是领袖那里。因为自知会带来秩序与和平；它会带来自由，即美德。只有在这种自由中，真实才会出现。

问：一个无知却肩负有很多责任的人在没有别人帮助的情况下，在不诉求于任何老师或书籍的情况下，能够理解并实践您所讲授的这些体验吗？

克：理解可能是他人给予的吗？爱是能够教会的吗？一个上师、老师，或是一本书能指引你走向爱吗？他们能教你怎样慈悲，怎样慷慨，怎样理解的方法吗？若是你追随他人，你能够得到自由吗？你能在接受权威的同时却又能得到自由吗？毫无疑问，只有当你拥有了自由——内在的自由，当你不再恐惧，也不再模仿，创造性才会出现。谁是无知的人呢？无知的人就是不了解自己的人，如果一个满腹经纶的人不了解他自己，那么他也是无知的。若是一个人仅仅有学识，而对知识抱有错误的价值观，那么他便被困于自己所编织的愚蠢之网中。只有通过自知，理解才会出现，自知是关于你全部运作过程——而非某一部分——的知识，既包括心理上的也包括生理上的运作，因为各部分之间是相互合作的。自知是一项艰难的过程，因为它需要自始至终的觉察，而这种觉察并不是内省。内省是一个自我进步的过程，带有其自身的矛盾和斥责、病状和混乱。而觉察则与内省完全不同。觉察是针对你每日思想、感觉、行为及其所带来的斥责、辩护或辨识的运作过程而言的。若要想理解，就不能够有任何斥责或辨识，所以当你做到了机敏的无为，理解便会到来。因此自知是智慧的开端。

这个提问者希望知道，一个肩负诸多职责的无知之人是否能够在没有任何老师或书籍指导的情况下理解并实施我在这里所讲授的这些体验。如果他接受了任何形式的权威，那么他就不会达到了悟。权威永远是盲目的，不论是外部世界的权威还是内心的权威。责任意味着关系，不是吗？关系就是自知的过程，它会揭示自我的运作方式，揭示思考者的思维方法。没有任何存在是孤立的；存在就意味着关联。一个想要逃避这个世界的人仍旧处于关联之中；他在逃避冲突，而不是在理解冲突。在关系这个你与他人之间的活动之中，自我的运作方式就能够得以揭示。毫无疑问，要了解你自己，了解你的所想、所感和所为，你并没有必要去求助于某个上师或是某本书，不是吗？要思考出、感觉出每种思想和感觉是异常艰辛的；要看到它们的内涵和意义需要认真的态度和灵敏的柔韧性。在这种追寻之中，没有人能够帮得了你。带着神圣而完整的头脑和足以敏锐觉察事物的兴趣，你和我能够就一个问题进行讨论，深入其中。只有当这种对理解的深切兴趣不复存在，当兴趣本身成了寻求和贡献，那么你才会去求助于另一个人，求助于老师。这就是一种不幸。当你怀有兴趣，当你觉察到关系的意义，那么恰恰是这种觉察就会揭示出你的思想和行动的运作方式。

所以问题并不在于你是否要去求助于老师和书籍，而在于当你与朋友、妻子和孩子交谈的时候是否能够觉察，是否能够单纯地觉察你在思考、感觉的是什么，你在做的是什么。你要去觉察，并发掘自知。如果你觉察了，你就会认知到冲突和痛苦都已终止，因为到那时，你就能够开始看到你的思想、感觉和行为的意义。为了逃避冲突和痛苦，你求助于老师和书籍；而不论是在老师那里还是在书本中，你都不会理解你的冲突和痛苦。老师和书籍所介绍的是一些别人的问题和别人的不幸。在追随、模仿榜样的过程中并没有创造性的喜悦存在；只有在自由之地，创造性才会存在。只有当自我这个思考者的活动安静且静止，真实的极乐境地才会存在。只有在那种状态中，当头脑不受它自身创造出的恐惧和希望、冲突与悲伤所累，创造性的喜悦才会存在。他人不可能教你得到这种喜悦，也不可能给你这种喜悦。只有当你理解了问题，并由此解决了问题，这种喜悦才会到来。

要时时刻刻地处于觉察状态是异常艰辛的过程，它需要灵敏的柔韧性。我们的头脑由于恐惧、模仿和传统，由于对权威的崇拜和对某个体制的追求而变得迟钝。要将头脑从那些使我们变得迟钝和愚蠢的事物中摆脱并不是件易事。要摆脱它们就必须付出行动，或许会招致更进一步的冲突；而因为不愿面对这种情况，我们转向老师和书籍求助，让他们抚慰我们，满足我们，于是便加剧了我们的麻木和愚蠢。

问：您所说的觉察指的是什么呢？是对至高真理和普世意识的觉察吗？

克：觉察是一种简单的行为——你可以觉察一棵树，一朵花，觉察那只飞过的小鸟，觉察人与人之间的关系，觉察思想、感觉和行为。你必须始于足下才能行得久远。你不可能觉察到一些你不知晓的事情。你口头上声称有一种普世意识存在，但是你并不知晓它；要么是有人告诉你有这样一种意识存在，要么就是你在哪里读到过这点。所以，这仍旧属于头脑、记忆的范畴。你一直试图去觉察远处的事物，而不去觉察附近的存在。要觉察一种公式，觉察一种由推测而来的希望要比时时刻刻去觉察你的思想、感觉和行为更加方便，更加令人安慰。觉察你每日的所思所感及所为是一个既令人不安而又痛苦的过程，因此你便宁愿去思考一些远方的、可以满足你的事物。要觉察你身边的存在，觉察关系——关系中自我圈附的过程，它的冷酷和机械——这的确非常令人烦扰；因此，相对于直接觉察所带来的对近在眼前这些痛苦的意识，我们宁愿去推测普世意识的存在，而不论普世意识到底指的是什么，这都是一种从现实、从"当下实相"逃避的行为。我所说的就是对"当下实相"的觉察。对"当下实相"的领悟会将你引向至高的层面。在觉察"当下实相"的同时，就不可能出现自我欺骗。

领悟随着对"当下实相"的觉察而来。如果你心存对"当下实相"的斥责或辨识，那么就不会达到了悟。如果你训斥了一个孩子，并由此拿他来将自己定位，那么你就不再能够理解他了。因此，如果你能做到在某个思想或感觉一出现的时候便觉察到它，你就会发现它将以前所未有的广度和深度展开自己，由此你也就能够发掘"当下实相"的完整内容了。要理解"当下实相"的过程，就必须要有不做选择的觉察，要具备从斥责、辩护和辨识中摆脱出来的自由。当你对完全理解某物富有极度浓厚的兴趣，你就会交付出你的头脑和内心，就不会紧握住任何事物不放。但是很不幸，事实是你受到宗教和社会环境的限制、教育和规制，于是你便开始斥责或辨识，而不是去理解。斥责是愚蠢而简单的行为，但是想要做到理解却异常艰难，这需要机智和柔韧性。斥责和辨识一样，都是一种自我保护的形式。斥责或辨识对于理解来说都是一种阻碍。要理解一个人所处的——也是这个世界所处的——那些混乱与不幸，你就必须观察其完整的过程，觉察、寻求其所有的暗示，这需要耐性，由此在安静中灵敏地去追随。

只有当你保持静止的状态，当你能够安静地观察、无为地觉察，你才能够了悟。只有这样，问题才会生产出其全部的意义。要觉察到我所说的刹那相续的"当下实相"；要觉察到思想的活动，以及它的欺骗、恐惧和希望。不做选择的觉察可以完全解决我们的冲突和不幸。

问： 我对您所讲授的这些非常感兴趣；我想要将您的思想弘扬传播，而最好的传播方式是什么呢？

克： 真理是不能够被重复的；当你重复它，它就变成了一种谎言。这种重复并不是真理，因此宣传本身就是一种谎言。真理是要去直接体验的。重复仅仅只是一种复制。你所重复的或许对于那个体验到它的人是真理，但是当它被重复，它就变成了一种谎言。而思想正是被困在这种所谓"宣传"的恐怖的谎言之网中。

你曾读到过或是听到过某种能够吸引你、满足你的准则或观念，而你希望将它告诉你的朋友，于是为此进行宣传。而语言的意义只是停留在神经上或口头上，语言还会有更多的含义吗？当然不会。所以不幸地告诉你，你所传播的其实只是语言，而语言虽会消解我们的疼痛和悲伤，可它能解决我们的问题吗？比如说，你相信转世轮回，并且你确实为了你的信仰而宣传。可你传播的是什么呢？你在传播语言包装下的你所信服的事物和你的结论；而通过语言，通过解释，你就认为你已经解决了一个人类所面对的复杂问题。其实你陷入了"语言就是实物"的谎言之中。毫无疑问，"上帝"这个词并不就是上帝，但是你陷入了一种错觉，那就是这个单词就是上帝本身。因此你去传播这个单词。这个单词，这个标签变得最为重要，而"当下实相"本身却不再重要了。你希望在你陷入的这个语言之网中抓住别人的思想，这就是宣传。语言、解释使得人与人对立。于是你就会创立一个基于克里希那穆提之言论的新体系，而你这个宣传者又将会为其他的宣传者传播。而你由此会得到什么呢？你又在帮助谁呢？去传播一些他人的经验、语言和思想，这是极度愚蠢的表现。

你体验了你所相信的事物，于是这就是一种受限的体验，因此也就不能称得上是一个重要的、有意义的体验了。只有当思考的过程停止，重要、真实的体验才会产生。你不可能像传播信息那样传播这种富有意义的体验，也不可能由此掩盖内心世界和外部世界的混乱。如果你将你的头脑和内心交付直接给一个问题，比如民族主义或是等级制度，那么理解它就会相对而言较为容易。民族主义是一种可以毁灭人类的毒药。民族和阶级这种毒药正在越来越多地在世界范围内传播。它正在使得人与人相互对立；在那些剥削者的手中，这种毒药变成了一种狡猾的工具，而你则希望被剥削，因为民族主义滋养了想要自我扩张的渴望。你不能一面作为民族主义者，而一面又谈论着和平，因为它们相互矛盾。毫无疑问，你可以通过将民族主义的精神、将等级制度等等都抛却一旁而达到了悟，只有这时你才能谈论种族主义这种毒药，也只有这时你才能传播你的理解。

你的理解可以通过你的思想和行为表现出来，而不是通过你所履行的仪式或通过你所属的那些组织来表现。希望只存在于你自身的转化中，而不是存在于某个右翼或左翼的体制里。信仰将人类分隔，使得人与人对立，而只有当爱存在，交流才会产生。正是通过你生活中的思想和行为，交流才能够得以建立，而不是通过单纯的语言。对于那些寻求真理的人来说，语言的"真理"，关系的"真理"，观念的"真理"变得最为重要。

真理并不是某种模糊的抽象概念,而是在我们日常存在的思想、感觉和行为中要去发掘的。当语言被我们变成了实物,语言就会变得非常重要。

所以如果你想要传播这些言论,那么就用你的生命来实践,这样才能达到真正的交流。

问:婚姻对于女人来说是必要的吗?

克:婚姻就意味着性关系、伴侣、交流和爱。没有爱,不论对男人还是对女人来说,婚姻都会仅仅变成一种满足感、冲突、恐惧及痛苦的源泉。只有当自我抽离之时,爱才会存在。没有爱,关系就等于悲伤,不论这种关系再怎样包含着身体上的兴奋。这样的关系滋生了满足和沮丧,习惯及常规。没有爱,就不可能会有纯贞,于是性就变成了最为重要的问题。没有爱,想要纯贞的理想就只是在逃避欲望所带来的冲突,这种理想会导致幻象和痛苦。放荡和理想都会否定爱。对理想的追求和放纵都会使得渴望、使得"我"变得重要,而一旦"我"被强调,爱就会不复存在。

这个提问中其实还含有其他一些问题。其中之一就是满足感。女人或是男人在孩子身上寻求满足感。当女人被剥夺了这种感觉,她就会处于饥渴状态,就像因为没有爱所产生的饥渴一般。当被夺去了爱,男人就会在孩子或某些活动中寻求满足感,而这些活动其实都是分心的表现。因此,外物、行为和孩子变得最为重要,而这则导致了进一步的混乱和进一步的不幸。男人也会通过在活动中,在包括从娱乐到礼拜的各种消磨和嗜好中满足自己来寻求逃避。因此,男人和女人都是通过事物或财富,通过家庭或是名义,通过观念或是信仰来寻求可以满足他们的东西,于是这些外物就变得最为重要,由此他们的着重点便发生了偏差,而这会造成内心、乃至整个外部世界的混乱和不幸。

那么,满足感确实存在吗?对成为的渴望只会导致沮丧和冲突。在这种成为中，永远都会有来自对立方的恐惧和冲突存在。只有当沮丧产生，想要满足、延续的渴望才会出现。因为空虚，所以你渴望被填充。没有对"当下实相"——也就是对空虚、沮丧本真的理解，我们就会去追求满足感，就会去掩盖"当下实相"。只有在理解"当下实相"——即空虚、肤浅、渺小的现状——的过程中，才会出现彻底的转化。这种转化才是真正的革命。但是仅仅去追求满足感就意味着道德沦丧和社会失序。一个既快乐又富有创造性的人不会通过财富，通过婚姻，或是通过观念来寻求满足感；他并没有通过欲望来逃避，也没有去寻求满足感。当我们仅仅根据记忆的回应而模仿或是运作，我们就不再富有创造性，也不再快乐。记忆的回应普遍被看作是思考；而这样的思考仅仅是参照系所做出的回应。这样的回应并不是正确的思考。只有当记忆的回应不再运作，正确的思考才会产生。在这种无为而机敏的觉察中，会有一种创造性的存在。在这种状态中，不断成为的生活和其带来的满足与冲突都会淡去。这种状态就是爱。因为我们的心灵干渴，所以我们就用头脑所制造的东西将其填充，而这则招致了多种多样的问题。

爱不是可以学习的东西；当你和问题都终止运作，它便会出现。难道你没有发现在完全没有缘由的状态下，不论你是有意识还是无意识，你都是快乐的这一事实吗？这个时候你便处在与整个自然和人类的交流之中。但是很不幸，你是如此忙于你自己的思想和问题、嫉妒和恐惧，于是你便陷入了单独禁闭的境地。这种孤立的过程阻碍了你对你的妻子或丈夫，以及孩子的了解。你躲避在自己所铸造的一堵墙之后，而如果不将这些墙毁掉，你就不可能进行交流，也不可能拥有爱。没有爱，就算你变得纯贞，变成独身者，也都不会是纯洁的。只要有爱，就会有纯贞，就会有廉洁。

问：我一直在聆听您的这些演讲，而我觉得要将您所讲授的这些付

诸实践，我就必须放弃我所生活的这个尘世。

克：你不可能孤立而存；生存便是关联。只有在精神病院你才可能孤立地生活。而只有当你不与尘世同流，不参与世间的纷扰，你才能快乐地生活在这个世界上。这个世界由各种事物、关系和你所提供的观念及价值观所构成。这些对价值的评估导致了冲突，而你又渴望从这种不幸中逃离，这就是所谓的克己断念。也许你放弃了你的房子，但是你仍会留恋你的妻子；你或许抛弃了你的妻子，但是你会坚持你的观念和信仰。对价值的错误评定滋生了冲突、混乱和不幸。只有对财富、名誉和信仰进行正确的评价和理解，悲伤才能够终结。

理解你自己就等于理解价值的来源。如果你不理解你自己，那么你就不会走出尘世；没有自知，你所做的就仅仅是被称作"出世"的逃避，而这种逃避只会生出无止境的问题和不幸。这就像是一个愚蠢的人声称放弃了愚蠢一样，其实他仍旧是愚蠢的；他试图变得聪明的行为恰恰是愚蠢的表现。如果他开始觉察到愚蠢是什么——即他自己——那么毫无疑问，他将会得到宏大的理解力。理解"当下实相"就是智慧的开端；对"当下实相"的觉察开启了真实之门。而逃避只会导致虚妄，它不会带来任何对真实的发现。正确地为财富、关系及观念评估是很艰难的。要通过出世来逃避相对而言较为容易，可建筑起一堵自我圈附的隔离之墙则不会带来任何的快乐。财富只有在你的评估之下才具有意义。如果你内在贫乏、空洞，那么财富就会变得极度的重要，由此会产生依恋和出世这些问题。所有心理上的评估都是渴望自我扩张的结果，而这种自我扩张的过程则是为了掩盖内心的贫乏，因此，自我的活动在本质上就是一种逃避，会导致冲突、混乱及悲伤。快乐存在于对"当下实相"的全然理解中，而不是存在于逃往孤立的行为中。

问：生活向我们掷来一个接一个的问题。您所说的觉察状态能够使我们永久理解、并一次性解决所有的问题吗？还是这些问题要一个一个地解决？

我感觉到了内心深处这些需要加以规制的欲望。规制这些欲望的最好的方法是什么呢？

克：如果你没有理解这些问题的制造者，那么这些问题就不可避免会出现；如果一个人做到了深刻且全然的理解，那么问题就自然会终结，或是问题在一出现的时候就能得到即刻的理解和解决。仅仅是解决症状而不去理解根源并不能将其治愈，因此，只考虑问题而不去理解是什么制造了问题，你将会永远处于冲突之中。思考者就是问题的制造者，而且他抵抗或规制他的思想，以便来满足他所制造的事物。规制只是作为一种抵抗的工具而存在，否则思想就不会被规制。如果习惯和自我圈附会随着规制而产生，那么恐惧和忧虑就会被挡在心灵之外，于是你就会得到成功和成就。当你未能理解，那么规制这种抵抗力就会出现。在理解一个问题的过程中，这个问题就会终止，而去抵抗问题则无济于事。如果你理解了傲慢的根源及结果，那么你就不会为了抵抗它做出任何规制了。抵抗傲慢所做的规制是成为的得意之作。因此，要理解"当下实相"是极其费力的；要理解傲慢这种"当下实相"，一定不能够有任何的分心——即谦逊这个冲突的对立面所带来的分心。要达到了悟，就必须要全然集中于"当下实相"，而这种集中并不是指排他。为了抵抗诱惑所做出的规制就是在建立阻力，而阻力其实也就是暴力，即死亡。这种规制所带来的自我圈附的过程阻碍了理解和交流。一个被规制在正义之中的人不会拥有爱，因为他正在将自己圈附于成为的围墙之中。对于这个过程的觉察以及对规制意义的认识就会带来智慧，而智慧永远不会抵抗，而是柔韧而敏捷的。柔韧之物便可以持久。

现在，让我们来考虑另一点：对于问题来说，是要在它们一出现时便一个一个地解决，还是有可能将所有问题的根源一并铲除呢？如果问题的制造者能够得到全然的理解，那么问题所带来的冲突和悲伤就会终结。问题的制造者就是思考者，难道不是吗？问题不会独立于思考者而存在。思考者独立于问题而存在吗？思考者和他的思想是分离的吗？如果是分离的，那么问题就肯定会继续；如果没有分离，那么就有可能终结所有心理上的问题。难道思考者不是为了抵抗，或是保护他自己远离所有的变化才和他的思想和问题分离的吗？而与此同时，他又在转化他的思想或是与问题作斗争，难道不是这样吗？这难道不是一个狡猾的诡计，不是一个由思考者为保护自己所制造的幻象吗？但是如果思考者便是其思想，是问题，也就是说他们之间并未分割，那么他——这个问题的制造者——就能够开始得以消解，从而理解自己，那么他也就不会考虑改变思想，考虑寻求问题的解决方法了。

现在，如果你觉察了，你就会观察到现存情况是思考者与其思想分裂而存在，而且你的哲学，你的圣书及信仰也是基于此而存在。存在的只有思想，而并没有拥有思想的思考者；如果将思考者的特质——即思想——放置一旁，那么思考者何在呢？思考者并不存在。将自我的特质，将回忆和他的特性等等都放置一旁，那么自我何在呢？但是如果你声称自我并非是思考者，而是超越于思考者之外的另一些实体，那么其实他还是思考者，只不过是你将思考者这个名称推远，可是他仍旧属于思想的范畴。

那么，为什么思考者会将自己与其思想和问题分离呢？他认识到思想是转瞬即逝的，是根据环境的影响被塑了形的，认识到他可以根据渴望的模式来为他的思想塑形。由于他在寻求永恒，于是他自己变成了永恒的实体，使得他自身得以延续。思考者是怎样形成的呢？很显然，是通过渴望。渴望是认知、接触、感觉、欲望、辨识的结果，是"我"和"我的"之结果。思考者是欲望的产物，由于生产出了"我"，继而"我"这个"思考者"就和他的思想、感觉及行为分离了。他仍停留在永恒的幻象之中，对他的思想和问题念念不忘。因此，只要思考者和他的思想分离，不断在扩大的问题就会继续。

当思考者就是其思想，这时会发生什么呢？此时思考者自身便会经历一种转化，一种彻底、根本的转化。这就是我所说过的正确的冥想。这种对思考者的运作方式的无为而机敏的觉察带来了自知之光。有了自知，你便能够开始冥想了。冥想就是终结思想，在这种冥想中，思考者也不再延续。思考者在规制其思想，从而使得自己在分裂的过程中通过财富、家庭，通过知识和信仰得以延续。只要思考者将自己和其思想分离，问题就会继续存在。只有当你拥有了对整体过程的觉察，你才会做到自知；自知是智慧的开端。正如记忆一样，只有通过自知，时间才会停止运作。

（在马德拉斯的第十一次演讲，1947 年 12 月 28 日）

PART 04

在印度的电台演讲 1947—1948 年

一种崭新的生活方式

我们意识到了存于我们内心和生活中的混乱和悲伤。不论是就政治方面还是社会方面来说,这种混乱都并不像之前我们所经历的诸多危机一样是暂时的,而是一种具有重大影响的危机。我们在不同的时代曾经历过战争、经济萧条以及社会震荡。但是那些危机都不能和当今的这些周而复始的灾难相提并论。这并不是某个国家所特有的危机,也不是某个体制所特有的宗教或世俗世界的危机。事实上,这是一场对人类本身意义重大并值得我们重视的危机。因此,我们不能仍旧仅仅思考着去发起一些支离破碎的改革,也不能去寻求某种体制来代替另一种体制。要理解这一点,就必须要有思想和感觉上的变革。这种混乱和悲伤不单是外部事件的结果,不论这些事件或许多么富有灾难性;这是由于存于我们每个人内心的混乱和不幸所造成的。所以,如果没有理解个体的问题——其实也就是这个世界的问题——那么我们内心乃至这个世界都不会得到和平与秩序。因为是你和我带来了这种衰败和不幸,因此要寻找到一个转变当今局势的体制是完全徒劳的。因为你和我应该为当下的混乱负责,所以你和我必须在我们自身内部将价值观转化。

---

① 本部分标题均为英文版编者所加。——中文版编者

这种价值观的转化不能够被任何立法或是通过任何外部的驱动力所代替。如果诉诸于外部手段，那么我们会发现相同的不幸和混乱将会重复上演。由于我们将感官价值放置于主导地位，而感官价值却永远会在头脑和心灵中滋生出麻痹和钝化，因此我们陷入了这种冲突和混乱的状态。感官价值使我们的生存变得机械，并且失去了创造性。

衣食住所本身并不是终极目的，而当人类的心理意义没有得到理解，那么衣食住所便会成为目标。只有当你——这个个体——变得能够觉察那些限制我们思想和感觉的制约，革新才有可能实现。这种限制是由头脑自我强加而来的，而头脑永远在通过财富、家庭、观念或是信仰寻求它自身的安全感。这种心理上对安全感的寻求使得人们必须去培养那些双手或头脑制造而来的事物。于是，事物、家庭或名誉、信仰变得最为重要，因为快乐是从中寻求而来的。而如果你并未从中寻到快乐，那么思想就会制造出一种信仰的更高形式，一种安全感的更高形式。只要头脑还在寻求自我保护的安全感，那么你就不会理解人与人之间的关系。这样一来，关系就仅仅被用作满足你的工具，而不是一种自知的过程了。

要理解正确关系的意义，这很重要。你不可能在孤立中生存。生存就意味着关联。而没有关系，就不会有存在。关系就是挑战和回应。一个人和他人的关系就是社会；社会不是独立于你之外的；大众也并不是独立分隔而存的实体，而是你及你同他人关系的产物。关系就是对你同他人之间互动的觉察。

那么，这种关系的基础是什么呢？你说它基于彼此的依赖，基于相互协助等等。但是，除掉我们向彼此所投掷的情感屏障之外，这种关系还基于什么呢？是建立在互相满足的基础上，难道不是吗？如果我没有取悦你，你就会用各种不同的方式摆脱我；而如果我取悦了你，你就会接受我作为你的妻子、你的邻居，或是你的朋友、你的上师。这就是事实情况，不是吗？在相互取悦、满足的情况下就能够寻得关系；而当你没有找到满足感，或是对方没有给你这种满足感，你就会改变你的关系，你就会想要离婚；或者，你容忍"当下实相"，而试图在别处寻找满足感，或是你换掉了你的上师，你的老师，又或是你加入了另一个组织。你从一个关系跳进另一个关系，直到你找到了你所寻找的——也就是满足感、安全感、慰藉等等。

当你在关系中寻找满足感，就注定会有冲突出现。当你在关系中寻求安全感——其实也就是在寻求逃避——那么就会出现为了占有、为了控制所做的挣扎，就会出现由于嫉妒和不确定而生的痛苦。自我维护的需求、占有、对心理安全和慰藉的欲望都否定了爱。你也许将爱当作责任、职责等等，但实际上你却并没有爱，这一点可以从当代社会的结构中看出来。你对待你的丈夫、妻子、孩子、邻居以及你朋友的方式就是关系中缺少爱的证明。

那么，关系的意义是什么呢？如果你在关系中观察你自己，你难道就没有发现这是一种自我揭示的过程吗？如果你觉察了，难道你就没有意识到你和他人的接触实际上揭示了你自身的存在状态吗？关系是一个自我揭示、自我认知的过程；由于它揭示出那些令人不快和不安的思想和行动，于是你便会开始逃避，从这种关系中挣脱从而走进另一种能够给予你慰藉和抚慰的关系。当关系基于相互的满足，它便会变得意义甚微；而当它作为一种自我揭示的过程而存在，那么关系就会变得意义重大。

在爱中并没有关系存在。只有当其他事物变得比爱更重要，才会出现愉快或痛苦的关系。当你全然、彻底地交付出自己——也就是当你心怀有爱之时——那么就不会存有作为相互满足的关系，也不会存有作为自我揭示过程的关系了。在爱中不会有满足。这样的爱奇妙而非凡。其中没有摩擦，有的只是一种全然完整的、极乐的存在状态。当你心怀有爱，

一种崭新的生活方式 281

当你能够全然交流，你就会拥有这样的稀有、快乐、喜悦的时刻。

当爱的客体变得更为重要，爱就会褪去。此时，占有、恐惧、嫉妒所带来的冲突就会开始，于是爱便会褪去。而且它退却得越多，关系中的问题就变得更大，便也由此丢掉了其本身的价值及意义。爱是不能够通过准则，通过任何手段，通过任何理智上的欲望所能够得到的。爱是一种随着自我活动的终结而到来的存在状态。你不能够去规制、压抑或回避自我的活动从而使之消失，你要做的是理解它们。你必须有一种对自我所有不同层面的觉察和理解。

没有自知，就不可能会有正确的思维。只有当每个人都觉察到自己的每一思想、感觉及行为，正确的思维才能出现。通过这种觉察——这种觉察中可以没有任何斥责、辩护或辨识，每种思想都可以得到完全的理解——你才会拥有正确的思维。因此，头脑通过它不做选择的觉察，便可以开始从自我创造出的阻碍和束缚中解脱，从而得到自由。只有在这种自由之中，真实才会出现。

于是，我们的问题并不是坚持政治或宗教上的某种特别的思想体系，而是要做到每个人都清醒地意识到自身的冲突、混乱及悲伤。当他开始意识到他的斗争和痛苦，会不可避免出现一种反应，一种想要通过信仰，通过社会活动，通过娱乐或是通过利用右翼或左翼的政治行为定位自己以达到逃避目的的反应。但是混乱和悲伤并不能通过逃避来解决，相反，逃避只会增强你的挣扎和痛苦。这种逃避——也就是宗教组织提供的解决这种混乱的工具——显然对于一个有思想的人不值得一提，因为它们所提供的上帝只是"带来安全感的上帝"，而不是能够理解人类生活于其中的混乱及痛苦的上帝。对偶像的崇拜，对双手或头脑制造出的事物的崇拜，都只能驱使人与人对抗；这种崇拜并不会消解人类的悲伤，它只能给出一种简单的逃避方式，而这种逃避之路则会造成头脑钝化，令心灵分心。政治体系也一样。在这些政治体系中，人们可以很容易地从当下的存在状态中逃离。因为在其中，当下成了未来的牺牲品。但是当下却是通向了悟的唯一大门。未来永远是不确定的，只有当下才能够通过对"当下实相"的全然、深入的理解从而得到转化。因此，有组织的宗教和政治体系并不能够解决人类所面临的这种混乱及悲伤。

人类本身、你本身必须亲自面对这种冲突，将所有体系、所有信仰放置一旁，试着去理解在你自身内部究竟发生了什么。因为，你是怎样，世界就是怎样。而且如果你没有首先将自身转化，这个世界就不可能重获新生。所以，我们肯定不能将重点仅仅放在对这个世界的转化之上，而是要放在每个个体身上，放在你身上；因为你就是这个世界，没有你，就没有这个世界。对于这种转化来说，领袖——不论是精神上的领袖还是世俗中的领袖——都变成了一种文明的阻碍，一种堕落因素。将所有像民族主义、有组织的宗教及信仰这些阻碍因素，还有像等级制度、种族、体制等等这些使得人类相互对立的障碍物统统抛却——并且只有当你通过觉察自己每日的思想、感觉和行为并从而理解了你自己，这种重生才会出现。

只有当思想从双手或头脑制造的感官价值中解脱出来，真理才会实现。真理无路可循。你必须在未知的海洋之上航行来寻找它。真实不可能传达给另一个人，因为那些被传达的便是已知的，而已知的便不是真实的。快乐并不存于对蓝图或体制的制造中，也并不存于现代文明所提供的价值里，而是存于美德所带来的自由之中。美德本身并不是终极目的，而它却的确至关重要，因为只有在那种自由中，真实才能够出现。仅仅对感官价值的追求和增殖只会导致更进一步的冲突和不幸，导致更多的战争和灾难。

只有当你作为一个个体将那些导致斗争和混乱的价值观抛却，这个世界才会得到和平与秩序。这需要通过自知，进而通过正确的思维而实现，而这种正确的思维并不是任何书籍或老师可以给予你的。人类的目的并不是这种无休止的斗争和悲苦,而是去实现随着真实而来的爱与快乐。

(马德拉斯,由全印度广播电台倾情播放及发表的演讲,1947年10月16日)

生存之道

我们所生存的这个人类世界是由诸多个体所组成的,没有个体,社会也不会存在。世界的问题只不过是人与人之间的关系所带来的问题。因此,个人的问题便是这个世界的问题。这个世界只不过是个体与他人的关系,而这种关系则是基于个体对自己的所思所想。

人类是整个世界运作过程的产物,而不是某个分支力量;人的存在不是建立在敌对之上。影响个人的事物也会深刻地影响这个世界;个体和世界是不可分割的;个人的重生会即刻且完全地反映在世界的转化当中。

没有个体的重生,就不会有根本性的变革。没有价值观的根本变革,就不可能存在一种真实且持久的秩序。我们需要考虑的事情就是怎样带来这种革新。这是一种感觉上、思想上的革新,也是由此而来的行动上的革新。这三者并不是相互分割的,而是一个整体的过程。它们相互关联,相互依存。

只有当我们为自己的生活带来秩序与和平,当我们脱离这种混乱,我们才能够理解真实,而只有理解真实,人类才会得到快乐。没有这种理解,不论我们做什么,都只会导致进一步的灾难和悲伤。

你,作为一个个体,要比任何宗教或社会体系重要得多。这些体系阻碍了人们解决自身问题的步伐。体系变得比人类所经受的磨难紧要得多。各式各样的行为模式破坏了人类的自由，将人们引向混乱与不幸。只有在理解"当下实相"的过程中，在理解当下、理解真实的过程中，才会有可能将这种情形转化。这个世界只能在当下，而不是在未来转变；只能在这里转变，而不是在任何其他地方。

如果我们寄希望于体制——也就是一系列行动的模式——那么我们就必定会创造出来一些领袖和上师，他们会带领我们偏离自身苦难这个中心问题。苦难不能够通过任何信仰或是通过任何行动模式来克服。没有任何政治领袖或宗教领袖可以给我们自身带来秩序。我们每个人都必须理解自身内部存在的混乱与悲伤，我们将这些混乱和悲伤投射到了这个世界。这种投射就是社会，充满暴力和堕落的社会。

我们意识的不同层面——无论是生理上的还是心理上的层面——都在受苦。这种苦难在我们每个人体内以不同形式存在着，但是我们必须忽略不同点，而专注于相同点。

对感官价值的过分重视造成了经济上的混乱。我们试图通过进一步加强感官价值，通过扩大物资的生产规模来解决这个问题。我们寄希望于机器所带来的更大的满足感，由此将重点放在物资、财富、名誉及社会等级制度之上。如果我们环顾四周或是俯望内心，我们会看到财富、名誉及等级制度已变得极为重要，而且在它们承担了这些主导价值的同时，它们也自然而然带来人与人之间的冲突。我们利用双手或机器制造出事物，把它们当做一种能够使我们从心理冲突和沮丧之中逃脱出来的工具。

因此，如果没有理解我们每个人都生活在其中的心理混乱和悲苦，而仅仅是根据某些行为模式来对外物进行重新归置——不论这些模式是极左还是极右的——这都意义甚微。

所以，我们应该把重心放在个体内部的冲突之上。一直试图给外部的存在带来秩序所做的努力是没有任何价值的。对于一个人的内心来说，心理世界永远会战胜外界世界，无论外界世界拥有着怎样精巧的组织和立法。

这种处于我们内心的心理上的冲突是最为重要的。它在我们和周围事物、和他人及和观念的关系之中处处显示出来。正是这种错误的关系导致了我们的遭遇。而对于我们每一个试图解决世界上存有的这种骇人听闻的混乱及痛苦的人来说，为自己和世界带来真正的关系就是我们的使命。

不可能有任何与世隔绝之物，因为生存便意味着关联。没有对关系的理解，就不会有真正的行动，因为我们口中的行动仅仅是在意识形态框架之中的运动。这样的运动注定会制造出进一步的悲伤和苦难。关系就是交流，而当孤立的过程变强，这种交流就会受到阻碍。在关系之中，我们每一个人都仅仅是在自己存在的不同层面寻求安全感。通过外物、他人和观念来找寻满足感的行为带来了孤立，造成了这种自我圈附、阻碍关系的围墙。虽然我们认为我们彼此关联，但是我们实际所做的是在孤立之墙的上方观望，而总是身处在围墙之内，由此给我们自身及他人都带来了更大的苦难。孤立之中的关系不可避免会导致残忍及恐惧。

但是关系并不需要是一种孤立的过程。它可以是一种自我揭示的过程，也就是对我们自身的理解过程。这样的理解是一种完整过程。这种通过关系得来的自知不可能从任何书籍、上师或领袖那里找得到。如果你求助于他们，你就仅仅是在逃避即刻的行动。所以要理解你和外物、和他人及和观念之间关系的作用何在，这非常重要。当这种关系不再是一种自我揭示的行为，而是变成了一种自我圈附的运动，苦难便会到来。

因此，当有苦难出现，我们不应该试图寻找苦难的解决方法，而是应该去深入关系之中观察，因为关系是悲伤的首要原因。悲伤是关系中错误的意向所导致的结果。不论我们任何时候在关系之中寻求满足感、

生存之道 287

逃避所或安全感，我们其实都是在带着一个动机去接近他人，而在这样的接近中就会有暴力存在。而因为关系之中存有暴力，所以这个世界也便存有暴力。

"无暴力存在"这个理想其实是在逃避对暴力的理解。一个寻求无暴力境界的理想主义者由此逃避了对暴力的根本性转化。无暴力的境地仅仅只是一种观念，但暴力是实际存在的。当抛却了虚构的理想，你就会理解和转化暴力。对立面的观念变成了"当下实相"的障碍。暴力的对立面是暴力本身，而永远不会是爱；爱自有其永恒的特质。追寻对立面的理想主义者永远不会知晓爱为何物。他永远都仅仅是在考虑"变得不暴力"，而这一直都是自我的表现，不论这种想法是积极的还是消极的，是肯定的还是否定的。我们必须抛却"要解决苦难"的理想。

仅仅作为记忆存在的知识必须要丢弃，因为当下并不能够通过过去来理解，而过去却可以在当下得到理解。暴力的问题不能够通过思考来解决，因为思考和暴力的根源其实是相同的。只有当思考的过程停止，暴力才能够终结。当从斥责或辩护中解脱的觉察在强烈的理解中环绕住了暴力，暴力才能够停止。这种思想的停止就是"实在"，而"实在"永远都是富有创造性的。只有这时才会有真实出现，而你若想要了解真实的福佑，你就必须亲自去发掘它。

遍及世界的暴力并不是通过左翼或是右翼的行为模式来克服的。暴力是内心空虚的表象症状，而不论是暴力还是非暴力，它们都不能填补这种空虚，因为恰恰是为了填补这种空虚所做出的挣扎导致了更多的暴力。要摆脱暴力，我们必须理解这种空虚。当我们孤单——而不是孤立——之时，这种空虚便会出现。孤单是一种从信仰——不论是任何形式的信仰——从所有塞满我们人生的阻碍中脱离出来的自由。只有在这种自由中，真实才会出现。真实就是理解和爱的集合。

这种爱并不是生于对仇恨和暴力的压制。只有那些亲眼看到暴力的真面目，却又没有转身走开的人，只有那些没有用某种理想将其掩盖的人才会了解暴力，因为用理想掩盖暴力不论是从意图来说还是就结果而言，到头来都还是暴力。爱并不是位于某段遥远之路尽头的目标，需要你疲惫地前进；爱藏在对真相的接受中，也由此存于对真实的接受中。在爱的生活中便会存有真理；真理并不是存于理想之中，因为理想对于真理来说就是一种暴力。只有真理才能够使我们获得自由，而只有在自由之中，人类的爱才能存在。

这种自由并不能被称为独立——独立仅仅是孤立。这种自由从不知晓人类所造的种种边界。它是由强烈的理解而产生的头脑的自由。这种自由永远都是个体的，绝不会是政治上的、也不会是经济上的自由。它永远都是内在的发掘过程。没有人能够为它担保，它也不会是挣扎的结果。当头脑在谦逊的理解中看到自身的限制，这种自由便自会安静、迅捷地出现。只有这种自由才能够更新这个世界。只有那些能够带来自由的人才是真正的非暴力者，因为他们未对真理施暴。他们是最伟大改革的先锋，因为这种改革通向了真实。

（孟买，由全印度广播电台倾情播放及发表的演讲，1948年2月2日）

和平之路

不论我们生活在哪里,我们每个人都会觉察到在这个世界存在一种愈演愈烈的冲突。这种对方向的迷失、这种价值观的沦丧并不局限于某个特定的阶级或民族。不论我们生活在何处,转移到社会的哪个阶层,我们都会觉察到不论是在我们同外部世界的关系中,还是和内部观念世界的关系里,都存有一种看似没有尽头的冲突和悲苦。

人们就这种混乱提出了诸多解决方案,包括经济上和政治上的解决方案,以及社会和宗教方面的解决办法。然而却没有任何一种体制可以带来和平。被灌于意识形态的体制以及它们的行动模式仅仅关注了外部世界的改变与调整。它们不可能带来彻底的转化。因为它们在为了某个结果、目标而努力,而结果和目标是肤浅的知识、计算及挫败的产物。它们的知识是不完整的。那些提出某些奇思妙想的公式之人沉迷于预设所带来的成就中,于是根本不能理解人类头脑和内心中复杂的心理状态。

那些完全在关注结果而不去关注方法的体制只能提供一些行为模式及种种观念。只要你还认为和平是来自某些对立的意识形态,那么和平就永远不会到来。只要和平还是某一方的胜利,那么胜利者无一例外地会面临灾难,因为为了要征服,他不得不释放一些能量,而这种能量足以将其奴役。和平是斗争的结果,是军队或意识形态的敌对者之间的身体或精神上的冲突——这其实是一种错误的认识，走向和平之路就是要去理解这个错误的观念。和平并不是斗争的结果；和平是当所有冲突都在理解之焰中燃尽时所剩余的东西；和平不是冲突的对立，也不是冲突的综合。

所谓的专家们创造出了大量哲学和经济体系，而这些各式各样的体系为了权力而相互竞争。但毕竟，专家或专业人员只能够提供他们的想法，而并不能给出真正的解决方法，因为真正的解决方法完全存在于所有体系之外。对于一种体系来说，也许理论上来讲它很健全，但却不适用于实际，除非通过强制手段，而强制则不会带来和平。如果不将这些混乱的根源移除，就不会有和平存在。并且每个人都必须在悲伤的根蒂枯萎之前看到它们。然而，我们确实在依靠着专家，因为我们每个人都不愿意自己思考出和平这个问题的原委，而是倾向于依赖那些专家、政治家以及经济规划者。但毫无疑问，和平并不是一个观念的国度。你自己便可以看到和平并不是某种思想过程的产物。我们的思维受到了限制，于是便具有局限性。局限的思维必定是错误的，而且总是会成为冲突的根源。依赖于体系——不论这个体系理论上是多么完美无瑕——就是回避直接去考虑和平这个责任的行为。

战争，这种不停在加剧的悲剧，归根结底仅仅是我们日常生活的大规模的和血腥化的表现。战争并不是某个不负责任的社会所带来的偶然结果。存于这个世界上的这种不幸，这种暴力，这种骇人听闻的混乱是我们在同事物、他人及观念的关系中所做出的日常行为所带来的结果。只要这种关系还没有得到完全且深入的理解，那么这个世界上就不会有和平存在。和平与快乐不会自己出现或是偶然降临。一个人想要得到快乐与和平，他必须付出代价。这种代价或许看起来极其巨大，但在实际当中并不是如此；我们所需要付出的代价只是要具有一种清晰的意向：即保持内心的和平，以及由此与邻居和平相处。这种意向至关重要。和平的代价就是从那些随之而来的斗争和暴力、敌对与嫉妒的根源中解脱出来。和平是一种生活的方式，而不是站在个人或团队立场上的某个策略的结果。它是一种在其中暴力并未被非暴力的理想所压制的生活方式，在这种和平中，从暴力的原因至暴力的结果都得到了深刻的理解，于是你便也能够得以超越暴力。

要理解暴力，就必须清晰地觉察到暴力的各种表现形式。暴力的原因复杂且多变。民族主义，阶级对立，贪婪的获取，对权力的欲望，以及那数不清的、使我们的头脑遭受痛苦的信仰等等，这些都带来暴力。贪婪，作为我们当代文明的基础，已经将人与人划分开来并使得人们相互对抗。在渴望占有、控制人们的思想、感觉和行为的欲望中，我们将自己划分成不同的阶级：如阶级政府、阶级斗争、阶级战争，同时还划分出印度教徒和穆斯林，美国人和俄国人，工人及农民。双手所制造出来的对事物的掌控力其实是最不具灾难性的；而人对人精神、心理上的奴役却是异常残忍，并导致了人们的分裂。我们不情愿保持内心、心理上的自由，而战争的真正原因也隐藏在这份不情愿之中。只要我们没有准备好抛却我们的信仰、教条、意识形态、思想体系、行为模式，以及各种各样强迫而来的义务——这些都只是社会为了控制而非理解所为我们套上的枷锁——暴力这个问题就会继续。这些锁链不可避免会给所有谋求社会、政治、经济或宗教转化的人们带来混乱和不幸。

然而，如果我们的头脑和内心不为占有的念想——不论是对双手制造出的还是头脑制造事物的占有——所累，那么我们就可以拥有极度质朴和智慧的生活，也可由此得以和平地生活。当我们的生活从暴力中解脱，那么我们便能很容易、很稳定地得到所需的衣食住所。这种从暴力解脱出的自由就叫做爱。那些专家——不论是经济还是宗教方面的专家，不论是政治上的抑或是社会方面的专家——都正在将我们引向灾难。每个人都必须考虑去创建一个新型的社会或新型的文化，从毁灭、分裂我们生存于此的这个世界的根源中解脱出来。所以，是你——这个个体——要去意识到：通过你自己的转化，通过自愿为和平付出代价，通过你欣然地抛却民族主义和阶级保障，抛却意识形态和组织起来的宗教，你才能够给这个世界带来和平。你自身的转化最为重要，因为就是你自己导致了你所生存的这个世界里出现的混乱，而你的生活方式将会立即转化你的世界，或是继续造成更进一步的混乱和悲伤。

所以最为重要的是你的生存状态，而不是那些专家的论断。是你的日常所为决定了是否能给这个世界带来和平；而通过施加于身体上或心理上的强迫所驱使的大众的行为则不能给人类带来和平与快乐。除非你不再向压力屈服——不论是身体上还是精神上的压力，不论是来自宗教还是来自政治上的压力——否则你将仍旧会是这种骇人听闻之苦难的制造者和牺牲品。因此，你，这个个体，便是这个世界的问题所在；你是唯一的问题，因为所有其他的问题都是源自你不愿首先应对自己，源自你不愿去深刻、全然地理解你自己。

这个世界的问题仅仅是你自身问题的夸大和复制。它们对你来说无论如何也称不上陌生——世界的问题也不外乎食物与住所，情感与自由，和平与快乐这些问题。你是这个世界的一部分，也是这个世界的表现，而且世界也在你的内心完整、全然地反射出来。你不能将自己同这个世界分离开，因为世界影响了你，你也影响了这个世界，不论你是否喜欢它。所有试图使自己疏远这个世界所做的努力都将会不可避免地导致腐朽，导致头脑和心灵的枯萎。你创造了世界，所以你必须将其转化。正是通过你的行为，通过你的生活方式，通过你自己的根本性革新，你便可以创造出一个摆脱了欲望与斗争、摆脱了剥削及战争的世界。如果你觉察到了你的思想、感觉和行为，那么这种根本性的革新、这种彻底的转化便会到来。要觉察到你自己在日常生活是如何作为的，觉察到你是怎样被过去、被周围所制约的，觉察到你又是怎样从回忆、贪婪，从模仿和顺从的角度出发来行动的。不要去斥责你的生活。要对你自己富有悲悯之心，但不要为你自己辩护。要按照本真的你来看待你自己，观察你自己的所思、所想、所为，直到你开始理解自己。这种理解之焰会带来一种摆脱纠结的解脱，这种解脱造就了真正的质朴。正是这种头脑和心灵的质朴会带来个体的转化，并且能够立即将你所生存的这个世界转化。

你会变得对你日常生活中的暴力有所觉察。如果你斥责暴力，那么你则会制造出它的对立面——也就是非暴力的理想，而这只会使你卷入无止境的暴力冲突之中，由此也只是延续了暴力的存在。要持续处于某种状态之中的想法本身就是暴力。你一方面在培养一种非暴力的理想，而与此同时你却又无时无刻不生活在暴力中——这是虚伪的表现，这是对事实真理的背叛——于是这也就是极恶形式的暴力。理想永远都是一些非实在的东西，它是一种虚构的想象，是一种对立方。真实指的只是那些实际存在的事物。处在虚构中的理想毫无作用，因此也只会以这样那样的形式维持暴力。但是在对暴力及其各种涵义全然而柔韧的觉察中，就会出现从中解脱的自由，而不是仅仅以另一种暴力形式来替代。

只有爱才能够转化这个世界。没有任何体制——不论是左翼还是右翼的，不论它被设计得多么狡猾或有说服力——能够给这个世界带来和平与快乐。爱不是一种理想，当你心怀尊敬与慈悲，爱便会出现——我们每个人都能够感觉到、也确实感觉到了这一点。我们必须向所有的人都显示出这种尊敬和慈悲。这就是我们存在的方式，它随着丰实的理解而来。只要存在贪婪与嫉妒，就会存有信仰和教条，就不可能会有爱。只要出现民族主义或是对感官价值的青睐，就不会有爱存在。然而只有爱才能够解决我们人类所有的难题。没有爱，生活就是粗俗、残酷、空洞的。而要看到爱的真相，每个人都必须从那些毁坏个体、分裂世界的自我圈附的过程中解脱出来。当头脑和心灵不再为那些不断导致孤立的生活方式所累，和平和快乐就会到来。

爱和真实不能够从任何一本书籍、任何一座教堂或寺院那里找得到。它们随着自知而来。自知是异常艰辛、但并不困难的一个过程；只有当我们试图达到某种结果，它才会变得困难。但是，你只要做到刹那相续地觉察到你的所想、所感及所为，并不加任何斥责和辩护，这样的觉察便能带来一种解脱，一种自由，而只有在这种自由中，才会有真理的福佑。正是这种真理会给我们每个人的关系中带来福佑，它就是快乐的源泉。

这场看似迫在眉睫的战争并不是任何阴晴不定的外交方面的努力或是会议谈判这种游戏形式所能阻止的。条约和协议都不会停止战争。能将这些周而复始的战争终结的只有善念。意识形态就其本质上来讲都会导致冲突、敌对和混乱，于是善念便就此被摧毁。

当个体和他内心的快乐被否定，意识形态就变得最为重要。于是，你和我就会变得仅仅作为追逐权力的爪牙而存在，而只要存有对权力的渴望，不论它是个人的还是集体的渴望，就必然会有流血和悲伤。

和平之路很简单。和平之路便是爱与真理之路。它始于个体本身。只要个体接受了他要为战争和暴力负责这个事实，和平就可以找到立足之地。一个人要想行得久远，就必须要从脚下做起，而第一步行动便是由内心开始。和平的根源并非存在于我们身外，而且人类的内心也归其自己保管。要想拥有和平，我们自身首先要和平。要终结暴力，每个人都必须自愿地将自己从暴力的根源中解脱。你必须使自己勤勉地完成自我转化的任务。我们的头脑和内心必须保持质朴、创造性的空灵以及善于观察的能力。只有这时，爱才会出现。只有爱才能够给这个世界带来和平，这个世界也只有在此时才会了解真实的福佑。

（孟买，由全印度广播电台倾情播放及发表的演讲，1948年4月3日）

PART 05

印度1948年

真理必须在当下认知

当存有处于同一层面并同时进行的交流,理解就会出现。倾听是一种艺术,不论是对于聆听一个问题还是对于倾听彼此来说。想要达到交流,就不可存有偏见、恐惧或抵抗。深入的、全然的专注是了悟的开始。民悟是即刻的,永远发生在当下的;它不是成长和时间的产物。当心灵枯萎,头脑就会被词语所充斥——而这并不是理解。真理永远只能于当下实现,而不是在未来实现。要接受真理,心灵必须是开敞而敏感的。没有人能够给予你真理;必定是由真理降临于你。若想要接受它,直接地认知它,就不可有任何抵御、卫护,不能有防御之围墙。

了悟随着对"当下实相"的觉察而到来。觉察到"当下实相",觉察到明显、真实之物,并不加任何诠释和翻译,这就是智慧的开端。当头脑背负着偏见、信仰,并被人为所做出的努力而扭曲,"当下实相"的真相就会与你擦身而过。如果你能精准地理解真实,那么冲突就会结束。若能做到时时刻刻都精准地觉察到某物为何,你就会摆脱冲突和混乱。这便是智慧的开端。若能理解"当下实相"的真实情况,你便可以将思想从时间的过程中解脱出来。时间是一种毁灭性的过程,它会制造出混乱。心理上的成为过程滋生了时间,而时间并不是问题的溶解剂。只有当你对"当下实相"不存有任何斥责和定位,你才能够理解"当下实相"。觉察到真实状态已经是理智的开端，而若是你没有觉察，并做出某些挣扎，这只能够滋生出习惯。

"当下实相"永远不是静止的；它永远处于运动中，永远在经历某些修正。所以要想追随它，你就必须要有一个非常机敏且无为的头脑。头脑必须摆脱结论、答案、信仰及知识，以便能够跟随上"当下实相"的迅捷脚步。了解了"当下实相"的真实情况，你便可以将其超越。

当前存有混乱与悲伤，存有个体的苦难和集体的苦难。这种苦难遍及每个角落。我们该怎样应对这个事实呢？我们该怎样理解它呢？你对这种苦难的反应是什么呢？从你的反应中，你就能够直接理解自己同这种与日俱增的混乱之间的关系。那些从这种苦难中获利的人——不论是物质利益还是心理利益——会有其特别的反应和行为，他们希望事物能够维持原貌。于是，处在这种苦难之中，有些人的反应是保护他们所拥有的事物，在不同层面寻求安全感；而另外一些人的反应则是趋向于立法、改革和外界的秩序，或是根据某个左翼或右翼的体制来解决问题，又或是找出一个政治上或宗教上的领袖、上师，来指引他们走出这种日益增加的痛苦。所有这些反应都是各种逃避问题的方法。于是逃避变得比问题本身重要得多；意识形态、上师、银行账户、心理安全感变得比悲伤重要得多。于是领袖、权威就比苦难本身更具意义；且组织、仪式承担了主导的重要性。于是最为重要的就是这些外物，而不是人类的苦难本身了。一旦意识形态和其所对应的权威——不论是右翼的还是左翼的，不论是宗教的还是世俗的——掌控了权力，那么人类，你，就会成为牺牲品。

那么，无论对于我们内心的世界还是外部世界来说，是什么原因导致了这种与日俱增的混乱及悲伤呢？你必须去发掘这个根源，而不是仅仅重复左翼或右翼的权威观念。你必须了解这个问题的真相，而不能去重复他人的言论，不论这个人有多么聪明，多么博学。在你亲自发现悲伤根源的真相的过程中，你就能够从悲伤中解脱，得到自由。真实可以给予你自由，而仅仅去重复他人的言论则是无知的表现。真实可以给予你自由，而你必须去发掘真实——理解这一点很重要。当感官价值处于主导地位，就会出现混乱；当头脑当中的价值掌控了永恒价值，就会出现悲伤；当头脑所编纂的事物充斥了心灵，就会出现迷惑。当双手或头脑制造的事物被赋予至高的重要性，那么就会出现冲突、混乱和悲伤。当物质价值主导，那么信仰和意识形态就会具有强大的影响力。我们试图从这种混乱之中逃脱，而正是对真实的追寻演变成了从"当下实相"中的逃离。那些寻求真实、努力找寻真理的人永远不会找到真实和真理；而在理解"当下实相"的过程中，真理就会出现。要达到了悟，就必须静止、安静地观察，就必须机敏、无为地觉察。

毁灭与生存形影相随。沮丧伴随着我们的诸多行为出现；混乱之潮总是笼罩着我们的生活；死亡也总是与我们相伴。虽然有些人已经将自己从混乱与悲伤中解脱，但是混乱和悲伤却仍在继续。每个人都必须将自己从这种混乱和悲伤中解脱出来，从而得到自由，因为只有此时，世界才会得到快乐与和平。这种自由不是来自于明天，而是来自于现在。时间不会带来理解；理解永远发生在当下。你必须于现在将自己从苦难中解脱出来，而不是寄期望于明天。期望明天就等同于将自己困在死亡和混乱之浪潮中。一旦你迟疑了，你就会陷入斗争和不幸的浪潮中。你必须于现在认知到真理，因为真理是自由的给予者，自由不是通过你所做的任何努力而得来的，也不是你对自由、快乐的渴望而换来的。

真理必须于当下来认知，这种认知不能被延迟；在延迟的时间里，你就会生产出混乱。只有真理才能带来创造性的革新——这是一种带来重生的革新。改变实际上是一种修正了的延续状态；左翼的改革其实是右翼的继续。但是这种创造性的革新并不是一种修正了的改变，而是连同改变也都一同抛却。仅仅是思想发生改变，从已知走向已知，不会有任何更新出现。这种革新只能发生于个体的身上。个体存在于关系之中。这种关系创造出了社会。社会并不是一个分割开来的实体,独立而存;社会是人与人之间的内部关系在外界的投射。仅仅是外界发生改变,而没有在心理活动的层面上发生根本性的转化,这样的改变其实意义甚微。

没有自知,就不会有正确思考和行为的基础。没有任何体制可以移植自知——即关于头脑和心灵运作方式的知识。体制可以、也确实修正、改变了人类的外部活动,但是人类一直根据其内部的需求来转化体制。知道我在同你的关系之中达到了悟,并由此带来根本性的转化之前,我都是冲突和混乱、毁灭及苦难、剥削和冷酷的根源。这种了悟并不存在于将来,而是永远存在于当下。如果你在未来、在明天寻找它的身影,那么你就会陷入混乱和死亡的浪潮之中。

当你具备了入胜的兴趣,就会拥有即刻的理解和行动。如果没有于现在发生的心理上的转化,那么它就会推迟到明天、将来才会到来。改变——这个修正了的延续体——将会随着明天的到来而发生,但这并不是根本性的转化。这种转化只有在现在才能发生,而不是在某段持续的状态或在时间中进行。因此,对于你——你是过去的结果,你的思想基于过去、昨天和时间——来说,怎样迈出时间的囚笼呢?当你达到了全然的理解状态,时间就会停止。这种非时间性的存在并不是一种幻象,也不是一种自我引诱的迷幻。当一个问题得到了彻底的理解,它就不会留有任何残余和回忆;回忆便是时间。自我,这个回忆的延续体滋生了时间——时间就是不停累积的过去。只有当每一问题出现时便能得到完全和深入的理解,你才能够从自我中摆脱出来,得到自由。

问:不论是出于何种原因,我生来就伴有某种脾性,伴有某种心理上和生理上的模式。这种模式变成了我生命中唯一的、也是最主要的因素。它绝对地控制着我。我在这种模式之中所拥有的自由非常有限,我大多数的反应和冲动都被严格地提前决定了。我能够打破这种基因因素的专制吗？

克：我们每个人都是父亲和母亲的产物，而他们同样也是其父母的结果。他们的信仰，他们的希望和恐惧，他们对安全感的渴望，他们的神明和寺庙，他们的知识及他们的迷信，他们的嫉妒和野心组成了社会的结构——也就是我们每个人所困于的这个环境。你是环境的一部分；你就是与当下毗邻着的过去之产物；你被困于某种心理和环境的影响之中。儿子经历过改变就成为了父亲。生存是过去经由当下通向未来的产物；它是时间的结果。你是过去的产物，被今天所修正，于是又创造出了明天。现在，这个提问者问，他能不能走出时间？他能够打破过去的模式而从中逃离吗？

当"当下实相"被诠释，那么思想就会滑入非真实的世界之中，滑入理论、假设和轻信之中。要理解"当下实相"是非常艰辛的。到底是什么限制了你呢？又是什么限制了你的思想呢？是什么创造了思想所困于其中的模式呢？难道不是思想本身吗？如果思想停止运作，那么这种模式也会相应被打破。思想是昨天、过去的产物；它根据昨天的模式回应每个永新的挑战。思想能够从昨日的负担中解脱吗？我们知道，只有当思维停止，思想才会得到自由。这种思想的停止并不是在逃避思想。

你们看起来很迷惑，都在等待我回答这个问题。但是答案就是问题本身。在理解"当下实相"的过程当中，你便会找到问题本身，也就是解决方法。正是在问题之中包含着对其自身的解决方法。如果你去寻找答案，那么你就不会理解这个问题。但是在探究问题本身的过程之中，如果你不急于寻求答案，那么问题就会终止。如果你去寻求答案，你会找到它没错，但是它其实是根据你的便利条件，根据你的满足感而存在的。

因此，问题就是：思想受到了限制，被固定在某个模式之中。思想根据过去来回应永新的挑战，由此便修改了新事物。思想这个昨日的产物，只能就昨日和时间来做出回应。当你问道："我怎样才能打破限制所带来的专制呢？"你其实是问了一个错误的问题。思想永远不可能是自由的；思想只知道延续，而不了解自由。自由是当思想消散时才会存在的。只有当延续的过程停止，才会有自由出现，而思想却是延续的动力。所以思想必须觉察到自身的限制性，并且要停止试图成为什么的念想。成为给予了思想以延续性，因此你便不会打破限制从而得到自由了。思想必须停止，自由才能够出现。当思想活跃运动，不论是积极地还是消极地，它都会产生限制，生出经过修改了的延续性。

思维能够停止吗？思维是什么呢？所谓的思维其实是回忆的反应。回忆便是经验的残余。当某种挑战出现，思想——这个昨日的产物——就会做出回应。永新的挑战遇到了陈旧的思想，于是新事物便不能得到完全的理解。这种不完整的经验留下了一种标志，我们称之为回忆。难道你没有注意到当你完全理解了某种体验，你就不会留有任何记忆吗？正是那些不完整的行为才会留下标记。这种记忆的回应就称作思维。能否存有这样一种状态，在其中记忆不会起到任何作用呢？当时间停止，就会出现这种状态。而只有这种状态才能够实现转化，才富有创造性。

（在孟买的第一次演讲，1948年1月18日）

无为地对待问题

要理解"当下实相"是很艰辛的过程，因为"当下实相"永远都不会是静止不变的，它处于恒常的运动之中。一个希望达到理解境地的头脑必须做到迅敏和柔韧。所有的问题都总是新的，所以头脑必须保持清新，才能够抓住问题的全部含义。每个危机都是新的，所以头脑必须卸下过去的包袱，从而全然地理解危机。

我们急需一种内在的革新，只有这种内在的革新才能给我们的生活及所处社会这些外部环境带来根本性的转化。如果没有这些持续的内在革新，所有的行为都会变得重复不已，裹足不前。这种行为就是社会。这种人与人之间的关系所带来的行为就是社会。因此，没有这种创新性的心理上的革新，社会就会越来越脆弱，于是也就会被不停打破。如果没有个体内部的心理上的转化，外界的革新也不会有任何意义。在社会的结构中，永远都存有腐败的种子，只有个体才能够永远处在恒久、且具创造性的革新之中。社会永远是静止的，希望只存于个体之中。而富有创造性和革新性的个体与永远静止的社会之间能否存有关系呢？不论是以任何方式实现的社会变革，它都永远是静止的，因为此间并没有发生任何个体内心的革新。没有个体心理上的革新，而仅仅是人类所处的外界结构有所改变，这样的改变就意义甚微。如果关系并不是内心革新的结果,那么这种社会结构所致的关系就会使得个体静止且重复。每个人都觉察到了关系及当代文明的社会结构中所存在的导致分裂的因素。

不需要任何专家来告诉我们这个明显的事实,也就是:这个社会在分裂、衰退。因此,必须有一个新的建筑者来创造一种新的社会秩序。而这种新结构必须建立在一个新的基础之上。这个新的建筑者并非那些左翼或右翼的政治家,也并非任何党派的专业人士。这个人必须是你和我,是个体。若是去求助于权威和领袖,那就等于是维持分裂。你和我必须通过自知来重新发掘那些持久的价值;这些永恒价值必须由每个人以全新的自己去发掘。

因此,你和我必须变得富有创造性,因为问题很是紧要。你我必须觉察到导致社会崩塌的根源,并且要建立起一个基于我们创造性理解的新结构。这种创造性的理解就是无为的思维,而无为的思维就是冥想的最高形式。要理解什么是创造性思维,我们必须无为地对待问题。积极有为地应对问题其实就是模仿,因此会导致分裂。因为了悟不会通过任何积极的体制、积极的准则或结论而得来,它是通过无为的理解才能够达到的境地。

导致社会不统一的根本原因之一就是:你,作为一个个体,从内到外都在模仿——在外部世界里你仅仅受到技术方面的培养,而在内心世界也由于恐惧和对安全感的渴望而在不停复制。我们的教育和宗教生活基于模仿,从而适应于某种准则,成为印度教徒或是基督教徒,穆斯林或是佛教徒。而这样一来就阻碍了创造性的存在。只要存有模仿,就必定会有"领袖"这个导致分裂的因素存在。只要存有对权威的崇拜,就必定会导致分离,它阻碍了创造性的理解。在创造所带来的快乐时光中,不存有任何重复和复制。只要存有严格管制和对权威的崇拜,就必定会有分裂及真实价值体系的崩溃。由崇拜一个权威换成崇拜另一个,这仍旧是处在冲突之中,于是也就不会有任何创造性的理解。

只要有"变成为"的过程存在，就必定会有复制和权威。"变得富有创造性"其实是承认了时间的过程。在成为的过程中，必定会存有权威、榜样、理想及明天。而在当下的存在中，时间就会停止，因此当下的存在便是一种即刻转化的状态。

问：您对饥饿这个问题的解决方法是什么呢？

克：对于任何人类所面临的问题来说，答案都存在于问题本身。答案从未跳出问题之外。如果我们能够理解问题本身，以及问题所有的意义，那么答案便会自然而然出现。但是，如果你对于所面临的问题怀有某种已经准备好的答案或准则，那么你就永远不会理解这个问题。因为答案、结论和准则干扰了你对问题的理解，从而扭曲了你对问题的理解。

纵观左翼或右翼体制所提供的任何解决方案，哪个能够终结饥饿这个问题呢？当我被问到我是否拥有某种解决这个问题的答案时，其实也就是在问我有没有一套可以终结饥饿的体制。那么有没有什么体制可以使饥饿终结呢？为什么体制会变得重要了呢？它们之所以变得重要，是因为我们认为体制可以解决问题。我们希望通过某种行为模式来解决这个问题。我们希望通过外界的强迫来满足人类的温饱需求。体制之所以变得重要，是因为每个人都认为通过立法，通过强迫，通过一些外界的行为，我们便可以使人类吃饱穿暖。

为什么食物、衣服、住所在人们的生活中变得如此至关重要？它们确实是人类的必需品，但为什么它们会演变成如此严重的问题呢？为什么双手或头脑制造出的事物在我们的生活中变得格外的重要呢？如果我们能够回答这个问题，也就是说，如果我们能够找到这个问题的真相，那么它们就会呈现出其真实的价值，于是也就不会变成我们生活中的主导影响力了。当体制变得重要，人类的衣食居住就会变得次要，于是我们就会为了维持某个体制而去杀害同胞，所以饥饿这个问题将仍旧继续。

无为地对待问题 307

如果我们不去求助于某个体制，而是转而理解问题本身的重要含义，那么我们就会找到能够带来正确结果的正确方法。

为什么你和我会赋予双手或头脑所制造的物质如此之大的重要性呢？我们将重要性赋予感官价值，因为我们将感官价值当做自我扩张的心理手段。物质本身意义甚微；但是如果物质能够给予你权力、地位、名誉等等，那么对你来说，物质就变得格外有意义了。因为它给予你权力和权威，于是你紧握住它不放，并且你在此基础上建立了一套破坏悲悯和慷慨的体制，并由此使得人们食不果腹。只要你和我还将物质、名义、信仰——这些都相当于不同层面的衣食居住——当做自我扩张的工具，那么就必定会出现饥饿，以及人与人之间的冲突。只要国家或群体将事物、衣服和住所当做获得权力的工具，饥饿就会继续。所以，体制不会为饥饿的问题提供某种解决方法；体制永远都是掌握在少数人的手里，因此体制就变得格外重要了。

只有当你我觉察到了我们正在将外物——即双手或头脑制造出的事物——用作自我扩张的工具，并看到了这种行为的谬误所在，我们同他人的关系之中才会有快乐存在。毕竟，将你的名字、头衔和财产全部拿去，你还是什么？你什么都不是。为了掩饰这种对一无是处的恐惧，于是对你来说物质、名义、家庭、观念变得最为重要。人类这种心理上的空虚必须得到理解，而不是将其掩盖；而要理解它，就必须摆脱渴望通过物质、家庭、观念来扩张自我的欲望。因此，这种关于饥饿的问题不仅仅是立法或强制的问题，更是一个心理问题。如果你看到了这个问题的真相，你就会通过满足于必不可少的所需品而将自我扩张的过程终结，也会因此为建立起一种新的社会秩序做出贡献。如果你未将主导性赋予感官价值，那么这个问题便可以简单地解决，由此科学家等人也就会满足我们所有人的衣食居住。但是因为他们本身也陷入了自我扩张的过程之中，于是他们所做的对于人类来说也就不是帮助了。因此，问题的解决方法就蕴含于你对这个自我扩张过程的理解之中，以及存于你是否理解了这种扩张过程在你和生活必需品之间的关系中扮演的是分裂角色这个事实。如果你真正了解了这点，就会发生一种内部的革新，从而创建出一个新的社会结构。

在理解"当下实相"的过程当中，真理就会出现。正是对真理的认识使得你获得自由，而不是那些看似聪明的体制或观念。观念会滋生出进一步的观念和对立，并无论如何也不会将快乐带给人类。只有当观念停止，真正的存在状态才会开始，这种存在状态就是即刻的转化，而且只有真理才能给予你这种状态。

问：您说我们甚至可以在沉睡中保持觉察状态。请解释一下这一点。

克：意识含有很多层面。它不仅仅是一个肤浅的层面。意识由诸多隐藏的意图、未揭示的动机、未解决的问题，以及惯性、记忆，还有过去对当下的影响，过去通过当下延续至未来等等因素所组成，所有这些——甚至是更多因素——组成了意识。这并不是某种理论，我们是在探究"当下实相"。这实际就是所谓的意识。诸多记忆的层面、许多我们称之为回忆的未解决的问题、极端的本能、毗邻与当下的过去——即生出未来的时间——所有这些都叫做意识。

现在，我们大多数的人都停留在意识的肤浅层面发挥作用。我看到你们有些人对现在所说的话题不感兴趣，那么就请把我所说的话仅仅当做一些无关紧要信息来听。但是，如果你能够更深入地走进这个问题，你就会发现我所说的其实都是事实。正如我说过的，我从未研习过任何宗教和心理学方面的书籍，我也并不是在运用任何心理学家的行话来演讲。如果一个人能够觉察自己，那么他就会发掘出所有这些事实，甚至是更宏大的事物。智慧的全部都存于人类个体本身。自知是冥想的开端，而没有自知，就不会有正确的思维。没有自知，就没有思想的基础。我们在探寻意识，你可以在我演讲的同时直接探寻它；要觉察，并体验，不要仅仅停留在口头层面。

正如我所说，我们大多数人都停留在意识的肤浅层面作用，因此我们维持着肤浅，而且我们的行为造成了更进一步的混乱和不幸。只有当意识的所有层面都得到全然、深入的理解——当然这并不是一个时间上的问题——我们才能够从悲伤之中解脱。

因为我们只在意识的肤浅层面内作用，自然而然，我们的行为就会制造出问题。这样的行为永远不会解决我们的问题。这些肤浅的层面永远都是滋生问题的温床。我们大多数人的日常活动都是处于这些经过培养的肤浅层面之上的回应。现在，当你遇到了问题，你就试图肤浅地解决它，为其忧虑、斗争，就像一只面对着骨头的小狗一般；然而，你却没有找到问题的正确解决方法。那么事实会发生什么呢？你带着这个问题入睡，当你醒来，你要么可以用一种新的方式看待它，要么已经解决了它。在这个过程中没有任何特别或神秘因素参与。这些意识的肤浅层面在白天思考这个问题，试图根据其紧要的需求和偏见来翻译问题。在所谓的沉睡之中，肤浅的意识稍微安静了，放松了，暂时处于非活跃的状态。此时，隐藏的意识将其暗示投射于肤浅层面之上，由此变成了解决方法。所以，当你醒来，当肤浅层面变得活跃，问题就会被重新审视，也由此得到了理解。这个过程并不是那些术士和解梦专家的专利；它是存于你日常生活中的明显事实，并且你自己就可以观察到这个事实。如果你对意识隐藏层面给出的暗示敞开心扉，肤浅层面便可以在白天也保持安静，问题也就可以得到直接的理解。

这个问题所包含的另一点就是关于来自意识隐藏层面的暗示。大多数人都生活在肤浅的存在之中，未曾觉察到那些浩大的隐藏资源，那些极具重要性的财富，以及那种极大的快乐和喜悦。由于我们在清醒时分未曾觉察到这些重要时刻，于是它们就会在我们入睡之时出现在我们梦中。由于意识的肤浅层面在清醒的时间里非常活跃，并且不接受隐藏层面所给出的暗示，于是这种暗示就衍生成为梦境。这些梦境需要诠释，于是专业的诠释者便会出现，并变得很重要。如果你能够一直、直接地接触意识的隐藏层面，那么就不需要任何诠释了。只有当头脑具备了思想与思想之间，以及行为与行为之间的间隔空间，这些才能够实现。

接下来，这个问题所包含的另一点是关于主观体验的，比如说同他人的交谈的体验，记忆词句的体验，记忆一些场景和各种活动的体验等。我不知道这种经历是否在你身上发生过：你在清醒的状态中，记得曾与某人进行过一场很长的交谈，你记得交谈时的词句，或是某个异常重要有力的词汇，你记得你曾和某个朋友、上师、导师进行过一场讨论等等。那么，所有这些主观活动或经验都是什么呢？所有这些难道不都是处于意识的领地之内，因此其实是意识的投射，而这种投射在清醒的状态下被解释成为一段对话，解释成一种来自某个导师等等的指导吗？但是这场讨论和导师仍旧处于意识的领地，因此不论是讨论也好，导师也罢，它们其实就是原本事实内容的投射，投射成为某个导师、某个词语、某个场景，并为这些投影赋上意义。

因此，处于意识领域之内的对某个事件的记忆依旧是思想的暗示或投影，所以便只能算作思想的产物，也便不是真实了。当思想停止运作、不再创造，真实才会出现。

这个问题所包含的另外一点是：在睡梦中是否有可能真实客观地遇到一个人。这个人是什么呢？很显然，这个人只是被辨识定位了的思想。你在睡梦中遇到的客观的人只是他的思想，由他投射而来，并由你将这种思想定位于他身上。你客观地遇到了这种辨识定位了的思想。你同时也是被辨识的思想，这种思想不断将自身投射。思想，就像一股浪潮一般，被加以定位，被赋予某个名称；思想就是你所客观遇到的事物，只不过在梦境中化身为人的形式而已。

但是，如果没有自知，所有这些解释便没有丝毫的意义。你或许会重复我所说的话，但是重复的话就是谎言；它仅仅是宣传，而不是真实。这些事情必须由你来亲自体验。意识的肤浅层面和深入层面之间的间隔很狭窄。由于我们大多数人都被清醒的意识所充斥，被意识所带来的忧虑、谋生行为、紧张的关系，以及对信仰的渴望所充斥——而所有这些都阻碍了你对深入层面的探究。你不能有意识地挖掘意识的深入层面，因为任何肤浅头脑所做出的行动都会成为揭示深层意识的阻碍。但是当有意识的头脑处于安静状态，那么隐藏的层面就会迅捷地将自己投射过来。当你处在这些隐藏层面给出暗示的安静时分，你就会拥有一种崭新的喜悦，达到一种新的理解境地。继而我们将这种喜悦、这种理解翻译成为即刻的行动；或者，我们希望这种喜悦可以重复。而这种对重复的渴望会阻碍进一步的暗示和进一步的喜悦。

重要的是要理解这一点：没有自知，就不可能有正确的思维，从而也不会出现正确的行为。这种对自己的认识并不限于意识的肤浅层面，而是指对意识整个过程的完全理解。这种理解不关乎时间。如果你心存理解的意向，那么认知就会随之而来，而这种意向的强弱程度取决于你是否真诚。无为而机敏的觉察会揭开意识的更深层面。对"当下实相"的发掘和体验会带来创造性的喜悦。在不加任何诠释地理解"当下实相"的过程中，真理就会出现，而正是这种真理可以给予你自由和喜悦。

问：您说对问题的全然觉察可以使我们从中解脱出来。觉察取决于兴趣。那么是什么创造了兴趣呢？是什么决定了一个人的喜恶呢？

克：要理解一个问题，在你自己和问题之间就一定不能受到任何提前结论或答案的干扰。因为我们的头脑充满了结论和关于各种回应的记忆，所以我们从未直接地与问题产生关系。我们不是在摘引宗教书籍，就是在引用领袖或上师的言论，而这样会阻碍对问题的全然理解。我们从未直接地同问题相关联。在我们与问题之间竖立了一扇屏障——摘引的屏障，结论的屏障，对你有利的答案所铸造的屏障——这都会阻碍你对问题整体意义的理解。因此，要直接地觉察一个问题是异常艰难的。现在，让我们体验一下这一点：如果你有一个问题，你对它的反应是怎样的呢？你本能的反应是去寻找一个答案。这种对解决方法的寻求意味着你在回避问题，而不是在理解问题。当你觉察到了你是在寻求答案，而不是在理解问题之时，那么你就会放弃对答案的寻求，于是便能够直接地面对问题了。当你由此直接跟问题面对面，你便能够开始觉察问题的全部意义了，于是问题就会产出其全部内容，也便由此烟消云散了。要全然理解一个问题，就要觉察到你逃避的行为。这些逃避的行为有多种形式——对解决方法的渴望，对权威的接受，作为结论的回忆等等——而如果你没有觉察到它们，那么你就会将重点放置在逃避之上，而不是放在问题本身了。

其实，每个问题都是一个崭新的问题，都是一个全新的挑战。生活就是一个挑战与回应的过程。这种挑战是永新的；但是回应却永远受到制约和限制，而且你也总是将挑战按照陈旧的套路来翻译，因此，你永远都不会完全理解问题或挑战。我们在严重危机的时刻遇到的都是全新的挑战。

对问题的兴趣要么是受到了某种激发，要么就是问题本身非常紧要，要求这种兴趣存在。如果这种兴趣是通过某些影响而产生的，那么它不久就会淡去。没有任何真实的事物是你能够通过影响，通过激发来辨明的。一旦你受到影响，那么这就意味着你的行为失去了柔韧性。一个受到了影响之人不久便会丢掉其自身体验和理解的完整性。只要做到认真诚挚，就会拥有兴趣，而这种兴趣并不是由情绪而决定的。认真并不是可以培养出的特质。当你内心出现了悲伤，但又并未逃避它，这就是认真。如果你对理解悲伤不感兴趣，那么仅仅是激发或是影响并不能带来持久

无为地对待问题　313

的效能。激发和影响会很快使头脑倦怠，从而钝化、浪费了头脑。

是什么使我们冷漠呢？为什么在我们的行为中，并未存有充满生机、且又极富意义的兴趣呢？难道不是因为我们的头脑涣散了吗？电影、上师、寺院和酒精帮助我们回避我们生活中的强度和目的性方向。它们其实都是分心，而分心不可避免会钝化头脑。上师和酒精虽然能够暂时激励我们，但他们会破坏头脑的迅敏和柔韧。因为你渴望满足感，而不是渴望理解，于是你就去追求分心，而这种分心必定会导致头脑的倦怠。我们大多数人都没有对悲伤敞开心扉——我们总是逃避悲伤。处在不满足的境地中，我们总试图从不满足中逃脱。因此，思想本身就变成了一种分心。

重要的是要找出为什么我们每个人都是如此冷漠或如此肤浅。为什么人会陷入这种苦难之网呢？你对痛苦，对浩然的天空，对飞过的鸟儿，对我们关系中的裂缝麻木、不敏感，而答案就存于你亲自辨明导致这种麻木和不敏感之原因的过程中。敏感就是善于感受，只有在这种敏感的状态中，理解才能够到来。

（在孟买的第二次演讲，1948 年 1 月 25 日）

仅是外界的转化不会给你带来任何快乐

问：最终导致圣雄甘地之死的真正原因是什么呢？

克：你必定是将这个问题看成了一种个人损失，要么就是将它当做了发生在世界危机之中的事件之一。如果它是一种个人损失，那么你就必须理解这个问题的意义。大多数人都有拿更宏大的事物来定位自己的倾向，不论这个更宏大的事物是一个人物，是一个民族，还是一种观念。这种想要拿某个人物或某个观念来定位的渴望其实表明了你本身存在的匮乏性。一旦这个人物身上发生了什么事，这种以他为基准的定位就会给你带来一种个人的损失感。同样，当你根据某个民族或群体来定位自己，一旦这个民族被征服或是成为了征服者，你就会心生沮丧，或得意洋洋。这种想要定位、辨识的欲望确实存在，因为你的内心空虚、浅陋，并无任何实质，而通过拿某个国家、领袖、群体来定位自己，你就会"成为"些什么，你就会算"是"什么了。这种定位导致了极端的机械和冷酷。如果你拿某个人物、某群人来定位你自己，那么你就会受牵连于任一发生在这个人或这群人身上的灾难。这种定位同时也导致了剥削。

是什么原因导致了这次暗杀呢？其实每个人都要为当代世界所发生的种种负责。当今时代所发生的各种事件并不是毫无关系的，它们其实都相互关联。这场谋杀的真正原因其实存在于你自己身上。真正的根源就是你。因为你主张地方自治主义，你鼓励暴力、分裂、等级制度、意识形态的精神。很显然，你要为此负责，而仅仅指责那个谋杀者是愚蠢的表现。因为完全是你促就了谋杀者。

对于由几个不同群体组成的所谓的民族，其中每个群体都在寻求权力、地位和权威——这是不可避免的态势。于是，它所造成的死亡就注定不是一个人的，而是成千上万人的死亡。同样，有组织的宗教及其教条和信仰也会不可避免地造成冲突与混乱。当信仰变得比情感更强大，那么人与人之间便有了敌对——比如说对意识形态或爱国主义等等的信仰。我们每个人在以多少不同的方式来将自己同他人隔离啊！这种隔离是导致斗争和苦难的真正原因。

这场暗杀表明了当今世界形势的发展趋势。用错误的手段来追求正确的目的被认为是正当的；为了世界和平而采取的残忍手段受到了道德上的鼓励；战争被合理化，因为我们认为它会带来和平。对邪恶的合理化变成了必须，由此导致了前所未有的人与人之间关系的危机。当下所做出的这种牺牲从另一方面表明了人对人的残酷无情。这种以牺牲当代人的生命为代价换取未来的乌托邦的行为从另一方面表明了：当意识形态被拿来作为人们定位的根据，随之而来的就会是极端的残酷冷漠。这种牺牲当下来换取未来的行为其实换取的只是黑暗，因为未来是不确定的，因此是不能够被预测的。"为了拯救人类，就必须杀害人类"，这是最大的骗局。为了未来的安全，你当下的安全被否定。毫无疑问，只有在当下才存有理解，理解并不存在于未来。理解只发生在现在，而不是发生在明天。

对邪恶的合理化和为了不可预测的未来而对当下的牺牲是导致这种特别世界危机的两种趋向。这两种趋向难道没有阻碍人与人之间的爱吗？没有爱，任何问题都不能得到解决。没有爱，当前的混乱状态就不会得到转化。对理智的崇拜不能给我们的苦难带来任何解决方法，只有爱与感情才能够给人类带来快乐。当理智变得至高无上，心灵就会空空如也。于是你就会用理智上的种种来填充心灵，也便由此默许了为了获胜而出现的狡猾和残酷，欺骗和敌对。

由于你要为世界危机，以及在这个危机之中所发生的各种事件负责，所以你必须要彻底地将自己转化。为了这种转化，你必须觉察到自己思想、感觉和行为的方式。通过这种觉察，你便会心生诚挚和认真的意向。仅仅是外界的转化并不会给你带来任何快乐。只有当你内心之中发生了革新，发生一种心理上的转化，你，以及这个世界才能够得到和平与快乐。

问：*我们能够即刻意识到你所说这些词句的真谛，而不加任何事先的准备吗？*

克：将这个问题换一种说法，也就是：你能直接、立即地理解一个问题吗？领悟了"当下实相"的状态中，真理便会出现。是真理给予你自由，而不是仅仅对问题的分析，也不是单纯对导致问题原因的找寻。

生活就是一系列挑战和回应，不是吗？如果你对某个挑战的回应是受限的，那么这个挑战就不会得到理解，因此就会留下其标记和残余，这样一来，便会进一步增强限制。因此，就会不断出现残留的回忆、积累、疤痕，而这都会阻碍对新事物的理解。问题在于：一个人是否能够非常全然地理解某个问题，从而不留下任何残留的回忆？因为正是回忆阻碍了对真理的理解。为了真理能够到来，头脑必须摆脱昨日的疤痕。因为每个问题都是全新的，因此，只有一个清新的、没有任何疤痕的头脑才能够理解它。比如说，你昨天遇到的一个问题，在今天其实就已经发生了改变；于是当你今天再面对这个问题，你的头脑就必须同样经历过一次转化，才能够全新地面对它。因此，要理解一个问题的真谛，你必须以全新的面貌接近它，抹去所有昨日留下的疤痕。要从昨日的记忆中解脱，每个体验都必须得到完全的理解。正是不完全的体验才会留下回忆，而碍于这些回忆所铸造的屏障,你就不可能理解全新的事物。

当头脑不再在你自己和问题之间插置各种逃避的屏障——比如说想要得到一个令人慰藉的答案,一个令人满意的结论,或是一个想要重复的意向——那么你便可以立即理解问题,也会由此直接看到真理。当头脑卸下昨日的负担并保持安静,理解便会自然而然地到来。这种安静不是强迫而来的,也不是规制、练习而得来的。当你直接与问题本身相关联,这种安静便会出现。

要认知真理不需要做任何准备。准备便意味着时间,而时间并不是理解真理的途径。时间是延续性的,而真理是时间所不能够衡量的。理解是非延续性的;理解发生在每个时间点。理解不是渐进的。这种开敞的特质正是即刻的理解所需要的,因为你已被理论、恐惧和结论遮蔽了心灵。也只有这样,才会出现真正的交流。只有当头脑和心灵都开敞无阻,真理才能出现。

问:甘地在今天还继续存在吗?

克:你想要了解延续的真相。这个间接对甘地是否延续的质疑其实是在质询你自身的延续性。或许你们大多数人都相信转世轮回和延续。因此,你的信仰阻碍了你寻找这个问题真相的脚步。我们会亲身体验,来直接找到这个问题的真相,就在现在,而不是明天。要想发觉延续这个问题的真相,你必须将你的信仰统统抛掉。即使你或许可以证明延续的存在,但这些证据仍旧是属于思想的范畴;别忘了头脑可以编造事实,欺骗自己。因此,要寻得这个挑战的真实面貌,你就必须全新地接近它,带着一个没有任何负担的头脑来面对它。为了真理能够出现,所有这些阻碍头脑的因素——也就是头脑所创造出的事物都必须被放置一旁。当头脑被焦虑、希望及对延续的渴望这样的阴霾所遮蔽,它就失去了理解的能力。要达到了悟,你就必须于现在觉察到这些各式各样的阻碍头脑接收真理的绊脚石。

那么，延续到底是什么呢？延续可以指精神实体的延续，或是指记忆的延续。你要么是一个精神实体，要么仅仅是一束回忆。这种回忆通过体验来将自己延续。如果你是一个精神实体，那么这个实体是非时间性的，也因此并无延续可言；这种实体并未陷入过去、当下以及未来之网中，因为真实的、精神上的事物并不能被思考，也不能被规划，也不会陷入时间之网中。它不会进化，也不会进步或增长；它不会步入成为的过程。由于你总是就成为和延续进行思考，所以你并不是一个精神实体。如果你是一个精神实体，那么死亡和生命就是同一回事了。此时你就会得到不朽。如果你是一个精神实体，那么你就不会考虑死亡，不会考虑成为什么，也不会存在种种复杂的获取行为和嫉妒了。然而，因为你确实在考虑这些东西，所以你或许不能够再诡辩称自己是一个精神实体了，因为精神实体就意味着一种时间不复存在的状态。由于你渴望延续，你考虑死亡，所以你并不是精神实体。

所以，我们可以将"你是一个精神实体"这个信念放置一旁，来考虑对延续的欲望这个问题。什么是延续？很显然，延续就是拿物质、名义、关系及观念来定位的记忆。如果你没有关于昨天的记忆，那么所有事物都会意义甚微了。你在寻求延续，而且通过物质、家庭、观念来建立这种延续。这种延续其实就是自我，就是我。你想要了解这个自我是否在延续。那么，这种自我是什么呢？难道不就是一个名字,是某些特质，是你的银行账户(如果你有的话)、你的地位、你的性格、你的特征等等吗？所有这些都是回忆，不是吗？我所说的都是事实存在的情况，而不是在谈论某些理论和假说。我们必须了解这个问题的真实情况，因为正是真实才能够给予我们自由，而不是那些关于延续的理论和解释。

是什么导致了延续？很显然，是定位了的回忆。这种回忆是怎样形成的呢？认知、接触、感觉、欲望和定位；由这种过程衍生出了自我和我的这种观念。你看到一辆汽车,对其认知,然后接触它,从而产生感觉,于是便有了想要得到它的欲望。所以,自我是回忆的残余。不论这种回忆或许怎样已将自己分成高等自我和低等自我,这种划分也始终属于回忆的范畴,于是便不是真实。回忆是不完整的理解。你难道没有注意过:当你完全、彻底地理解某事的时候,对它的记忆就会逐渐褪去吗?

爱不是回忆,不是一种存在状态,也不是一种延续。当有了感觉和回忆,才会出现延续,而感觉和回忆并不是爱。因此,延续就是记忆。通过辨识定位,各种分裂和破碎的回忆便被赋予了延续性。

更新会通过延续而出现吗?自我通过记忆的衔接而延续,自我也将自身以高低划分。这整个辨识定位的过程就是自我在通过记忆而延续。那么,这种延续会带来更新吗?延续会带来对真理的理解吗?肯定不能。那些所延续之物并无更新而言。那些昨日之物,虽然在今天得到修饰,但仍旧不可能是新鲜的、崭新的。记忆只可能更新自己,而这种由记忆而来的更新并不是一种新生事物的更新。因此,记忆的延续并不是一种更新。只有当终点出现,才会有更新的存在。只有当昨日死去,当定位了的回忆死去,才会出现新生。很显然,只要有定位的回忆存在,你就会延续,而在这种延续之中并无任何更新。

记忆是时间的产物,而时间并不能带来非时间性的永恒。若想要真实出现,那么就必须有死亡和终点——如获取行为的死亡,回忆的死亡。当思想被定位,就会有延续出现,而这种延续永远不可能对真实敞开大门。只有当时时刻刻都存有死亡,存有一种心理记忆的终结,更新、重生才能实现。而通过时间的过程,通过定位了的回忆,真实永远都不会到来。只有当思想这个时间的产物停止运作,才会有真实出现。

(在孟买的第三次演讲,1948 年 2 月 1 日)

只有当思考者消失，真实才会出现

观念不会给世界带来转化。观念只会创造出更多反对或接受的观念，而这将不可避免制造出分裂的群体，带来冲突和苦难。观念不可能从根本上改变人类。它们只会影响人们的表面生活，修正人们的行为和他们的外部关系，但并不能彻底转变人的存在。人们要么反对观念，要么接受观念，由此将自己孤立——这只会制造出更多敌对和斗争。只有"是"的状态才能够带来根本性的转化。这种"是"的状态不是一种观念，也不仅仅是一个准则，当作为观念的思想终止，这种状态便会出现。

头脑并不能够解决我们人类的问题。头脑可以发明出理论、体系、观念；它可以产生不同的行为模式；它可以组织现有的存在物；它可以发明和规划。但头脑并不能够解决人类的问题，因为头脑本身就是问题，这个问题并不是它本身投射在外界的问题。头脑本身变成了问题，而且它所编纂的事物进一步将生活复杂化，并导致冲突和苦难。拿一种观念替代另一种，或是改变观念，这都不能将思考者转化。

所以说，思考者自身变成了问题。思想可以被修正、改变；但是思考者却依旧与思想分离而存。其实思考者便是思想。它们不是分离的，它们是一种共同现象，并不是两个分离的过程。思考者根据环境，通过操控、修正、改变思想从而保护他自己。其实画面并没有改变，改变的只是画框,可问题其实是画面,而不是画框。思想不是问题,问题在于思考者。这种对思想的修正和改变其实是思考者所为的一种聪明的欺骗,这种行为将他自身引入了妄念和无止境的误解与冲突之中。因此,只有当思考者消失,才会出现"是"的状态,并且只有这种"是"的状态才能够带来彻底的转化。

观念并不能将人类转化——理解这一点非常重要;对思想的修改并不能带来彻底的革新。只有当思考者走向终点,才会发生彻底的革新。你在什么时候拥有过创造性时刻,体会到美和喜悦的感觉呢?只有当思考者离席,当思想的过程停止之时。到了那时,在两种思想的间隙之间,就会出现创造性的喜悦。只有"是"的状态才能够带来转化。

怎样终结思考者是我们的下一个问题,但是这个问题本身就是谬误。因为,这仍旧是思考者提出的问题,于是便由此延续了他自己。只有当思考者觉察到他的活动,思考者才能够终止存在。在大美的面前,或是在极度悲伤的时刻,思考者都会暂时抽离,而在这期间,就会出现无限的快乐和喜悦这样非同寻常的感觉。正是这种创造性的时刻会带来持久的革新。正是这种"是"的状态——在其中思考者不复存在——才能够造就新生。在思考者离席的安静时刻,真实便会到来。

问:一个人能够爱真理而不爱人类吗?能够爱人类而不爱真理吗?真理和人类,哪个居于首位呢?

克:爱居于首位。要爱真理,你必须了解真理。了解真理就等于否定真理。因为已知的就不是真实的。已知被装在时间的箱子里,于是便不再是真理。真理是一种永恒的运动,也因此不能够拿词汇或时间来衡量。它不能够被握在手心里。你不能够去爱一些你不了解的事物。然而真理并不是能够在书籍、在某种意象或是寺院中找得到的。你只有在行动中、在生活中才能找到真理。

对未知的追寻本身就是爱，并且你不能够离开关系来寻求未知。你也不能够处在孤立中来寻求真实，或是寻求任何你想要的东西。只有在关系中，只有当人与人之间建立了正确的关系之时，真实才会出现。因此，人类之爱其实就是对真实的追寻。而只有在关系之中，我才开始了解我自己。

关系是一面镜子，在其中我们可以发现真正的自己，而不是更高形式的自我。我们发现的是我们自身整体运作的过程。不论是高层自我还是低层自我，都始终不外乎头脑的范畴。如果没有理解头脑，没有理解思考者，那么就不可能超越思想，进而为真实敞开大门。因此，在关系中对自我的理解是真正生活的开端。我不知道如何去爱你——而我却又源自你的关系之中。我怎样能够寻求真实，而又由此热爱真实呢？我不能离开你而存在。我不能够孤立而存。在你与我的关系中，我开始了解我自己，而对我自己的理解便是智慧的开端。

对真实的追寻就是处于关系之中的爱。要爱你，我必须了解你；我必须接受你所有的情绪、改变，而不是仅仅将自己圈附在我的野心、追求和欲望当中。没有你，我就不能生存。如果我不理解这种关系，那么我怎么会心怀有爱呢？没有爱，就不会有追寻。

说到人必须要爱真理，必须要了解真理，那么我想问一下，你了解真理吗？你了解真实是什么吗？你知道上帝是什么吗？知晓便意味着将客体锁在记忆的箱子里。已知之物属于时间的范畴，因此已知便不再是真理。一颗干枯的心灵怎么能够了解真理呢？当然不能。

真理并非存在于远处。它离我们很近，只是我们不知道怎样寻得它而已。要对真理敞开大门，你就必须理解关系，不仅仅只是理解你与他人的关系，还要领悟你与自然，你与观念之间的关系。想要理解，就必须有通畅的交流，也就不能够出现任何孤立的过程，出现任何克制和保留。要领悟，就必须有爱；没有爱，就不可能有领悟。

所以，居于首位的既不是人类，也不是真理，而是爱。只有在对关系的领悟中，爱才会出现。真理并不是能够邀请而来的，它必须自己向你走来。要寻求真理，就是在否定真理。当你敞开心扉，当你完全没有任何阻碍，当头脑不再创造，真理便会自然而然地向你走来。当头脑安静时，真理才会出现。这种安静不是强制、重复或是集中意念的结果。想要诱导出安静其实就是在寻求一种奖赏，而真理并不是一种奖赏。只要出现对奖赏的寻求和对痛苦的回避，真理就不会存在。

问：您不可能单凭现在您所做的这些来建立一个新的世界。很显然，辛勤培养几个被选中的学徒这种方法不会给人类带来任何不同。毫无疑问，您将会作为克里希那，同佛陀、基督、穆罕默德和甘地一样留名于史册。但是他们并没有改变这个世界；而您也不会，除非您发现了解决这个问题的一种全新的途径。

克：一小部分人确实将自己从混乱、冲突和悲伤中解脱出来了，但是绝大多数还被困在时间和悲伤之网中。有没有可能每一个人都能够冲破这片织网，从而得到自由呢？如果他们没有得到自由，那么毁灭和混乱之浪潮就会一直控制着人们的生活。这个提问者说道，过去的老师们并未使大多数的人类得到自由。因为他们本身就不自由，因此毁灭的浪潮和生活的波涛一直混淆在一起。提问者希望知道是否存有一种全新的处理这个问题的方法。

苦难的浪潮要比快乐的波涛强大；而如果每一个人都未能清醒，那么毁灭之浪就会更加强大，因此人类也便永远摆脱不了斗争和痛苦的命运了。问题是：有没有可能每个人都走出这个斗争和痛苦之网，走出这个时间之网呢？在座的各位，你们能够立即使自己从悲伤之中解脱吗？如果你们能的话，你们就有能力帮助其他人立即实现自身的转化。如果你认为你可以"变得"从悲伤中解脱，那么你就永远不会自由，因为"成为"是这股毁灭之浪的一部分。你要么现在理解,要么永远都不会理解。现在永远处于当下,而当下并无时间可言。当下也就是明天。将现在延迟到明天,这并不是当下,你得来的将会是毁灭的浪潮。

只要你还考虑着"成为"什么或是明天"是"什么,那么你便开启了冲突和痛苦的过程。混乱之所以存在,是因为你在考虑"成为"什么。这种"成为"可以停止吗?只有这种"成为"停止,才会出现彻底的转化。"成为"是一个时间的过程,而"是"的存在状态并不受时间制约。只要心理上出现时间的过程,那么就必定会同时出现毁灭和苦难的浪潮。只有在"是"的存在状态中——而不是在"成为"的过程里——才会发生真正的转化。只有在终点之上——而不是在延续中——才会出现更新。因此,我们每一个人都能够停止思考"成为"的过程吗?我说你做不到这点。只有当你具备深切的兴趣,当你的思想过程完全停止,你才会做到这一点。

是思考者一直在努力"成为"。他是时间的创造者。只有当思考者不复存在,"是"的存在状态才会出现。只有当你将你的头脑和心灵完全交付于理解,真理才会出现——而只有真理能够将你从悲伤中解脱出来。也只有此时,才会出现彻底的转化。你可以从河中的任意一点走上岸。"成为"之河便是毁灭和悲伤。当你理解了时间的过程,"成为"之河才会停止流淌。但是,若想要理解,你就必须交付出你的心灵和头脑。

问:当我听您演讲的时候,所有的事情都好像明晰了,并且都是新鲜的。而回到家中,腐朽、晦暗便又蹦了出来,不得安宁。我这是怎么了呢?

克:生存就是挑战和回应。挑战总是新的,而回应永远都是陈旧的。你昨天遇到了我,但是从昨天开始,我已经发生了改变;你所拥有的只是我昨天的画面;所以,我便被陈旧所侵蚀同化。你并没有重新遇到我。

你拥有的只是关于我的昨天的画面。因此,你对挑战的回应永远是受限的。当你听我演说的时候,你暂时忘掉了你所有的焦虑,忘掉了你的斗争和痛苦。你安静地听着,试图去理解。但是,当你从这里离开,你就又回到陈旧的生活模式和行为模式里了。新鲜一直不停地在被陈旧所侵蚀——陈旧的习惯、习俗、回忆和观念等等。

所以,问题是怎样将思想从陈旧中、从昨天解脱出来,进而能够持续地生活在新鲜中。为什么我们从来都不曾重新遇到过崭新呢?为什么陈旧会侵蚀新鲜,并且会修改新鲜呢?难道不是因为思考者一直都是陈旧的吗?你的思想难道不是建立在过去的基础之上吗?当你的思想遇到了新鲜,就等于过去在面对当下,面对现在。昨天的体验,死去的记忆,正在面对鲜活的新生物。所以,对于头脑、包括思想者来说,要怎样才能将自己解脱呢?这种心理上的累积怎样才能终结呢?如果没有摆脱残余的经历,就不可能遇到全新的事物。要将思想——也就是昨日的产物——解放是异常艰难的,因为信仰、传统和教育都是模仿的过程,并建立起了记忆的仓库。这种记忆不停地在做出回应。这种回应被我们称之为思考。因此,思想永远都不能和崭新相遇。思想是不完全体验的产物。只有当你完整地去体验,不留下任何标记,思想作为一种记忆的回应才会停止运作。

爱不是记忆,爱也不是思想的过程。它是一种"是"的存在状态。爱是永新的。要为思想和感觉带来革新,你应该刹那相续地思考出每种思想和感觉。你必须完全理解每一次回应,而不是随便地看看,就扔在一旁了事。当你从头至尾都能够思考感觉出每种思想和感受,你就会从累积的回忆中解脱出来。在这个终点之上,便会有更新的到来。在这个终点和下个思想出现之间存有一种间隙。在这个安静的空间里,创造性便会出现。如果你愿意体验你的思想和感觉,你就会发现这种体验在你日常生活中的实用性。你会亲自发现这种创造性的间隙,它不属于任何理论或宗教——它是直接的体验。而如果你紧握住这种体验不放,那么它就不再是崭新、永恒的了。这种创造性便是快乐。

一个快乐的人从不会考虑他是富有还是贫穷,他属于社会的哪个阶层,或是属于哪个国家。他没有领袖,不去任何寺庙,也不相信任何能为之带来希望或消除恐惧的神明,因此他便生活在和平之中,不会导致任何敌对。你并不具备创造性,原因我已经解释过了,所以你在意识的不同层面都是反社会的,因此你滋生了斗争、混乱和敌对。要在你的关系之中有所用、有所为,你就必须要快乐。而如果没有终点,就不会快乐。在延续、成为之中不可能有快乐。而在终点之上,就会出现一种重生、新鲜、喜悦和极乐。在成为之中只会有腐朽、斗争和痛苦。

问:您从未提到过上帝。他在您的言论中没有一席之地吗?

克:你会就上帝谈论很多,不是吗?你的书上满是上帝,你为他建立教堂、寺院,为他举行仪式。这种对上帝的寻求只能表明你的追求很肤浅。虽然你重复着上帝这个词,但你的作为却不是上帝式的,不是吗?虽然你崇拜上帝,但是你的行为方式却不具备上帝的特点。虽然你口口声声说到上帝,但是你却在剥削他人;而且如果你变得越富有,你就会建起越多的寺院。所以,你熟悉的只是"上帝"这个单词。但是这个单词并不是上帝,单词并不是事物本身。

若想找到真实,所有头脑的口头话语都必须停止。代表真实的意象必须消失,真实才会出现。为了真实能够到来,意象和寺院都必须停止存在。为了未知能够出现,头脑必须抛却其装载的内容——即已知。要追寻上帝,你必须了解上帝。了解你在追求什么并不等于了解上帝。那种促使你去追求的回应生于记忆,所以你所追求的东西是已经被创造出来的。而创造出来的便不是永恒的,它是头脑的产物。

如果世上没有书籍,没有上师、仪式,也没有其他形式的逃避,那么你所知道的所有事情便只剩下悲伤，和昙花一现的快乐。到了那时，你便会希望了解导致悲伤的原因，你也就不会通过幻想出的假象而逃避了。或许你发明了上帝和其他事物，但是如果你确实希望找到痛苦的前因后果，那么你就不会逃避，你也不会沉迷于任何嗜好，到那时，你也就会直面"当下实相"了。只有在此时，你才能找到真实是什么。

一个处在悲伤之中的人不能够找到真实。他必须从悲伤中解脱，才能够找到真实。你不能去思考未知。你所思考的已经是为你所知的。你只能思考已知。思想从已知移向已知，从安全走向安全，但是已知并不是真实。

所以，当你思考上帝，你其实是在思考已知，而已知之物则处在时间之网中。只有当头脑停止创造，当头脑保持安静，真实才会出现。这种安静并不是强迫、规制或自我催眠而来的。只有当所有的问题都已停止——正如池塘的水面由于微风的停止而变得平静一般——这样的安静才会出现。因此，当焦虑之人、当思考者停止运作，头脑便会变得安静。为了使思考者消失，你必须思考出所有他所制造的思想。为了抵制思想而竖立起一道屏障，这将是徒劳的。你必须感觉出、并理解每种思想。当头脑静止，那么不能用语言所形容的真实便会出现。你不能够去邀请真实，邀请它便意味着你了解它，而已经了解的便不是真实。头脑必须保持质朴，卸下所有的观念和信仰。要想使真实出现，就不要去寻求它，而是要去理解导致头脑和心灵焦虑不安的根源。当问题的制造者不复存在，那么平静就会出现。在这种平静中，真实的福佑便会降临。

（在孟买的第四次演讲，1948 年 2 月 8 日）

应对悲伤涉及三个方面

在我们的生活中，有那么多的悲伤，却有如此之少的快乐。当有快乐存在，像权力、地位、成就这样的问题就会消失。当有快乐存在，为了成为而做出的努力就会停止，而且人与人之间的划分也会由此终结。当有了快乐，所有的冲突都会不复存在。快乐只会随着理智的最高形式才能出现。所谓理智就是理解悲伤，它并不是悲伤的结果。我们知道悲伤一直与我们相随，永远在增加，从无止境。我们了解很多以不同形式出现的悲伤，包括身体上的和心理上的悲伤。

我们知道那些可以控制身体痛苦的药方，但是，心理上的痛苦却要复杂得多，而去寻求解决这种痛苦的药方就是在逃避对这种痛苦的理解。只有理解这种痛苦才能将其消除。心理上的痛苦更为复杂，所以理解它便需要更强的注意力，更为深入的洞察，以及更为广泛的体验。无论悲伤以何种形式出现，处在何种层面，它仍旧是痛苦不堪的。

痛苦能够通过努力、通过思想的运作过程而消除吗？身体上的痛苦可以由某种思想过程来解决，而心理上所遭受的折磨——焦虑、沮丧、数不清的疼痛——它们能够通过努力、通过思想来转化吗？所以，什么是痛苦？什么是努力？什么是思想？如果你能够直接地理解这个问题，那么你就会消灭这种疼痛，消除这种焦灼的孤独和痛苦。

什么是痛苦？难道不是想要成为的欲望，以及这种欲望所带来的各种各样导致冲突和分裂的行动及沮丧吗？这种想要成为的欲望，不论是消极的还是积极的，它其实都是悲伤。

努力——这种意念的行为——会将悲伤终结吗？当出现了沮丧，我们便试图去克服它，试着与其斗争。这种不同程度、以各种积极或消极形式出现的积极行为就是我们所说的努力。当出现了想要改变"当下实相"的渴望，努力就会存在或产生。改变就是修正了的延续。我本是这样，而我希望变成那样——即我存在现状的对立面，但是这个对立面仍旧是我以一个不同形式的延续。因此，攫取对立面的过程——其中永远有努力存在——其实就是"当下实相"的修正了的延续。变得不贪婪其实是贪婪的修正了的延续，只是换了一个不一样的名称而已，它仍旧是贪婪。追求对立面就是成为的暗示，而成为就是悲伤的根源。

思考的过程能够终结悲伤吗？什么是思考？思考就是记忆的回应。如果没有记忆，就不会有思考。记忆是不完整的体验、不完全的理解之残余。只有不完整的体验才会留下它们的记号，这种记号就叫做回忆。因此，痛苦并不是通过记忆来解决的。在应对悲伤的过程中，涉及三个方面，即：思想、记忆和努力。正如我刚才已经指出的，思想不能够解决悲伤。能够带来快乐的那些事物并不是努力的结果，因为快乐并不是一种结果。快乐是自发的，不是你邀请得来的。如果你通过摆脱悲伤来寻求快乐，那么你就不会理解悲伤。当你试图通过思想过程来解决悲伤，那么你就会制造出另一种处于不同层面的悲伤问题。当你利用努力来克服悲伤，你就创造了二元，创造了对立；而对立永远都会进一步制造出对立。

什么可以将悲伤终结呢？只有当你变得能够觉察到思想、记忆、努力的过程，你才可能理解悲伤。当你觉察了，你就既不会再斥责，也不会去辩护。斥责、辩护或辨识都会制造出理解的障碍。当这种辩护和斥责消除，你便能够觉察、认知，于是机敏的无为也会随之而来。在这种觉察当中，悲伤便能够终结。

问：您说爱是贞洁的。那么这意味着爱就是要禁欲吗？

克：理解任何问题都一定不可抱有任何进攻性或防御性的反应。你必须不加偏见、不受任何传统或信仰束缚地去探寻。当头脑受到束缚，它就会被系于某种态度，由此便不能够自由地发掘真实之物了。如果你被锚定在某个信仰的港湾或是被固定在某个偏见之上，那么你就永远不会找到任何问题的真相了。所以，让我们一同来探寻，不要被固定在任何结论之上——这本身就是一个艰苦的任务。要谨记偏见会造成扭曲。

这个问题包含着性这个复杂的问题。宗教、上师和传统都斥责了性，因为据说性会阻碍人类领悟最高精神，因而若要领悟最高精神，禁欲是必需的。传统和权威不应寻求真理，它们却变成了阻碍人类寻求真理的羁绊。在极端之中不会存有稳定。对立都是虚构的，你并不能从中找到真理。要达到了悟，就一定不能有恐惧，也不能存有对快感和放纵的追求。

为什么性对于我们大多数人来说会变成这样一个强烈而焦灼的问题呢？为什么人类会被困于感观的快感之中呢？如果我们不理解这一点，而仅仅是进行自我规制或肤浅地立法，那么就不会解决这个问题。性变成了一个焦灼的问题，因为它被现代社会各种可能的手段所激发。报纸、电影和杂志刺激了色欲。广告为了吸引你的注意力，采用了女人的画面。不论是外在的还是内在的刺激都受到了鼓励，得到了孜孜不倦的培养。当今的社会在本质上就是感官价值的产物。物质、权力、地位、名义以及阶级都变得极为重要。感官价值在你的生活中变得具有主导意义。你的情绪和思想都在模仿，因此已不再具有创造性。你参与的那些有组织的宗教只不过是复制品——它们在追随权威、传统和恐惧，仅仅是在追随榜样和理想。宗教变成了例行常规，变成了对仪式的重复，对戒律的练习，变得只会将那些滋生习惯和模仿的信仰强加于人。

当头脑和心灵陷入复制的过程之中，它们就会枯萎。心灵和头脑必须迅敏而柔韧，必须能够深入地洞察和领悟，但是当它们被迫成为一种录放机器，它们便会失去这些特质。因此，在你的内心中，就不会存有创造性的回应，有的只是麻木和空虚。你的生活空洞、空虚，就是为了挣钱所为的例行公事，就是打牌，就是去看电影、读书。这样的头脑和心灵在机械地运行，没有深度，也不怀有任何悲悯。这样的一个头脑怎么会有创造性呢？因为你的生活没有悲悯，没有喜悦，所以你就只剩下快感——即性。因此，性就成为了一个愈演愈烈的问题。你的理想、你的戒律都不会将你从这个问题中解脱出来。你可能会抑制它，你可能会将它向下压；但是压制并不是创造性的理解和快乐。如果没有爱，就会有一种持续的恐惧状态。只有在忘记自我的状态之中，快乐才会出现，而性只不过是被当成了忘记自我的工具罢了。

如果你完全理解了这个问题，你就会找到答案。对于生活中所有主要问题来说，都没有"是"或"不是"这样绝对的答案。而在清晰地理解这个问题的过程中，你就会找到答案。这个问题的答案就是：只要你没有做到创造性的理解，只要你没有从复制，从各种形式的心理习惯中解脱出来，问题就会依旧存在。只有当你为自己的生活带来彻底转化，带来价值观的革新，这个关于性的问题才会有其不同的意义。此时，生活本身也会经历一种缜密而深刻的转化。

那些为了能够找到上帝而试图禁欲的人是不纯贞的，因为他们在寻求一种结果，一种获取，由此来替换对性这种结果、这种结局的追求——而这实则是一种恐惧。他们的心灵没有爱，于是就不可能纯洁，而只有一颗纯洁的心灵才能够找到真实。一个受到规制、受到压抑的心灵不能够了解爱是什么。如果心灵被困于习惯、感觉之中——无论是宗教上的还是身体上的习惯，无论是心理上的还是感官方面的习惯——那么它就不会了解爱为何物。理想主义者其实是一个模仿者，因此他也不能够了解爱。他不能做到宽宏善良，将自己完全交付，不对自己做任何考虑。只有当头脑和心灵都卸下恐惧的负担，都卸下感官习惯的负担，只有当你拥有了慷慨和悲悯，你才会拥有爱。这样的爱才是纯贞的。

问：您说当前的危机是史无前例的。它的特殊之处是什么呢？

克：你熟悉历史上不同时代的各种类型的危机——社会的、民族的、政治方面的危机。危机此起彼伏。经济衰退和社会萧条虽然得到了修正，但仍旧在以不同的方式继续。而当今的危机却不同，因为我们所面临的是观念上的危机。现在，你们都在为了一个正义的结果而将邪恶的手段合理化。曾经一度，邪恶就会被认作是邪恶，谋杀也会被认定为谋杀；但是现在，谋杀却被当作一种达到正义目的的工具，于是邪恶由此被合理化。这种对邪恶的判定不能够给世界带来和平。战争并不是和平的一种手段。你认为为了未来而牺牲当下是值得的。未来肯定从来都不是确定的，而为了无法预测的事物牺牲当下，并将这种行为合理化，其实是否定生命的另一种形式。这就意味着你在采取错误的手段来达到正确的结果——而这是不可能的，因为结果就是方法。方法和结果不可分割；它们是一种统一的现象，而要将它们分离，就会导致流血、毁灭和苦难。

我们已经剥削了人类，剥削了他们的生活必需品。而现在，我们又在剥削他们的观念，而对观念的剥削其实更富毁灭性和破坏性。

这场特殊的危机还表现在：人类被忘却，而体制变得最为重要。人类不再具有任何重要性，体制倒是变得很重要。为了某个体制，数百万的人们被牺牲，而这种毁灭却被合理化，原因是这个体制承诺会出现一个有益的结果。体制即行为的模式，而如果我们没有理解人类的目的，那么任何行为都不能够被合理化，无论这些行为高尚还是不高尚。体制不能够解决人类的问题。体制是那些所谓的专家和不完整的知识之产物。那些专业人员将他们的发明赋予重要性，但是只有完整统一的个体才能够解决当前的危机。

造成这场危机的原因之一就是人们赋予感官价值太多的重要性——财富和名义，等级与国家变得无比重要。不论是双手还是头脑制造出的事物，它们的价值都变成了你生活中的主导影响因素，因此就会频繁出现战争。这场危机是特别的，所以，我们需要一种特别的行动。正如我所说过的，思想的运作过程不会使人们从这场危机中解脱出来；只有具备了"是"的存在状态——这是一种非时间性的行动——才能够解决危机。这种"是"的存在状态随着个体的转化而出现。当你将自身转化，你就会发现有这样一种行为，它不会生产出进一步毁灭和苦难的浪潮。因此，你的革新必须是非时间性的，因为如果你寄希望于明天，那么你就是在等待混乱与悲伤的到来。

问：是不是不存在这样一种完美的上师，他们不对那些渴望永久安全感的贪婪寻求者提供任何具体的言论，但是却能够以有形或无形的方式指导他们，使之富有仁爱之心呢？

克：这个问题已经以不同的形式出现了很多遍了——即到底上师有没有必要存在。一颗仁爱之心需要指导吗？充满爱的心灵不需要任何指导，因为爱自有其永恒的特质。一颗富有爱的心灵慷慨、仁慈，尊重他物；此外，这样的心灵还了解那些没有开始，也没有结尾的事物。但是你们大多数人并不具备这样的心灵。你们的内心干枯而空虚，充满了头脑所制造的东西。由于空虚，因此你希望另一个人来填满它。你求助于他人，来寻找你称之为"上帝"的永恒的安全感。你求助于他人，来寻找那种你称之为"和平"的永恒的满足感。因为你的心灵干枯，所以你寻找一个上师，并希望他会用你称之为"爱"的满足感填充你的心灵。

有没有人能够解放你的心灵呢？不论上师是有形的还是无形的，他能够将自由赋予你的心灵吗？上师可以给你提供行动的模式，他们或许还能够告诉你应该思考什么，但是却不会告诉你怎样去思考。他们或许给你一些戒律和语句，让你去重复；但是这些东西都是头脑制造的，所以心灵永远都是空虚的。你的练习，你的冥想，你的模仿都只会使你的心灵麻木倦怠，威胁到你的家庭和你自己。你能够通过强迫的手段了解爱吗？

没有爱，你就无法找到真实。如果没有温柔敏感、关心体贴，你又怎能了解真实呢？爱不可能通过某项技术来捕捉到。

戒律、练习、仪式以及片面的知识构成了麻木、不敏感的头脑。当一个躁动不安的头脑陷入了某条戒律的狭隘沟槽中，它就只会变成一个麻木的头脑。如果不具备敏感的特质，那么你就不能够发现真理迅敏的运动。

对上师的追寻荒废了头脑和心灵的柔韧性。这种对满足感的不停寻求——你将之称为是对上帝的寻求——滥用头脑，使其厌倦，因为那些被不停利用的事物本身便会消磨殆尽。因为你寻求满足感，所以你就会找到一个令你满意的上师。但是这并不是理解。这并不会带来快乐，你也不会拥有爱。对满足感的寻求，纵使被冠上一个冠冕堂皇的名称，也只会具备破坏性。

爱是永新的。没有爱的芳香，没有爱的美和善意，而仅仅去寻求一个上师只是在浪费时间和精力。只要有爱，上师就没有必要存在；相反，上师还会成为一种阻碍。因为爱便是美德；美德不是一种修行；美德会带来自由。只有当你拥有了自由，永恒才会出现。

因此，我们的问题就是怎样唤醒麻木和空虚的心灵，使之为美丽和丰沛的爱敞开大门。你必须觉察到你麻木的头脑，觉察到你的思想过程没有任何意义,并且还要觉察到你的心灵空虚、被头脑制造出的事物所充斥。仅仅就是觉察,无为地觉察,不加任何斥责和辩护。要敞开心扉,去发现"当下实相"。在这种无为而机敏的觉察中,在这种安静里,奇妙无比的事物便会出现。

(在孟买的第五次演讲,1948年2月15日)

正确的思想和正确的思考是两种不同的状态

生存的问题不仅仅存在于一个层面,而是存在于不同层面的行为之中,而且它们是相互关联的。心理上的问题和身体上的问题相关联;而如果我们试图在物质层面解决衣食居所的问题,我们就会发现我们得不到真正的解决方案。没有任何问题可以在其自身所处的层面得到解决。片面的思考不可能解决生存这个问题。我们必须将生存作为一个整体,作为一个完整的过程来考虑,而不是将其当做处于不同层面的一些毫不相关的行动考虑。我们口中谈论着和平,行动上却是在参与战争;我们想着自由,可我们的生活却受到了严格的管制;我们寻求创造性,但是我们的头脑却是模仿和习惯的结果;我们贫穷,可是我们在追求富有;我们使用暴力,却在追寻非暴力的理想;我们渴望得到快乐,但是我们做的每一件事所带来的都是不快乐。

现在,从矛盾中选择一方就是在逃避行动;选择从来都是一个逃避行动的过程。选择不会带来完整,只有正确的思考才能带来完整。当有矛盾出现,就不会存在正确的思考。当我们了解了怎样能够正确地思考,矛盾就会停止了。我们必须找到什么是真正的思考,而不能被困于选择之中——善与恶的选择,和平与战争的选择,贫穷与富有的选择,专制和自由的选择等等。

因为矛盾正是自我——这个欲望载体——的本质，所以仅仅选择其中一种欲望不会将你引向了悟。对于关键和次要的选择仍旧是欲望的产物。选择就是欲望，而欲望正是矛盾的本质。因此，选择只会加强自我，只会加强"你"和"我"这样的自我圈附的过程。对欲望的理解就是自知的开端。没有自知，就不会有真正的思考。如果你不了解你自身的整体过程——这种了解不只是通过你日常活动的反应、也通过对不同心理层面的觉察来做到——那么你就会生活在一个矛盾的状态之中。选择矛盾中的一方只会增强圈附过程，而且这样的行为会滋生进一步的矛盾。因此，在对立方之间的选择不会带来快乐，也不会带来和平。只有正确的思考才能带来快乐。快乐本身不是最终目的。快乐是某种比选择的结果宏大得多的事物制造出的副产品。

正确的思想和正确的思考是两种不同的状态。正确的思想仅仅是对一种模式、一种体制的遵循。正确的思想是静态的，它一直包含着选择所带来的摩擦。正确的思考或真正的思考是要去发掘的。你不可能学到、也不可能去练习正确的思考。正确的思考是自知在每时每刻的运动。这种自知的运动存于对关系的觉察之中。

头脑可以因受到规制而去遵循某个正确思想的模式；但是规制，这个模式的运动，永远不会产生出正确的思考。正确的思想永远会提出一个结果，因此它永远不可能超越自身；然而，正确的思考却是通过对自我活动的觉察而产生的，而这种觉察必须每时每刻都能够得到体验和发现。因此，正确的思考没有目的，也没有计划好的结局。欲望永远都不是静止的，因此自我也永远不会安静。自我永远在努力获得，努力逃避。自我不但包含有高层自我，而且还有低层自我。这样的划分是随机的，因此便不是真实的；这种划分是一种逃避的形式。很多人沉迷于这样的划分，可这种划分仍旧属于意识的范畴，因此它始终处在思想的过程中。

只有当你能够觉察到每种思想和感觉，正确的思考才会出现。这种觉察不仅是对某些特定的思想和感觉的觉察，而且是对所有思想感觉的觉察。这些思想和感觉的揭示过程会由于斥责的出现而告终，而斥责其实就是选择。斥责是无作为的一种表现，因为理解需要的是行动，而不是选择。虽然你认为选择就会带来行动，但如果你进一步去检视，你会发现选择无一例外会导致不作为，导致孤立。选择永远不会带来理解，因为斥责只会造就抵抗力，由此阻碍了理解。选择是自我保护地作出回应的另一种形式。这种无作为，虽然在外界看来是在积极作为，实际上只会导致人们走向毁灭和苦难。这种不作为投射在外部世界就是社会结构，它只会造成分裂。

只有正确的思考才能够带来创造性的行为。正确的思考就是自始至终都能够发掘每种思想和感觉的全部意义。如果你能够无为而机敏地觉察思想、感觉、动机以及隐藏意图的每一举动，那么你就会拥有正确的思考。只有正确的思考——这个自知的产物——才能解决我们每个人所面临的诸多问题。

问：在祷告之中所表达出的渴望难道不是寻得上帝的途径吗？

克：这个问题中包含有几个方面——不但包括祷告，还包括专注和冥想。我们所说的祷告是什么意思？在祷告中难道不包含有请愿、恳求吗？毫无疑问，那种开敞的接收状态，那种不加任何因要求而来的自我圈附的敏感状态并不是祷告，而是冥想的最高形式。大多数的祷告都是对一种指导的请愿和寻求。这种对指导的请愿就意味着你处在迷惑与痛苦之中，难道不是吗？于是你在你所谓的上帝身上寻求明晰和喜悦。你和我制造了这种混乱、苦难，制造了这种对爱的极度渴望；于是，你向一种更高的实体祷告，祈求它来消除这种混乱和冲突。但是，由于是你制造了这种暴力和毁灭力量，所以必须由你来将其消除，而不是其他人。

当你祈祷某些事情，这件事情通常会发生。但是你必须为此付出代价。代价并不是理解;代价是另一种形式的冲突和苦难。你所要求的、你所接受的这份馈赠其实都是你自身的产物。上帝怎么回应你这些特别的要求呢?那些不可估量、不可言说的至高存在能够去关心你那些微不足道的烦恼、不幸、混乱,关心你的民族所遭受的灾难吗?要知道这些都是你自己创造出来的。因此,是什么回应了你的祷告呢?毫无疑问,答案是在你自身所隐藏的意识层面。或许它会带来一种暂时的明晰和满足感,但是这样的回应并不是来自至高的存在。在你祈祷的时候,你隐约达到了保持安静,并处于轻度的接受状态,于是活跃的头脑暂时得到了安静,意识的隐藏层面便将自己投射出来,由此你便得到了回应。是你自身意识的层面在回应你,而不是你那所谓的上帝。

一定是真实向你呈现,你却不能进入它。如果你邀请它来帮助你解决你的问题,给你行动上的指引,那么它便不再是真实了。当头脑的表层做到了安静,在祈祷中所听到的那个微弱声音其实是你自身存在所发出的暗示。这种声音毫无疑问并不是上帝之声。一个混乱、无知的头脑,一个在渴望、请愿的头脑怎能理解真实呢?只有当头脑绝对的安静,不做出任何询问,也没有任何追寻,真实才会降临。只有当欲望停止,真实才会到来。

专注是一个排他的过程。专注是通过努力、强制和引导而来的。因此,专注是一个排他的过程。这种专注以各种形式出现。你了解那些在你为了生计而挣钱的过程中所要求做到的专注,但是我们这里所说的是那种所谓的冥想之中所要求做到的专注。当你试图冥想之时,你的意念在游离,于是你试着将意念固定在某幅画面,某个意象,或是某个语句之上。但是由于你的意念坚持要游离,所以你试图用强迫的方式将它拉回到你所关注的客体之上。这种和你的思想所作的持续的斗争一般来说就被称作是"冥想"。你试图将注意力集中在某些你不感兴趣的事物之上,于是就出现了多重的思想和游移的状态。如果你能够将注意力都集中在你某一欲望或某一客体之上,你便认为你终于成功地完成冥想了,但毫无疑问,这并不是冥想。

　　冥想并不是一个铸就抵抗力的排他过程。因此,排他的专注并不是冥想。专注变成了一种逃避的形式。坐在一幅你的导师、上师或是某个意象的画面之前,又或是进行一些仪式,这都是在逃避。因为,没有自知,就不会有正确的思考;而没有真正的思考,你所做的都没有意义,不论你的意图有多么高尚。这些逃避只能使你的头脑麻木,使你的心灵枯萎。

　　想要做到专注相对来说较为容易。一个在策划战争、策划对人们进行屠杀的将军会非常专注;一个试图完成某个交易的商人会很专注;一个人不管对任何一件事情感兴趣,都会自然、自发地专注于这件事。但是专注却不是冥想。专注于你所希望、所渴望的事物并不是冥想。冥想就是理解。冥想是理解的灵魂。如果有排斥的阻力存在,怎会有理解出现呢?当自由存在,理解就会到来。你会从那些你所理解的事物中解放出来。理解才是冥想的方法和基础。祷告和专注只会导致偏执、僵硬和虚妄。理解带来了自由、明晰和喜悦。当你能够收集到所有事物的正确意义,理解就会到来。无知就是给出了错误的价值观。愚蠢则是未能理解正确的价值。

　　一个人怎样才能建立起对物质、关系及观念的正确的价值观呢?为了真实能够到来,你必须理解思考者,难道不是吗?如果你不了解思考者——即你自己,那么你所选择的事物便没有任何意义。如果你不了解你自己,那么你选择这种行为就没有丝毫的基础。因此,自知是冥想的开端,而不是你从书本、权威、上师那里捡起的知识。这种自知是通过无为地觉察、体验和发掘而来的。没有自知,就不会有冥想。如果你不理解你的思想、感觉、欲望,不理解你行为的模式——即观念,那么就不会存在思想的基础。那些并未理解自己,而仅仅是发问、祈祷或是排他的思考者必定会以迷惑和虚妄而告终。所以,理解的开端是自知,是觉察到思想感觉的每一举动，觉察到意识的所有层面。

要了解深层的活动，了解被封藏的动机和回应，有意识的头脑就必须保持静止，从而接收来自隐藏层面的投射。而有意识的头脑充满了关于生计、剥削他人、气愤和贪婪、逃避问题这些日常活动。这种有意识的头脑必须理解自身的活动，从而为自身带来平静。有意识的头脑仅仅通过专制、强迫和规制并不能带来平静。通过觉察自身的活动，通过安静地观察它对其直接关系以及对其他关系的行为，它就会带来平静。由此，一个有意识的头脑便会变得能够全然觉察到自身的活动，因此也会为肤浅层面带来平静；只有此时，有意识的头脑才能处于这样的一个位置，能够接收意识隐藏层面所传达出的暗示。只有当你理解了所有这些投影，卸下关于过去的全部意识，头脑才能够接收到永恒。正如一池清水，当微风停止，它才能水静如镜一般，当头脑安静，当思考者、当问题的制造者不复存在，不可估量之物才会出现。

问：为什么您所讲授的这些内容都是纯心理学方面的呢？其中没有宇宙论，没有方法论，没有伦理学，没有美学，没有社会学，没有政治科学，甚至也没有涉及到卫生学方面的内容。为什么您只专注于头脑和头脑的运作呢？

克：如果思考者能够理解他自己，那么他就会解决所有的问题。也只有这样，才会具备创造性，真实也才能够出现。那时，你所做的就不会是反社会的行为了。美德本身并不是目的。美德会带来自由，而只有当思考者不复存在，自由才能够到来。

要了解头脑的运作过程，了解它所创造出来的一束束回忆，了解"自我"，"我"和"我的"种种，这非常重要。因为思考者陷于困惑，所以他的行动也会混乱不清。因为他迷惑，所以他寻求秩序与和平。因为他无知，所以他去寻求知识。因为他处在矛盾之中，所以他寻找某种权威——即伦理道德——来指导自身的行为。因为他迷惑且被欲望所驱使，所以他就是反社会的。因为他不理解自己，所以他便不能够理解真实。因而，如果思考者、头脑能够理解他自己，那么所有的问题都能够得到解决，就不会存在任何反社会的行为，也就不会出现将剥削他人或其他事物当做自我扩长的手段这种现象了——是这种现象导致了人与人之间的冲突；此时，也就不会有等级制度，不会有民族国籍，也不会有信仰的划分了；此时，爱便会出现。所以，重要的不是什么宇宙论，不是方法论，也不是什么卫生学，虽然卫生方面的知识很必要，而方法论和宇宙论其实根本没有存在的必要；重要的是去理解头脑，理解自我的运作方式。

思考者和他的思想不同吗？如果思想停止，思考者还会存在吗？当思考者的特质被移除，思考者何在呢？有没有一种不加自我特质的自我呢？所以，思想本身就是思考者。存在的只是思想，而不是思考者。思考者将自己同其思想分离，由此来保护他自己，使自己得到永恒。他永远都可以根据环境来修正他的思想，但是他自己却维持原貌。当他开始改变他自己，转化他自己，思考者便会停止存在了。因为他害怕消逝，因此他忙于改变自己的思想。如果思想不再，思考者也便不复存在，而仅仅是对思想的修正并不会令思考者消失。所以，将思考者和其思想分离，并进而干预思想活动，是头脑的狡猾的行为之一。由此，自我使自己得到了永恒。但这并不是真正的永恒，不论是高层自我还是低层自我，因为它仍旧处在记忆的范畴之内，困于时间之网中。

我之所以如此强调、催促心理上的转化，是因为头脑、自我导致了我们的斗争和苦难，导致了我们的混乱和敌对。如果不理解这一点，而仅仅是实施改革，修整表面的行为，这就意义甚微。我们世世代代都在对思想进行修整，却造成了如此这般混乱的疯狂和苦难。现在，我们必须深入生存和意识的最根部，也就是"自我"和"我的"所在。至少对那些非常认真的人来说，如果不理解思考者和他的活动，而仅仅是进行表面的社会改革，这将会意义甚微。因此，每个人都要亲自找到各自的重心——是将重点放在表面、外界，还是放在根本之上。

如果你是因被我说服，才将重点放在人类内在的本质之上，那么你所做的将仅仅是模仿，而你也同样会被另一些人说服，将重点放在外界事物之上。因此，你必须非常认真地思考清楚这个问题，而不是等待某些人告诉你应该将重点放在什么地方。在修整环境所带来的影响和限制这个过程中有什么根本价值所在呢？当人类内心患疾，充满困惑，那么不论是权力政治、有组织的宗教、意识形态，还是体制都不能治愈这种焦灼的顽疾。只有当你内心疾病的根源彻底清除，你才能够获得帮助。一个认真之人考虑的是理解并根除这种疾病。一旦拥有了内在的秩序与和平，外部世界便会因此而得到秩序与和平，因为内在永远会克服外在。一个快乐、祥和的人不会和他的邻居有任何冲突。只有那些无知的人才会处于冲突之中，而他们所做的也都是反社会的行为。一个理解自己的人便是平和之人，因此他所做出的便是和平的行为。

问：您说过只有在爱中才会有真正的存在，而我们所称之为进步的东西仅仅是一种分裂的过程。混乱一直与我们相随，而在混乱之中没有任何进步或是退步可言，对吗？

克：确实存有科技上的进步，但是其他方面，我们都处在迅速地分裂之中。这种科技上的进步是我们所崇敬的，但是，我们的头脑和心灵有没有进步呢？有了爱和明晰，转化的能量才会出现。所有的科技进步若是离开了爱，就只会导致毁灭和分裂。从马车到喷气式飞机是进步，但是你的心理状态有没有一点进化呢？

是什么可以进化，又朝着什么方向进化呢？无知永远不可能进化成为智慧。贪婪永远不可能变成不贪婪。贪婪即使进步也还会是贪婪。无知通过时间永远不可能变成智慧。无知必须终止，智慧才会出现；贪婪必须停止，不贪婪才会到来。当你沉迷于谈论进化或进步，你就是在意指变成为：你原本是这样，而你将会变成那样；你是一个职员，而你会变成经理；你是普通的牧师，而你会变成主教；你原本邪恶，而你最终将会变得善良。这种变成为被你称作是进化。而这种进化，这种变成为仅仅是"当下实相"的修正过后的延续形式，因此变成为永远都不会带来转化。在变成为、在延续之中，永远都不会有重生。只有在终点之上才会有真正的存在。只要有爱，就不会有强迫。当你心怀有爱，"自我"和"我的"就不复存在。是"自我"和"我的"永远在寻求增长。那些增长的事物了解衰败为何物，那些延续着的事物明白死亡到底是什么。

问： 我们知道思想破坏了感觉。那么怎样才能不加思考地感觉呢？

克： 我们知道，计算、交易、合理化，这些都会破坏爱。爱很危险，因为爱也许会将你引向事先意想不到的行动。你通过给爱一个理由而控制爱，于是将爱推向了市场交易。而只要有思想过程的存在——即命名和称谓，爱便会被破坏。你有了一种痛苦或快乐的感觉。通过将其命名，赋予它称谓——也就是思考它——你对它进行了修正，由此便削弱了这种感觉。当你有了慷慨和畅敞的感觉，你的头脑便参与进来，开始给你的这种慷慨赋予一种理由；于是你通过某些组织变成了慈善家，回避了直接的行动。因为爱是危险的，于是你开始思考它，由此将其减至最小，并逐渐地破坏了爱。

有没有可能不加思考地去爱呢？你所说的思考是什么意思呢？思考是对痛苦或快感之回忆的反应。如果没有不完整的体验所留下的残余，就不会有思考。爱不同于感情和感觉。你不能将爱带进思想的范畴之内，而感觉和感情则可以。爱是一种无烟的火焰，它是永新的，喜悦的，富有创造性的。这样的爱对社会、关系来说是危险的。所以，思想便由此介入，修正、指导爱，并将其合法化，使之脱离危险；于是你就可以与它常在了。你知道吗，当你爱某个人的时候，其实你爱的是人类这个整体？你知道爱一个人有多危险吗？如果你真的爱了，那就不会再有障碍，不会再有国家或民族之分了。到那时，也不会出现对权力和地位的渴望，而事物也会各司其"值"。而这样有爱的一个人对社会来说便是一个危险因素。

　　为了爱能够到来，记忆的过程必须停止。只有当体验没有完整、全然被理解的时候，记忆才会出现。记忆只是体验的残余；它是未被完全理解的挑战所造成的结果。挑战从来都是新的，而回应却永远是陈旧的。这种回应其实是一种限制，是过去的结果，它必须得到理解，而不应该被规制或斥责。这就意味着我们要全新、全然、完整地生活在每一天。只有当你心怀有爱，当你的心灵充实——不是被词句也不是被头脑制出的产物所充实——这种完整的生活才有可能实现。只有当你心怀有爱，记忆才会停止；此时，所有的运动都会是一种重生了。

　　　　　　　　　　（在孟买的第六次演讲，1948 年 2 月 22 日）

卸下偏见的装甲

今晚我只回答问题。如果你能够带着正确的觉察，不加偏见地倾听，我们就能够理解得更为深入、更为广泛。所以，我认为，如果你的倾听能够不加任何为了倾听所做的努力，这会是很好的状态；而即便你或许有一些防卫或偏见的态度，可如果你能够理解，那也会是很好的状态。卸下偏见的装甲，让我们一同思考我们今晚所要处理的各种问题。

问：理想只是介于我们自身状态和疯狂之间的东西吗？您正在破坏一座能够将混乱挡在我们的家庭和田地之外的大坝。您为什么这么莽撞呢？由于您强势地进行决定性的归纳概括，所以那些不成熟或不稳定的头脑就会见风使舵，跟着您的思维走。

克：这个问题涉及到我所说的关于理想、榜样和对立这几个问题。所以，下面我就必须重述一下我所说过的关于理想的问题。

我说过，不论理想以任何形式出现，它都是在逃避对"当下实相"的领悟。不管多高尚、多美好的理想，其实都没有任何真实性可言：它们只是虚构出来的。领悟"当下实相"要比追求、追随某种理想、某种榜样或是某个行动模式重要得多。你拥有无数的理想——和平的理想，非暴力的理想，不贪婪的理想等等——在这些理想中，你的头脑受到了圈附；而它们并非实际的事物，事实上它们是不存在的。既然它们是不存在的，那么它们具备什么样的价值呢？它们帮助你理解你的冲突，你的暴力和你的贪婪了吗？难道理想对这种理解不是一种阻碍吗？这种理想的屏障会帮助你理解傲慢和腐败吗？一个暴力之人能够通过非暴力的理想而变得不再暴力吗？难道你不应该将理想的屏障放置一旁，去亲自检视暴力本身吗？理想能够有助于带来了悟吗？你能够通过善良的理想来理解邪恶吗？还是邪恶并不能通过理想，通过对其对立面的追求而达到转化，而是通过不加任何抵抗力地面对它并且理解它从而达到转化的？任何形式的理想都会阻碍对"当下实相"的领悟，难道不是吗？

毫无疑问，你们每个人都曾试过追求某些对立面，且由此陷入了由对立滋生出的冲突当中。你很熟悉这种对立面之间、论点与其反论之间的无止境的斗争，并希望达到某种综合——比如说资本主义和左翼之间处在矛盾中——你希望使二者综合，但是这种综合会再次制造出其自身的对立面，于是使义生产出另一种综合，如是等等。我们很熟悉这种情形。

那么，这种斗争是必须的吗？难道这种斗争不是非真实的吗？难道对立本身不是非真实的吗？什么是真实、实在的？对立是虚构的，是不真实的。真实的是贪婪。而不贪婪的理想则是非存在。正是源自头脑的创造给了它一个逃避"当下实相"的机会。

如果你没有任何理想，那么你还会崩溃吗？你的理想起到了防御邪恶和恶行的作用吗？你的非暴力的理想阻止了你暴力的行为吗？很显然没有。所以，除了在理论之中，理想都是非存在的，也因此是无价值的。一个理想主义者其实是一个在逃避、回避直接行动于"当下实相"的人。通过对理想的移除，懦弱的头脑就能转换立场吗？无论如何，懦弱的头脑总会由于政治家、上师、牧师、无数的仪式和剥削而见风使舵，改变立场；但对于意志坚定的人来说，他们不会去理会什么理想，而是不管怎样也会去追求他们想要的。所以，不论是意志软弱的人还是意志坚强的人都不会去关注理想。理想对于错误和机械的行为来说是一种便捷的掩盖方式。渴望对立方的理想对于直接理解"当下实相"是一种阻碍。只有当你放弃通过对理想的幻想而逃避真实的行为，你才会理解"当下实相"。理想阻碍了你观察它、检视它的过程，也阻碍了你直接地处理它。正因为你不愿直接地处理它，你就发明出理想，由此"当下实相"就被延迟了。

所以，我们的问题是怎样超越"当下实相"，而不是怎样超越头脑所创造出的对立面。显然，当你觉察到"当下实相"整体的心理层面的意义，你便能够完整、全然地理解"当下实相"了。只有当所有的逃避行为都停止，你才能够理解"当下实相"。要了解"当下实相"——它是贪婪还是谎言——这需要一种诚实的觉察。一个人若是觉察到自己的贪婪，那么这已经是从贪婪中解脱的第一步了。看到谬误的真相，将真相当做真相来看待，这便是理解的开端。正是对真相的认知可以给予你自由，而对对立面或理想的追求则不能。

问：如果我们不将性欲命名，那么它会消失吗？

克：这个问题需要进行相当多的解释。命名或称谓的过程是一个较为复杂的问题，而要理解它，我们必须深入整个的意识问题。

我们所说的意识是什么？毫无疑问，意识是体验的状态，也就是对挑战的反应。意识的开始就是挑战、反应和体验。体验被命名或赋予称谓，又或是被附上标签——像是愉快的体验或是不愉快的体验等——而后便被记录下来，储存在头脑中。所以，意识是一个体验、命名与记录的过程。没有这三个步骤——其实这三个步骤是一个统一过程——就不会有意识。这个过程每时每刻都在不同层面发生。这首歌曲在以不同的情绪、不同的主题重复着；但是不论在哪个层面，它都是一个相同的过程——体验、命名和记录。这就是主题，这就是所播放的录音。

现在，如果我们不再命名，会发生什么呢？为什么你会将某个名字给予某种体验，称之为愉快或不愉快，值得或不值得，好或坏等等呢？我们给出一个名字，要么是为了交流，要么就是为了将它固定在回忆中，这样便使之得以延续。若想要不发生延续，意念和斥责都不能存在。你必须将延续赋予某种体验，否则，自我意识就会停止。因此，你便会为某个体验命名。给某种感觉、某种体验命名是即刻所发生的。实为录制机且充满记忆的头脑为了给自己一个稳定和延续的状态，便将感觉一一附上标签。但是，假设你并没有将感觉命名——这相当困难，因为对感觉的命名是即刻发生的——那么那种感觉会发生什么呢？如果你不曾命名，那么这个录制机，这个头脑就不能够抓住这种感觉。他就不能够将实体和力量给予这种感觉，于是这种感觉便会由此枯萎。

你可以在你日常的生活中体验这一点，并亲自去发掘如果你不将某种感觉命名，这种感觉会发生什么。你会发现一种奇怪的事情正在发生；你会发垷这种感觉正在渐渐枯亡。对某种感觉、某个体验的命名将永恒赋予了思考者——这个记录机器。我们知道当我们将感觉或体验命名时会发生什么：我们使这种体验得以延续，而我们的头脑正是因为受到这种体验的滋养，于是变得重要。当你给某种感觉命名，你其实就是将它放在了参考系的框架之中，因此，命名的本质恰恰是一种将延续给予意识，给予"自我"和"我的"所在这样的体验。我们每时每刻都在如此迅敏而无意识地做着这样的事。这种录音时时刻刻都在不同的层面，以不同的主题、不同的语言在播放，不论是在清醒的时刻还是在睡梦的时间。如果你不将某种感觉命名，那么这种感觉就会枯萎消亡。

现在，你学到了一个招数。你会对自己说："我知道该怎样处理不愉快的感觉了，也知道怎样将它们迅速地结束掉：我不去命名它们就是了。"但是你会对所谓的"愉快的感觉"做同样的事吗？你希望延续所谓的愉快的感觉、愉快的情绪，因为这样的感觉给你一种实在感，所以你希望维持这种感觉。因此，你就会选择那些愉快的感觉，然后将它们命名；而对于那些被你称作不愉快的感觉，你就不会将它命名，任其枯萎。通过这个过程，你就不可避免会维持对立面之间的冲突；然而，如果对每种感受和感觉都不去命名——不论是愉快的感受还是不愉快的感受——那么这种感觉就会自然结束。于是，思考者——这个记录储存机，这个对立的制造者——便会枯萎消亡了。

可是，爱是一种能够被命名而由此得以延续的感觉或情绪吗？还是，如果不为它命名，它就会枯萎殆尽呢？当你爱某个人，当你想到他，这时会发生什么呢？你只是在和由这个人所导致的感觉打交道。你所关注的是关于那个人的情绪和感觉；你越是强调这些感觉，所剩的爱就会越少。

现在，这个提问者问道，如果性欲未被命名，它会不会消失。很显然，它会消失。但是，如果你没有理解意识的整个过程——这个过程前面已经详尽地解释过——那么仅仅是将某个愉悦或不愉悦的欲望终止，这并不会带来具有永恒特质的爱。没有爱，仅仅是将欲望终结，这没有任何意义。你会变得干枯，就像一个理想主义者那样。只要有爱，就会有纯贞。那些处在激情中的人，那些在追逐纯贞理想的人永远不会了解爱为何物。他们被困于对立所造成的冲突之中；而因为理想其实是非存在，所以他们其实是生活在幻象中。这样的人心灵空虚，而且他们被头脑所制造出的事物——即理想——所充斥。一旦你敞开心灵之门，去理解你的整体存在，那么你就会发掘到一个巨大的宝藏。但是若想要去发掘，你就必须拥有自由，而后去体验。自由通过美德而产生——不是通过变得具有美德，而是由具有美德而产生的。

问：为什么您不能影响到某个政党的领袖，或是政府人员，然后通过他们发挥作用呢？

克：原因很简单：因为领袖是社会的堕落因素，而政府则是暴力的表现。一个试图理解真理的人怎么可能通过那些反对真实的工具来发挥作用呢？

为什么我们想要领袖呢——不论是政治领袖还是宗教领袖？因为我们想要被指导，我们必须要别人来告诉我们该想什么，该做什么。我们的教育和社会体制都是基于强迫和模仿的。当你遇到困惑，你便向他人求助，希望他能够将你引出迷惑。对于任何一个领袖来说——无论是政治领袖还是宗教领袖——他能够将你从苦难中解脱出来吗？因为领导就意味着权力、地位、威望。领袖变成了其追随者的剥削者，而追随者同时也在剥削领袖。如果没有追随者，领袖会觉得失落、沮丧；而如果没有领袖的指导，追随者又会觉得迷惑、不确定。因此，当出现了对权力、地位的欲望以及对指导的渴望，那么就会出现相互的剥削过程。当领袖变成了干预你任何一个方面的权威，不论是政治方面还是宗教方面，那么你就会仅仅是一个录音机，于是你会变得机械，并失去创造性。

所以，重要的是理解你自己的悲伤和迷惑，以及你充满灾难的存在。若想要理解，你需要一个领袖吗？当然不需要。你需要的是能够用一双不加偏见的眼睛来仔细、清晰观察的注意力。你必须觉察到你自身的思想和感觉——这就是自知，而没有任何一个领袖可以给你这样的自知。只有当领袖帮助你逃避了你自己，他才会变得重要。于是领袖便可以得到崇拜，被放在一个金框里，供大家谈论。因此，领袖变成了社会的一个堕落因素。一个富有创造性的社会不会有任何领袖出现，因为每个个体本身都能够照亮自己的道路。

问：当我们改变了自己，是什么样的一种机制可以使我们改变世界呢？

克：个体的问题便是这个世界的问题。个体的内心冲突，心理上的斗争和沮丧，以及他对某个希望的渴望，创造了和他息息相关的世界。他是怎样的，世界就是怎样的。个体和世界并不是相互分离的过程——他们是不可分离的——他们是一个统一的过程。世界就是你，世界并没有与你分离而存。这并不是一个神秘的状态，而是一个事实。你是怎样的，你在外部世界的投射便是怎样的，而这种投射就成为了世界。不论外部世界再怎样被狡猾、频繁地体系化、被规制、被建设，内心世界始终会压制外部世界。因此，内心世界必须得到转化，而不是要去转化外部世界的对立面，也不是转化大多数或集体的对立面。

因为你们是一个整体运作过程，所以你们必须从各自的自身开始着手。通过对你自身的转化，你必然会影响到关系的复杂状态——即你所生活的这个世界。你不能直接转化世界：世界并没有具体的所指对象。而个体则具有所指对象，也就是你，所以你必须从你自身开始着手——这并不是为了实现个人主义，个人主义只会导致孤立，导致隔离。没有任何事物能够孤立而存。这种孤立披上了自我保护的外衣，实则会破坏理解的进程，因为这种孤立是一个自我圈附的过程。

所以，通过对你自身的转化，你就会为直接与你产生关系的世界带来革新。因此，是你的理解行为迅捷地产生了转化的机制。只要你还贪婪、嫉妒，或者还是个民族主义者，那么你就会不可避免地制造出一种社会结构，而在这种社会结构中，贪婪、嫉妒、民族主义都会受到鼓励和维持。这些就是战争最终极的根源。只要你还在寻求权力，寻求权威的地位，那么你就必定会导致人与人之间的冲突。和平之路由你来负责，就像你同样要为战争的产生负责一样。像信仰和意识形态一样，有组织的宗教和民族主义将人与人划分，制造了人与人之间的敌对。作为这种敌对和由此引发的毁灭的制造者，你必须将你自身转化。所以，更新必须由你自身开始，你自身就是人类的整体过程。这种更新并不和另一个体或是和另一集体世界相冲突。他人及集体同你自己都是一个统一的整体过程，同他人的敌对就是同你自己的敌对。所以,你必须觉察到每一思想、感觉和行为。

因此,在完全理解你自己的过程当中,你就会找到爱。只有爱才能带来转化。没有爱,你的内心就不会拥有和平与快乐,而世界也不会拥有和平与快乐。

问:在转世轮回的理论中,什么是正确的,什么又是错误的呢?

克: 在理解这个问题的过程中,我们应该具备一种探寻和开放的头脑,这很重要。探寻就意味着寻求真理。真理根本不受任何体制所左右;它也从未陷入信仰或教条之网中。当出现了思想的偏见和不诚实,这种探寻就会受到阻碍。仅仅是对权威进行摘引,不论这个权威再怎样年长博学,都不会产出真理之自由。探寻的行动必须要从偏见和信仰中解脱出来。如果你被缚于偏见和信仰,那么你便只能够在你自身的束缚半径范围之内活动,而在这种束缚之中,真理永远都不会存在。

是什么在转世轮回呢?那种得以使重生实现的延续特质是什么呢?只有两种状态有可能延续:一种是被称作"灵魂"的精神实体,另一种就是"自我"、"我的"。精神实体必定不是由"自我"和"我的"所创造出来的。它也不会是思想过程的产物。如果它是精神实体,那么它必定是某种超越无知和幻象的事物。如果它是某种非自我的物质,那么它就必定是非时间性的,并且这种非时间性的物质不可能进化、生长或成为;它是不会死亡的。如果它不会死亡,那么它就是超越了自我,超越了我的考虑范围,于是也就不属于我意识的范畴。所以,你不可能去思考它;你不可能探寻到它是否会转世轮回。因为它是非时间性的,是不会死亡的,而你却在考虑死亡和时间,因此你便不能够去探寻它。去推测精神实体的本质这种行为是一种逃避,其实对任何未知事物的推测都是一种逃避——也绝对是理解真理的一种障碍。

实际上，你考虑的并不是精神实体的延续，而是你自己，即"自我"的延续，你在考虑"自我"和"我的"成就与失败，考虑"我的"沮丧和银行账户，考虑"我的"特性与特点。你想要知道，当身体不再存在，那么拥有着你的财富的这个"自我"，你家庭中的这个"自我"，你信仰中的这个"自我"是否还在延续，"你"这个生理及心理过程是否还会延续。

你所说的延续是什么意思呢？我们都曾或多或少地探寻过我们所说的"自我"和"我的"有什么含义：名称，特征，还有在意识所有不同层面的成就等等。你所说的延续是指什么呢？而且又是什么给予了这种延续呢？是什么紧握住这种以永恒形式出现的延续？如果你已拥有了永恒的保证，那么你就不会紧握住延续不放了。你在财富或物质里，在家庭或信仰之中寻求永恒或安全感。当身体消亡，物质的永恒以及家庭的永恒也随之逝去，但是观念的永恒却在延续。你所希望延续的正是这种观念。"自我"的思想和观念——它会延续吗？这种由一种体验到另一种体验的持续成为——这种"自我"的规划会延续吗？被定位为"自我"的思想在延续，并拥有实体。正如电子波一般，思想拥有了存在状态。当这种思想被你定位，它实则就是你自己。由此，事实上是作为你的形式出现的思想在延续。

你所说的延续是什么意思呢？我们都曾或多或少地探寻过我们所说的自我和我的有什么含义：名称，特征，还有在意识所有不同层面的成就等等。你所说的延续是指什么呢？而且又是什么给予了这种延续呢？是什么紧握住这种以永恒形式出现的延续？如果你已拥有了永恒的保证，那么你就不会紧握住延续不放了。你在财富或物质里，在家庭或信仰之中寻求永恒或安全感。当身体消亡，物质的永恒以及家庭的永恒也随之逝去，但是观念的永恒却在延续。你所希望延续的正是这种观念。自我的思想和观念——它会延续吗？这种由一种体验到另一种体验的持续成为——这种自我的规划会延续吗？被定位为自我的思想在延续，并拥有实体。正如电子波一般，思想拥有了存在状态。当这种思想被你定位，它实则就是你自己。由此，事实上是作为你的形式出现的思想在延续。

那么，所延续之物又会发生什么呢？那些永远在成为，永远在从一种体验移向另一种体验的事物会发生什么呢？那些延续之物不存在更新。那些从一种体验移向另一种体验——即处于成为过程——的事物一直重复地限制其自身，于是便没有更新可言。用思想来定位的自我在延续，但是所延续之物都会处在持续的堕落之中，因为它从一种体验移向另一种体验，它在累积，于是它便只是在时间之网中行动。只有当你能够持续体验，而不加任何对经验的累积——即没有昨天的痕迹——这时才会出现更新。有终点的事物便会有开端，而延续之物却不会有任何更新，也不会有任何转化。只有在死亡中，才会有更新，更新随着每时的消亡、每日的消亡而出现。只有在终点之上才存有爱。爱时时刻刻都是全新的。爱并不是延续的；它也不是重复。这就是爱的伟大和美妙所在。

或许你们有些人会说我并没有回答"转世轮回的理论中什么是真实的，什么又是谬论"这个问题。而如果你愿意深入思考我所说的话，那么你就会看到我已经指出什么是真实的，什么又是谬论了。对于生命的深刻问题来说，并没有"是"和"不是"的绝对答案。只有那些不动脑筋的机械之人才会寻求某个问题的是非绝对答案。在探寻这个问题的过程中，我们找到了延续的真相。生命和死亡其实是统一体，而理解这一点的人每分钟都在死去。永生并不是被定位了的思想之延续。终有一死的凡人并不能去寻求永生。当作为"自我"和"我的"这样的思想过程停止运作，永生便会到来。

（在孟买的第七次演讲，1948年2月29日）

生命一定要经历挣扎和痛苦吗？

生命，从出生到死亡，都是一个持续斗争和痛苦的过程。你和自己斗争，也和你的邻居斗争。然而这种斗争是必要的吗？还是有另外一种不同的存在方式？生命也好，存在也罢，都是一种持续的从"当下实相"移到其他状态的"变成为"过程。"变成为"永远是一种斗争；"变成为"永远是一种反复；"变成为"是对记忆的培养。这种对记忆的培养被称作正当的行为，而这种正当实则是一种自我圈附的过程。我们了解身处贫穷而要变得富有所做的斗争，了解身处卑微、肤浅，却要变得强大、渊博所做的斗争。"变成为"就是对记忆的培养，没有记忆，就不会出现"变成为"。这种挣扎被认作是正当行为，因此，正当其实就是自我圈附、自我孤立的一种形式。我们将这种挣扎赋予意义；我们接受它，认为它是值得的，认为这种挣扎的斗争是我们存在的一个高尚的部分。

生活原本就要经历挣扎、悲伤和痛苦吗？无疑的，必定有一种不同的生活方式存在。只有当我们理解了"变成为"的全部意义，我们才能够理解这种新的生活方式。在"变成为"的过程中，永远都会有重复，于是便制造出了习惯。在"变成为"的过程中，存有对记忆的培养，这种培养将重点放在自我之上。自我的本质就是劳苦和矛盾。

美德绝对不是一种"成为"的过程；美德是一种存在状态，其中并无任何斗争。你不可能"变得"富有美德,你要么具有美德,要么就是不道德。你总是可以"变得"正派,但是你永远不能"变得"富有美德。美德会成为自由,而正派的人却永远不是自由的。如果你试图去拥有美德,那么你仅仅是成为了一个正派的人。在理解"变成为"的过程中——"变成为"的过程包含着斗争和痛苦——就会出现"是"的存在状态,也就是美德。在美德的自由之中,真理就会降临。真理永远不会降临于那些正派的人,因为他们被圈附在其"变成为"的过程之中。如果你试图"变得"仁慈、慷慨,那么你就是将重点放在了"成为"的过程之上,放在了本我、"自我"之上。而"自我"永远不会是仁慈的。自我可以将自己圈附在正派里,但是它永远不会是仁慈的。一个正派的人永远不能等同于一个富有美德的人。

如果你觉察到了美德的运作方式,那么你就会发现其中并没有生成任何抵抗力。仁慈、慷慨、自信和从嫉妒中摆脱从而得到的自由并不是通过对美德的培养而得来的。当美德被培养,它就变成了一种抵抗力,但是如果你觉察到"变成为"的过程,即理解了自我的运作过程,那么"是"的存在状态便会出现。

一个被困于为了成为所做的挣扎之中的人怎样才能够走出这种挣扎呢?我们能做的就是敏觉地、无为地觉察这种成为的过程。成为就是建造抵抗力,而抵抗力就是对记忆的培养,也就是正派。如果你能够不加选择、不加斥责地觉察,你就会发现抵抗力所铸就的围墙都会倒塌。只有在此时,在这种自由之中,真理才会降临。

"是"便是美德;"是"带来了秩序与自由。拥有某些意愿的人——即带有抵抗力的人——由于他自我圈附的行为,于是便永远不会是自由的,而真理也因此永远不会出现。只有通过对"当下实相"不加选择和斥责地认知,并迅敏、轻盈地紧随其步伐,你才会得到由"当下实相"而来的自由。正是在这种对"当下实相"的领悟中,真理才会得到揭示。

问：宗教符号是一种对真实的解释，而这种解释太过深奥，因此你不能说它是错误的，难道不是这样吗？任何事物都不能像简简单单一个"上帝"的名字那样感动我们。为什么我们应该回避它呢？

克：毫无疑问，符号是作为一种交流的方式而存在的。但是，我们同真实交流需要借助于符号吗？当我们的头脑充斥着各种交流的方法，也就是符号——不论是十字形，是月牙形，还是印度教的符号——那么真实便不会同我们交流了。

为什么没有可能不加任何符号的干预，而去直接体验"当下实相"呢？难道符号对于一个寻求直接体验的人不是一种分心吗？当你脑中存有符号的时候，会发生什么呢？每个群体的人都有其自身的符号，而这些符号变得比寻求真实更为重要。符号并不是真实，词语并不是它所代表的真正事物，"上帝"这个词并不就是真正的上帝。但是词语变得很重要。为什么呢？难道不是因为我们并不是在真正寻求那个超越人类创造范围的实体吗？所以，符号变得重要，而我们则为了符号宁愿相互残杀。

"上帝"这个词确实给我们某种激励。我们认为这种激励不论在我们的神经方面还是口头上都和真实有某种关系。然而一种感觉——即一种思想过程——和真实有任何关系吗？思想，这个记忆的产物，这个对制约的回应，和真实有任何关系吗？所以，符号这个头脑创造的事物，会和真实有任何关系吗？难道符号不是一种空想，不是一种从真实的抽离吗？若想要真实存在，就必须抛弃符号，但是我们在自己的脑海中填满符号，因为我们并没有寻得真实。如果你心怀有爱，你就不会想要爱的符号。如果你脑海中存有符号、画面和理想，就说明你并未拥有爱。

为什么没有可能直接地去欣赏某物呢？你爱一棵树或一个人，不是因为它所代表的东西，不是因为它是生命或真实的表现，也不是因为它是内心状态的外部表象——这是很简单的道理。当一个人能够热爱生活，并不是因为生活表明了什么,而正是在这种对生活的热爱中,你便可以找到什么是真实。如果你将生活作为某些事物的表现来对待,那么你就会厌恶生活,你就会想要逃避生活;或者你就会将生活变成一种麻烦,一种例行公事,于是你就会想要从真实中逃离。

一个被困于符号之中的头脑并不是一个质朴的头脑。而只有一个质朴的头脑,一个未被污染、未被腐化的明澈心灵才能找到真实。一个困在词汇和语句之中、困在某些行为模式之中的头脑和心灵永远都不可能获得能够带来真实的自由。只有当头脑剥去其所有的累积,真实才会出现。

问:当战争爆发的时候,您建议我们做些什么呢?

克: 我能否这样提议:我们不要寻求某种建议,而是共同来探寻这个问题,可以吗?在危机的时刻遵照他人的建议只会导致我们走向毁灭。而如果我们能够理解战争全部的涵义,那么我们就不会根据我们所受的限制而行动,而是能够真正的为我们自己行动了。这种限制是通过压向我们的各种宣传手段而增强的,宣传的内容当然是参与战争的必要性。而由于我们现在被所谓的对国家之爱所限制,被经济界分所限制,被宗教或是政治方面的意识形态所限制,所以我们不可避免会踊跃参军。对于这样的人来说,根本没有问题可言;他们的行为绝对而明确;这就被称为职责、责任,而他们则成为了枪炮下的牺牲品。

只有当你开始质疑战争的根源时,你才会有问题。而战争的根源也不仅仅是像某些人经常得出的结论那样是经济方面的原因,它更多是心理上的原因。战争只是你日常生活的一种血腥和放大的投影。只有当你在和他人的关系中滋生出冲突,战争才会爆发,而这种冲突是你内心斗争和苦难的结果。这种冲突投射在外部世界就是反社会的行为,就是灾难和苦难的根源。由于你贪婪、渴求、嫉妒,所以你杀戮、破坏、伤及成千上万的同胞。所以，当你开始探寻战争的这些根源，你就已开始理解你同他人的关系，你就是在质询你整个的生活方式。根据这种质询，不论是理智上的，还是表面上的，当战争出现时，你就会做出相应的反应。对于一个非暴力之人来说——这里指的不是那种努力变得非暴力的理想主义者——战争是一种巨大的灾难，而且并不能制造出和平。因此，他不会心甘情愿地加入战争；他或许会被击毙，或是被囚禁。他会很自然地漠视所有后果。

而那些理想主义者，正如我在前面已经解释过的那样，他们并不能摆脱暴力。因为你的生活基于冲突和暴力，所以如果你现在不理解生活的运作方式，那么当明天你面对大的灾难，你怎能达到理解的状态并相应做出行动呢？你被民族主义、被阶级归属感、被嫉妒所制约，你怎能在战争爆发的时刻从你的制约中挣脱呢？你必须在战争爆发之前将自己从这些灾难的根源中解脱出来。

战争可以滋养出一种不负责任的行为，而很多人都喜欢这种从责任中逃避的自由。在战争时期，政府会解决你和你家人的温饱问题，等等。战争给你一个从单调的日常生活逃脱的出路。杀戮是一项丑恶的事情，但至少它会令你兴奋。同时，战争还能够释放你罪恶的本性。我们在日常生活中都是罪犯——不论是在交易的世界，还是在我们的关系中——但是我们的罪恶被小心翼翼地隐藏起来，由正义之毯所掩盖，同时得到法律的认可。战争让你从这种虚伪中释放出来，因为至少我们可以公开地暴力相向。所以，当你被号召到军队，你会怎样行动完全取决于你所受到的限制。而我们这些认真热忱的人，如果可以理解自己在日常生活中的暴力，并通过直接面对这种暴力而理解它，如果可以觉察到我们言语、思想、感觉和行为中的暴力，我们就会发现当战争来临，自己能够真正地有所行动。

只有通过觉察"当下实相"，而不是试图转化它，试图将它变成其他模样,了悟才会到来。一个追求理想的人会错误地行动,因为他的反应将会基于沮丧。如果不加选择、斥责和辩护地觉察到你日常的所思所为,那么你就会从导致战争的根源中解脱出来。

问:一个憎恶暴力的人能够加入国家的政府机关吗?

克:如果政府并没有完全地权威化,它其实是应该代表你的。你选择了那些和你相像的人。所以,政府在所谓的民主里其实就是你自己。而你又是什么呢?你是暴力、贪婪、渴求、对权利的欲望等等一系列受限反应的集合体。所以,政府也和你一样。一个在其存在中实际上没有任何暴力倾向的人怎能属于一个暴力的结构呢?

一个寻求真实,或是真实降临于他的人,能够和某个政府、国家或是某种意识形态、党派政治、权力体系有任何关系吗?一个将自己交付于另一实体的人——不论这个实体是什么,可能是一个政党,一种意识形态,也可能是某个上师——这样的人能够找到真实吗?答案是不能。

你之所以会问这个关于政府的问题,是因为你愿意依赖于外界的权威,依赖于环境影响力所带来的改变,并希望这种影响也能将你转化。你希望领袖、政府、意识形态、体制——这些都是一些行为的模式——能够某种程度上将你转化,给你的生活带来秩序与和平。毫无疑问,这就是你问题的基础。那么,另一个实体——比如说一个政府、一个上师或是某种意识形态——能够给予你和平与秩序吗?能够给予你爱和快乐吗?肯定不能。只有当你所造成的混乱得到了完全的理解,和平才会出现。然而你却没有理解我们苦难的根源,你只是寄希望于某些外部的介质能给我们带来和平与快乐。而外部世界永远受制于内心世界,所以只要心理上的冲突还以各种不同形式存在,不论外部结构建铸得再怎样坚固有序,内部的冲突和混乱还是会颠覆它。

所以,你不能孤立你自己,而且必须要开始转化,不是朝着外部世界的对立面转化，而是要给你自己，还有外部世界带来和平与快乐。

问：您好像并不认为我们获得了自己的独立。那么在您看来，什么是真正的自由状态呢？

克：当自由被冠上国家的名义，当自由具备了排他性和阶级划分，它便成了一种孤立。孤立不可避免会带来冲突，因为没有任何事物能够孤立而存。生存便意味着关联。

将你自己隔绝在某个国家的界限之内，会造成混乱、饥饿等现象。独立作为一个孤立的过程，永远都会导致冲突和战争。独立对于我们大多数人来说都意味着孤立。当你们将自己当做一个国家实体而与外部隔离，你获得自由了吗？你从剥削、阶级斗争、饥饿之中解脱出来了吗？你摆脱了牧师、领袖吗？很显然你没有。你将白人剥削者驱逐出境，但是棕色的本民族人又掌握了政权。他们都同样的冷酷无情。

你不想要得到自由。你用语言来欺骗自己。自由就意味着具有理智——不去剥削的理智，心怀悲悯和慷慨，以及不将权威当做安全感的表现来接受的理智。美德对于自由来说是必要的，但是正义却是一个孤立的过程。孤立和正义往往同时发生。美德和自由则相互依存。

一群称自己为某个民族的人会筑造起很多孤立的围墙，于是便永远也得不到自由。这就演变成为斗争、怀疑、敌对的根源，最终导致战争。自由必须由个体开始，因为个体就是一个整体过程，是人类的一个整体过程。如果他拿经济边界或正义的范畴来孤立自己，那么他就是灾难和苦难的根源。如果他将自己从贪婪和暴力中解放出来，那么他就会直接地行动于他的关系世界之中。这种个体的更新不是存在于未来，而是存在于现在。如果你延迟了，你就是在邀请黑暗和混乱的浪潮。只有当你付出所有的注意力，只有当你将头脑和内心放在那些需要即刻理解的事物之上，你才会达到了悟。

问：我的内心浮躁而沮丧。我控制不了它，因此我对自己什么都做不了。我怎样才能够控制思想呢？

克：首先，我们必须理解思想和思考者。我们所说的思想和思考是什么意思呢？思考者不同于他的思想吗？冥想者不同于他所做的冥想吗？特质不同于自我吗？在思想得到控制之前——不管这意味着什么——我们都必须理解思考者和其思想。当思考者停止思考，他还会存在吗？当没有思想存在，还会有思考者吗？如果没有思想，就不会有思考者。但是为什么会有思考者和其思想的分别呢？这种划分是真实存在的，还是虚构的呢？这种虚构是头脑为了使自己得到安全感而创造出来的。我们必须非常清楚地认识到思考者是否与其思想分离，以及思考者为什么会将自己划分。难道你没有觉察到你的思想和你自己是分离的吗？由此才衍生出这种观念：即存有控制者和被控者，观察者和被观者之分。

你们大多数认为思考者是分离而存的，高层自我控制着低层自我等等。为什么会有这样的划分呢？难道这种划分不仍旧是发生在头脑的领地之上吗？当你说思考者是"阿特玛"①，是观察者，说思想是分离的，那么毫无疑问这仍旧属于思想过程的范畴。这种划分之所以存在，难道不是因为思考者可以通过划分使自己得以永恒吗？他可以一直修正他的思想，为自己套上新的框架，但他仍旧是分离于思想，于是便使得他自己得以永恒存在。离开了思想，思考者就不复存在。他或许可以将自己划分。但是如果他停止思考，那么他也就不复存在。这种将思考者同其思想分隔的划分使思考者自身得以永久而存。思考者认识到思想是转瞬即逝的，于是他便狡猾地通过将自己称为阿特玛、称作灵魂、称作精神实体来使他自己得以永存。但是，如果你仔细地观察，将所有从别人那里获取的、

---

① 阿特玛，也称作"觉悟灵魂"。——译者

无论再怎么伟大的知识都放置一旁，那么你就会认识到观察者其实就是被观者，而且存在的只有思想而已。并没有什么从思想中分离的思考者存在。无论思考者将自己分离的手段再怎么高超，分离的程度再怎么深、再怎么广，无论他再怎样在自己和其思想之间筑造一堵围墙，他也始终处于思想的范畴。所以，思考者就是思想。

当你问道：思想怎样才能得到控制？其实你的问题本身就是错误的。当思考者开始控制他的思想，他仅仅是为了使自身得以延续，或是因为他发现自己的思想很痛苦所以才去控制它们。当你变得能够全然觉察到思考者其实就是其思想这个事实，那么你就不会再去思考怎样支配或修正、怎样控制或引导你的思想了。此时，思想就会变得比思考者更为重要。对思想过程的理解就是冥想——即自知的开端。没有自知，就不会有冥想，而冥想就是理解的核心。

所以，我们考虑的是思想过程本身。如果我们能够摆脱想要规制的观念和想要控制思想的观念，那么这就是巨大的革新。只有当你看到思考者和其思想分离这种观念的谬误所在，你才能获得自由。当你看到了谬误的真相，你就能够摆脱错误从而得到自由。

思想是感觉的结果，而头脑则是录制机，是一个不停累积的因素。意识在不断体验、命名和记录——这点我前面已经解释过。这种记录的过程就是记忆。挑战永远是新的，而回应却是陈旧的，因此，是记忆这个过去的录制品在迎接新事物。这种以旧迎新的过程就叫做体验。回忆本身并没有任何生命力而言。它通过迎接新事物而使自己不断再生。新事物将生命力注入陈旧之中，这也就是在加强陈旧。在根据其自身限制来诠释新事物的同时，回忆得到了生命力。只有遇到新事物，回忆才会富有生命。这种再生被我们称之为思考。思考永远都不会是新鲜的，因为思考是回忆的反应，而回忆的生命力是由新事物赋予的。思考永远不会是创造性的，因为它始终是记忆的回应。

一个受到控制的头脑不是自由的头脑。当思想到处游荡，它怎么可能给这种混乱带来秩序呢？要了解一个高速旋转的机器，必须先要使它减慢速度。如果你将它停住，那么它就是一个死亡之物，而死物永远不会得到理解。所以，一个通过排斥，通过孤立将思想扼杀的头脑不会具备理解的能力；如果某种思想的过程可以减慢，那么这种思想便可以得到理解。如果你拥有一段骏马跨栏的慢速影像，你就会看到美妙的肌肉运动这样的细节。同样，当头脑减慢速度，它就会在每种思想一出现的时候便理解之。只有此时，你才会拥有从思考中摆脱出的自由。这种自由不是通过控制或规制思想而得来的。

　　只有当新事物作为新事物得到迎接，新鲜被当做新鲜来看待，此时才会有创造性的存在。只要头脑还是一个录制机，只要它还在收集由挑战来激活的回忆，那么思想的过程就必定会继续。要觉察到每一思想是很困难的，但如果你对一种思想感兴趣，并完全将其领悟透彻，那么你就可能体验到当任何思想一出现时便能将它们写在纸上的经历；在将它们记下之后，通过观察它们，你就会发现你的头脑已经在减速，而且这并不是任何规制或强迫的结果。由此，头脑便能够从过去之中解脱，变得平静，因为头脑不再是问题的制造者。在这种平静中，真实就会到来。

（在孟买的第八次演讲，1948 年 3 月 7 日）

能够不加任何斗争地生活吗？

　　生存就意味着行动——发生在意识不同层面的行动。没有行动，生命就不可能存在。而行动就是关系。在孤立的状况下不可能做出任何行动；而且没有任何事物能够孤立而存，所以，关系就是发生在意识不同层面的行动。

　　正如我所解释的那样，意识就是体验、命名和记录的过程。体验是对挑战的反应。迎接挑战的是受到了制约的反应。而这种制约则被称为体验。这种体验被命名，由此被放进参考系的框架中，这种参考系就是回忆。这一整体过程就是行动。意识就是行动；而如果没有体验、命名、记录这一过程，就不会有任何行动发生。不管你是否觉察到了这个过程，它都一如既往在继续发生。

　　行动制造出了行动者。当某个行动得到了有形的结果、结局，行动者就会出现。如果在行动中并无结果，那么行动者就不会存在。所以，行动者、行动以及结局其实是一个统一过程，是同一运动。朝向某种结果的行动就是意愿。想要达到某个结局的欲望会带来意愿，于是行动者便出现了。带着意愿的行动者和朝向某个结果的行动是同一个过程。虽然我们能够将其分开并分别地观察它们，但它们实则为统一体。我们很熟悉这三种状态：行动者、行动以及结果。这就是我们的日常存在。这三者构成了一种成为的行动过程。否则，就不会有成为存在。如果没有行动者，就不会有朝向某个结局的行动，那么也就不会出现成为的过程。

我们的生活就是一个成为的过程，在意识的不同层面成为。这种成为是斗争，也是痛苦。而有没有一种行动，其中不含有这种成为，也没有成为所带来的冲突和苦难呢？答案是有，前提是没有行动者，也没有结果存在。带着既定结局的行动制造了行动者。能否有这样一种行动，其中没有任何结局、结果，因此也不会生出行动者呢？因为只要带着渴求某种结果的欲望而行动，就会出现行动者。所以，行动者就是斗争和苦难的根源。

能否有某种行动，不加行动者的参与，也没有在寻求某个结果呢？只有这样，行动才不会是一个成为的过程，也不会出现成为所带来的混乱、冲突和敌对。此时，行动才不会是一种斗争。这种行动的状态就是一种不加经历者和经历之分的体验。想要理解这点其实很简单。我们的生活就是冲突，而一个人能够不加冲突地生活吗？冲突会造成分裂，会带来一浪接一浪的混乱和毁灭。而只有在创造性的快乐中才会存有革新、重生的状态。

我们的问题是：我们能够不加任何斗争地生活吗？所以，我们必须理解行动。只要行动还包含既定的结局，就必定会出现使成为、使冲突延续的体验者。这种成为制造了矛盾。所以，有没有不加矛盾的行动呢？只有当不带有对结果的渴望这样的行动出现，我们才能从矛盾中摆脱出来。此时，行动就只是一种不停体验的状态，其中不含体验的客体，于是也就没有了体验者。你能够每时每刻都生活在体验的状态之中，并不去创造任何行动者吗？

就拿任意一个你所经历过的体验来说吧。在那个体验的时刻，你并没有觉察到有体验者和体验之分；此时存在的只有体验的状态。而当体验的状态渐渐淡去，体验者和体验就出现了——即行动者和朝向某个结局的行动。我们生活在一种体验的状态中；只有当体验褪去，我们才给它赋予一个名称，记录下来，由此使得成为得以延续。正是想要重复某个体验的欲望造就了成为的过程，而成为又会反过来阻碍体验的进程。成为阻碍了体验。这种成为就是斗争和痛苦。

所以，我们的问题是怎样从行动的冲突和苦难中解脱出来。没有行动就没有生活。行动就是关系；没有行动，就只会有孤立，而任何事物都不能孤立而存。只有当出现一种不加体验者和体验之分的体验状态，你才能从行动之中的矛盾里解脱出来。这种体验状态当然也排除了行动者和其对结果的寻求。只有当你不为体验命名，不就此使它重现——命名体验及使之重现就是在筑造回忆，而回忆则是对结果的记录，也就是带有既定结局的行动之产物——那么你就可以全然、完整地生活在没有任何冲突存在的行动之中。这种体验就是喜悦，就是创造。要生活在持续的体验之中——即生活在持续的更新或转化中——就必须要觉察到行动的过程，以及行动对某种结果的寻求，这种对结果的寻求制造出了行动者。我们必须觉察到这一点，而不是任何其他事物。当我们机敏而无为地觉察到行动，并看到了它的真相，那么在这种状态之中，就会出现不加经历者和经历之分的体验了。

问：思考者和其思想是什么关系呢？

克：思考者和其思想有任何关系吗？或者说实际上只有思想，而没有思考者存在？如果没有思想，当然就不会有思考者。当你拥有思想时，就会有思考者存在吗？思想觉知着思想的短暂，它自己就创造出这个给思想者自己以永恒性的思想者。所以，是思想创造出了思考者；于是思考者将自己筑造成一个独立于永远处在流动状态的思想而存在的永恒实体。所以，是思想创造出了思考者，而不是别种情况。并不是思考者创造了思想，因为如果没有思想，就不会有思考者。思考者将自己同其父

能够不加任何斗争地生活吗？　369

母分离，试图建立起一种关系，一种由思想创造的思考者——即所谓的永恒，与非永恒或是转瞬即逝之物——即思想之间的关系。所以，实际上，思想和思考者都是转瞬即逝之物。

我们要就一种思想完整地探寻到底。要全然地思考它，感觉它，亲身去发掘发生了什么。一旦做到了这一点，你就会发现根本没有思考者存在，因为当思想停止，思考者也不会存在。我们认为思考者和思想是两种状态。其实这两种状态是虚构的，是不真实的。存在的只有思想，而成束的思想创造了自我这个思考者。思考者在使自己得以永生的过程中，试图改变思想，修正思想，由此来维持自己的存在。但是如果你能够不加抵抗力，不加选择与斥责地思考清楚、感觉明白每一思想，那么就不会有思考者这个实体。当思想不再制造出思考者，这种状态就是真正的体验。这是一种没有经历者也没有经历的行动。

只有当思想的过程得到完全的理解，当每种思想都能够深入且广泛地揭示自己，你才会拥有从所有思想中解脱出来的自由境地。只有在这样的状态中，你才会拥有真正的体验。

问：我想要通过宣传您所讲授的这些内容来帮助您。您能就什么是最好的方式给我一些建议吗？

克：要做一个宣传者其实就是做一个说谎者。宣传只是一种重复，而对真理的重复就是谎言。当你重复别人所说的你所认为的真理，那么它就不再是真理了。重复没有任何价值，它只会使头脑钝化，使心灵疲惫。你不能够重复真实，因为真实永远不是恒常和固定的。真实是一种体验的状态，而你所能重复的只会是一种静态事物，因此它便不会是真实了。

宣传，即重复，会带来无尽的伤害。一个为了宣传某种观念而走出来演讲的人实际上是一个理智的毁灭者。他重复的是他自己或是别人所经历过的某种体验。而真实是不能够被重复的；真实必须由每个人亲自去体验。

现在，若是你理解了这一点的话，那么你还能为促进我的演讲做些什么呢？你所能做的就是将这些讲授付诸实践，带着生机、热情及活力去实践你所全然理解的真实。那么，就像花园中的鲜花一样，芳香便会散播开去。所以，同样的，你生命的芬芳将会随风散播而去。你不需要为那朵茉莉宣传；它的芳香，它的可爱自会带来生机。只有当你没有这种可爱，这种美丽，你才会去谈论它，由此拿意义甚微的词汇来掩盖你自身的空虚和丑陋。

但是，当你自己达到了了悟，那么你就会自然而然谈到它，高屋建瓴地大声表达出来。一种死亡的思想永远不可能被体系化，也不可能通过宣传而散播。而一种鲜活的思想也不能被当做剥削的工具，它也不是你从别人那里得来的，你必须亲自去发掘它。就像蜜蜂飞向一朵花儿一样，那朵花儿并没有为自己做出任何宣传，宣称自己有蜂蜜，鲜活的思想也是一样，它自会制造出甘露。但是如果没有这种蜂蜜，而仅仅去做宣传，那就是在欺骗人们，剥削人们，为他们制造出分化，由此滋生出嫉妒和敌对。但是如果拥有了理解之甘露，那么不论这种甘露的分量再少，它也会将人们滋养。

如果你的内心拥有了悟，那么理解本身便能为你带来重生的奇迹，不是发生在明天，而是每时每刻的奇迹。只有在现在，才会有理解存在。爱并没有处在时间之网中——你要么就爱在现在，要么永远都不会拥有爱。

问：死亡这个事实是每个人都所要面对的。然而，我们却永远都不能解开死亡的神秘面纱。必定一直都是这种情况吗？

克：为什么会对死亡恐惧呢？当我们紧握住延续不放，我们就会产生对死亡的恐惧。不完整的行为会带来对死亡的恐惧。只要你还希望你的种种特性能够延续，还希望你的行为、能力、名义等等可以继续延续，那么你就摆脱不了对死亡的恐惧。只要你还存有寻求某种结果的行为，那么就必定会有寻求延续的思考者。当延续由于死亡而受到威胁，恐惧就会出现。所以，只要还存有想要延续的欲望，对死亡的恐惧就会依然存在。

所延续之物会导致分裂。任何形式的延续，不论再怎样高尚，它都是一种分裂的过程。在延续中永远不会存有更新，而只有在更新的状态里，你才能够摆脱对死亡的恐惧。如果我们看到了这个真相，那么我们就会看到谬误中的真实。由此我们也就会摆脱错误，得到自由。于是也就不会再会出现对死亡的恐惧。因此，生活、体验都是发生在当下，而不是延续的工具。

有没有可能时时刻刻都生活在更新的状态中呢？只有在终点，而不是延续之中，才存有更新。更新存在于这个问题的终点和另一个问题的开始之间的间隔中。

死亡，这个非延续的状态其实是一种重生的状态，它是未知的。死亡就是未知。作为延续之产物的头脑不能够理解这种未知。它只了解已知。它只能在延续的已知中作为、生存。所以，已知畏惧未知，因此死亡仍旧是一个谜题。如果每时、每日都会有终点出现，那么在这些终点之上，未知便会现身。

永恒并非是"自我"的延续。"自我"和"我的"都属于时间的范畴，都是朝向某种结果的行为之产物。所以，"自我"、"我的"与那些永恒的、非时间性之物没有任何关系。我们总会认为它们有某种关系，其实这只是一种幻象。那些永恒之物不可能被封尘在非永恒的箱子里。不可估量之物也不可能会困于时间之网中。

只要你还有对满足感的寻求，就会有对死亡的恐惧。满足感没有终点。欲望一直不停地寻求、改变满足感的客体，因此欲望被困于时间之网中。所以，对自我满足感的寻求是延续的另一种形式，而沮丧又将真实当做一种延续的方式来寻求。而真实并非是延续的。真实是一种存在的状态，而存在就是一种脱离了时间的行动。只有当提供延续的欲望得到了完整、全然的理解，你才能够体验到这种存在。思想建立在过去之上，所以思想不能了解未知，了解那些不可估量之物。思想的过程必须终止，只有这样，未能可知的事物才会出现。

问：我有足够的钱财。您能告诉我钱财的正确用途到底是什么吗？只是不要让我散金给那些穷人。钱财是用来利用的工具，而并不只是一种要摆脱掉的麻烦。

克：你是怎样得到钱财，怎样积累钱财的呢？是通过贪求，通过剥削，通过残酷的手段。要积累钱财，你必须聪明而狡猾，你必定会说谎，并且冷酷又无情。在积累过后，你想要知道该怎样利用钱财。要么你变成一个慈善家，要么你将它们分发。这些用错误的手段积累的钱财，你又希望正确地利用它们。不要嘲笑那些富人。你们其实也一样，渴望变得富有。而你不可能通过错误的手段得到正确的结果。一个人应该将财产都分给穷人，而自己变成穷人吗？你的行为取决于你的内心，而不是取决于你不停计算的头脑。那些累积之物不可能做到慷慨。一个苛刻的头脑，一个不停计算的头脑只能在其自身层面运作，因此它的问题虽然得到了一定的修正，但始终还会存在。只有爱才能解决这种问题，不是头脑，也不是头脑所制造出的体制和那些有组织的慈善家。

如果你拥有爱，那么你就会知道该用你的钱财做些什么；而且你也就会根据你内心的指引是困难的而行动。要得到源自仁爱之心的指引，尤其是对于那些富人来说。所以，你怎样使用那些继承而来或是积累起来的钱财，都比不上对心灵的培养重要。当你有钱而无爱，那么苦难就会降临到你。正是那些空虚的心灵才会去聚敛钱财，而收入囊中之后，怎样处理那些积累的金钱这个问题就会随之而来。但是问题并不在于积累，而在于是否唤醒了心灵之美。当心灵觉醒，那么它便会知晓该如何行动。

没有爱，而仅仅试图成为一个慈善家，这其实是剥削的另一种形式而已。爱不但会给富人指引道路，还会为那些穷人指引出路。只有爱才能解决生存的矛盾。当头脑被困于丑恶的行为之网中，只有爱才能指明什么才是真正的行动。

问：我是一名作家，而我会经历一些好像什么都写不出来的瓶颈时期。这些时期的开始和结束并没有任何明显的缘由。这是什么原因所导致的呢？又有什么解决的方法呢？

克：问题并不在于怎样才能在所有的时间里都拥有创造力。我们要考虑的是：为什么会有不敏感呢？为什么会有一些麻木的时刻，当时会没有任何创造可言呢？创造性是降临而来的；它不是能够邀请得到的，它也不能虚伪地维持。为什么会出现这些麻木的时刻呢？很显然，不敏感必定是通过钝化的思想、麻木的感觉和迟钝的行为而产生的。在贪婪、残忍和嫉妒面前，怎能会有敏感呢？虽然嫉妒某种程度上作用于头脑——也就是使头脑渴望寻求权力所带来的满足感，但它会不可避免地使得头脑和心灵钝化。我们并没有理解不敏感的根源是什么，而是紧握住那些曾经有过创造性的状态不放。我们渴望创造性，而这是逃避"当下实相"的另一种形式而已。在你理解"当下实相"的过程中，如果你还能够不去制造对立面，那么创造性便会到来。

因此，问题首先是要觉察到不敏感的根源，要不加选择和否定，不对那些麻木时期作辩护或定位。那么，在这种机敏、无为的觉察中，不敏感的根源就会得到揭示。如果你做到了仅仅是停留于觉察到这个根源，而没有试图克服它，那么麻木就会开始渐渐褪去。正是在这个没有斥责或辩护的安静时期——在这个安静观察的时期，你就会认识到到底是哪里出了错。这种对真相的认知可以将头脑从不敏感中解脱出来。

但是，不论是画家、作家还是雕塑家，他都需要生存。所以他不仅仅满足于表达出他的喜悦，他想要某种结果，想要得到认可；同时，他当然还想要满足自己的衣食居住。如果他能够仅仅满足于衣食居住，那么他的生活将会容易得多；但是就像我们所有人一样，他将这些物质条件作为心理扩张的手段。所以，他的内心变成了自我扩张的过程，由此带来了斗争和苦难，以及那种阻碍创造性存在的不敏感。

只有当"自我"和"我的"缺席，创造性的存在才能够持续更新。正是"自我"带来了延续，由此导致了不敏感。只有在对"自我"的不断终结的过程中才会有更新发生。只有此时，才会出现那种没有麻木、也不会不敏感的状态。

问：难道对我们来说，来自您个人直接的影响对我们理解您的讲授不是很有帮助的吗？当我们有老师指导，我们不是能够更好地理解您的讲授吗？

克：并不是这样的，先生。当你爱你的邻居，当你爱你的近亲，此时没有任何比这种爱更伟大的理解了。当你爱你的妻子，你的孩子，你的邻居——不论他们是白人还是棕色人种——当你的内心回荡着美妙的旋律，此时，爱就会带来理解。

当你听我演讲，或许这会对你有直接的帮助，因为你正在启动你的头脑和心灵，去发掘我所说这些话语的真相。如果你不想要去发掘，那么你就不会坐在这里了。在同一个理解得更清晰的人谈话这个过程中，你自身的头脑和心灵也会变得明澈。但是如果你将那个人奉为你的上师，你的导师，并且只是爱他、尊敬他，那么你就轻视了其他人。先生们，难道你们没有注意到，你们对我有多么的尊敬，而对你们的邻居，你们的妻子，你们的仆人（如果你们有的话），是多么大意，多么无情吗？这种矛盾的状态表明了你对每个相关之人的不尊重。其实，你怎样对待老师并不怎么重要，至关重要的是你怎样对待你的邻居，你的妻子，你的仆人。对我尊敬，而否定他人，这是虚伪的表现，同时也会破坏爱的存在。

能够带来理解的是爱。当你的内心充实，你就会倾听到老师的讲授、乞丐的求助，倾听到孩子的笑声，倾听到彩虹，以及人类的悲伤。在每块石头和每片树叶之下，存在着永恒，但我们却不知道如何去观察它们。我们的头脑和内心充斥着他物，并没有领悟"当下实相"。爱和仁慈，善良及慷慨都不会导致敌对。当你心怀有爱，你便离真理很近了，因为爱会带来敏感，而敏感便能够实现更新。此时真实也就会出现。如果你的头脑和内心被无知和仇恨所累，那么真实就不会出现。

只有当这些演讲产生直接的影响力，打破思想过程，打破在关系中的孤立过程，并将你日常行为中的贪婪和嫉妒终结，它们才会产生意义。智力上的艰辛探寻就是虔诚；敞开心灵接受真实和未知就是虔诚。拥有爱，你就能够达到了悟。

（**在孟买的第九次演讲**，1948年3月14日）

自知不需要任何积累起来的知识

人们擅长于将新酒装入旧瓶里。我们当中那些饱经学识和历练的人总是根据其固有的知识来诠释我所说的话，或是将之放在他们的偏见之框中。能够带来理解的是直接的体验，而不是将其放在特别的术语和经历这种框架中的行为。我们大多数都会积累知识，并且根据这些知识来进行诠释和行动。

自知不需要任何积累起来的知识。其实，积累的知识对自知来说变成了一种负担。自知，作为对一个人自身全过程的理解，不需要任何预先的知识。一个人的预先知识会带来误译和误解。自知是持续的运动，其中没有任何累积存在。这种自知发生在每时每刻，因为自知是一个发掘自我活动的过程。只有当积累知识的过程出现，创造性的存在才会被压制。

我们的生存状态可以被比作一座冰山。只有十分之一浮在水面，而其余的则在水面之下。我们如此忙于表面的存在，于是没有时间、也没有意愿去探寻深入的部分——而这深入的部分却是我们存在的大部分内容。而若是我们要如此深入地探寻，就必须要有某种机敏的观察力，才能看到那些来自深层意识的暗示。正是这些深层意识控制、塑造了行为。仅仅是忙于那些肤浅层面的外部行动只会带来毁灭性的矛盾。这些介于意识不同层面的矛盾造成了沮丧和绝望。为了从沮丧中挣脱,思想去寻求其他形式的活动,结果只是将沮丧加倍。只有当意识的所有层面都毫无矛盾地相互关联,沮丧才会停止。所以,自知对于能否从腐蚀我们心灵的沮丧中解脱出来是至关重要的。是自知带来了喜悦和自由。

问: 当民族主义消失,又会出现什么呢?

克: 理智。其实这个问题的言外之意就是什么可以替代民族主义。所有的替代都不是能够带来理智的活动。用一个政党替代另一个政党,一种宗教信仰替代另一种宗教信仰,这都是无知的行为。

民族主义或是爱国主义怎样才会停止呢?只有当你理解了它所有的涵义,包括其外部还有内部的涵义。在外部世界中,民族主义制造了人与人之间的划分,将人们按照阶级、种族、经济水平等等分类,而这最终导致了斗争和战争。在内部世界里,也就是心理上,民族主义是渴望用某些更加伟大的事物来定位自己这种欲望的产物,比如说拿家庭、群体、种族、国家和观念来将自己定位。这种定位就是一种自我扩张的形式。住在乡村或城镇这样狭小的环境里,你什么都算不上。但是如果你拿更大的事物来定位自己,比如拿某个阶级,某个群体,某个国家来定位——将你自己定位成为一个印度教徒,一个基督教徒,或是一个穆斯林——这样一来就会有一种满足感油然而生,而这样的声望其实都是虚妄。对定位的心理需求是内心贫乏的结果。通过定位辨识而进行的自我扩张滋生了伤害和毁灭。如果你理解这个过程,那么你得到的就会是自由和理智,而不是替换。

当你拿宗教来替换民族主义或是拿民族主义来替换宗教,这都是自我扩张的手段,由此也便会导致竞争与苦难。任何形式的替换,不论再怎么高尚,都会导致虚妄。替换就是贿赂。只有当你在不同层面——在外部世界以及内心世界——都理解了这个问题,理智才会到来。

问：觉察和内省有什么不同呢？在觉察的过程中，到底是谁在觉察呢？

克：为了修正或改变而对自己所做的检视通常叫做内省。大多数人都带着某种想要改变的意愿来观察自我的回应。在这个过程中，一直会有观察者和被观察对象的存在，观察者总是会预先规划某种结果。在这个过程中，并不存在对"当下实相"的理解，有的仅仅是对"当下实相"的转化。当你没有达到规划的结果或没有完成转化，就会出现消沉和沮丧，出现随着内省而来的喜怒无常。在这个过程中，总是会存有自我的积累过程，存有无法摆脱的二元冲突。在这种内省的行为中，还会存有对立面之间的斗争，而这种斗争总是会滋生出选择和无止境的挣扎。

而觉察就完全不同了。觉察是不加选择、斥责或辩护地观察。觉察是安静的观察，在这种观察中，你就能够达到了悟，其中不会出现体验者和被体验对象的分别。在这种无为的觉察中，不论是问题还是根源都有机会自我揭示，展现出其全部的意义。在觉察中，没有想要得到的既定结果，没有成为，并且"自我"和"我的"也不会得到延续。

在内省之中有一种会导致自我为中心的自我改进过程。而在觉察的过程中则没有这样的自我改进；相反，觉察就是对自我的终结，对"我的"特点、回忆、需求和追求的终结。自我反省就意味着定位和斥责，选择及辩护。而在觉察中，则不存在任何这样的行为。觉察是不加任何中介牵线搭桥的直接关系，不论你对这种觉察是喜是恶。觉察就是敏感于自然、外物、与人们的关系及与观念的关系。它是一种当每种感觉、思想和行为一出现便能够得到随时观察的状态。觉察并不是斥责，也没有像"自我"和"我的"这样积累起来的回忆。觉察就是理解自我的行动，理解关联于其他事物、其他人和其他观念的"自我"和"我的"。这种觉察发生在每分每秒，因此你不能去练习它。所以，觉察并不是对习惯的培养。一个被困于习惯之网的头脑是不敏感的头脑。一个在某种行为模式中作用的头脑毫无柔韧性可言。觉察需要持续的警觉和柔韧。

内省会导致沮丧、冲突和苦难。而觉察则是一种从自我活动解放出来的过程。若要觉察到你的日常行动,觉察到你思想和感觉的运动,觉察到他人,你就必须拥有那种敏感的柔韧性,而只有探寻和兴趣才能够带来这种柔韧性。要完全了解自己——不是仅仅停留在对你自身一两个层面上的了解——就必须要有那种机敏、广阔的觉察和自由,只有这样,隐藏的意图和追求才能够得到揭示。

在觉察的过程中,是谁在觉察?在体验的状态中,既没有体验者,也没有体验而言。只有当你未能进入体验的状态,才会出现体验者和体验之分,而这就是记忆本身所做的划分。由于我们大多数人生活在记忆和记忆的回应之中,所以我们无一例外在询问谁是观察者,谁又是觉察之人。而毫无疑问,这是个错误的问题,难道不是吗?在体验的时刻里,并不存在觉察的自我,也不存在它所觉察的客体。我们大多数人都发现,要真正生活在体验的状态是极度困难的,因为这需要思想和感觉的放松的柔韧和迅敏的运动,需要高度的敏感。当我们去寻求某种结果,当成就变得比理解重要得多,那么所有体验所需要的特质就会被否定。只有一个不去寻求某种结果,从斤斤计较的精神中解脱,不再要成为什么的人才能够处在持续的体验状态。你可以亲身体验一下这一点,由此便能观察到:在体验的过程中,体验者和体验其实都不存在。

对自我扩张过程的改进绝不会带来真理。这种自我的扩张永远都是自我圈附的过程。觉察是对"当下实相"的理解——理解你日常存在的"当下实相"。只有当你理解了你日常存在的真相,你才能够行得久远。但若想要行得久远,你必须始于足下。如果我们不理解身边的事物,而去遥望昏暗模糊的远方,那么这只会带来混乱和苦难。

问：婚姻是一种必须还是一种奢侈呢？

克：性欲通过婚姻而变得合法化。社会要求我们对孩子进行保护。这是所谓的婚姻之所以存在的缘由之一。婚姻还由于某些心理原因而存在。你需要一个伴侣，需要一个可以占有、控制，可以给你心理及生理慰藉的人。因此，不论是男人还是女人，他们其实都是在控制对方，把对方当做一种依赖。性占有或是经济上的占有给予你满足感。于是，在关系之中，占有就变得极为重要，而这导致了各种各样的痛苦、怀疑和不信任。只要存有占有和满足感，爱就不会存在。当你为了生计不择手段，当你在生意里狡猾奸诈且与他人竞争，那么怎会有爱存在呢？你不可能一面剥削你的邻居，使他食不果腹，流离失所，一面回到家中对你的妻子和孩子充满爱心，因为对他人的剥削破坏了你对妻子和孩子的爱。当孩子变成了一种延续自我的手段，或是被当做延续你自己的工具，又或是被当做玩具来对待，那么对你而言就不可能有任何爱存在了。只有爱与理智才能够解决婚姻这个复杂的问题。

要理解我们人类的问题，就必须心怀有爱。仅仅是通过立法并不能带来敏感的理智，而只有拥有了这种理智，你才能在关系中达到了悟。你不可能一方面雄心勃勃，一方面又敏感柔弱。你不可能既是工业、政治方面的首领，或是某个组织的领袖，而同时又能够做到慈悲。我们人类的问题需要去领悟，而不是去斥责或辩护。通过对"当下实相"的觉察，这种领悟才会出现。

问：如果不是剥削者在为大家提供温饱，那么又会是谁呢？当你在剥削那些剥削者之时，你又怎样能摆脱剥削的过程呢？

克：当你为了某些心理上的目的而利用他人，那么剥削就开始了。所有的剥削都是基于心理上贫乏的生存状态。如果这种生存的贫乏得到了理解，那么就不会出现人对人的剥削。剥削不会通过立法而停止。剥削有各种不同的形式——家庭隐藏的剥削,社会公开的剥削——而只要这种心理上的空虚依旧存在,剥削就会继续。当你内心富裕,那么你就将会为点滴而满足,为生活所必需之物而满足。

这个提问者问我:我是不是在剥削那些剥削者?我不这么认为。他养活我其实和我外出挣钱养活自己是一样的。因为我并没有将他当做一种心理必需来利用,我也没有在利用你们这些听众,将你们当做自我满足的工具。从心理上来讲,我并不需要你们。我是为了我的生计外出挣钱,我是在布道,由此我才能满足自己的衣食住所。

当没有了自我扩张,没有了心理上对他人的利用,那么就不会有剥削存在了。如果一个人能够满足于点滴,那么这并不是因为某种观念所致,而是因为他内心富裕,存有美好和极乐。没有这种内在的质朴,而仅仅是裹上一层缠腰布,这没有任何意义。你似乎太过于重视外在的剥削,当然,立法可以阻止这种暴行。而心理上的剥削却要微妙得多,也更富有伤害性和毁灭性。只有个休得到了转化,这种剥削才会停止。这种转化并非是时间性的,它永远存于当下。在这种内在的革新中,你就会为你所生活的这个世界带来转化,为你的关系世界带来转化。

问:难道使头脑安静对于解决某个问题不是一种前提吗?难道问题的解决不是一个使头脑得以安静的条件吗?

克:难道使头脑安静对于解决某个问题不是一种前提吗?头脑并不单是意识的几个肤浅层面。意识也不仅仅是头脑那些钝化的行动。当肤浅的头脑制造了某个问题,那么肤浅的层面就必须变得安静,才能理解这个问题。当你遇到了一个生意上的问题,你会怎么做呢?你会拔掉电话线。你会阻止你的秘书打扰你,因为你在研究这个问题。这就是你们大多数人遇到各种问题时的处理方式。在研究问题的过程中,只有肤浅层面变得相对安静了,至少是暂时的安静。只有当每个问题都得到了完全的理解，这些问题才不会留有任何残余和回忆。意识就是一个体验、命名和记录——即记忆——的过程。不管你有没有意识到，这种过程都在持续进行。

如果一个头脑没有理解意识的全部内容，那么它怎样才会保持安静呢？你不可能通过规制来使头脑安静，这种规制只会导致头脑麻木、疲惫。只有允许思想顺其发生，并理解其内涵，安静才会到来。就像当微风停止时池水就会变得安静一样，头脑也会变得极度安静，问题也将由此得到解决。只有通过自知——而不是通过否定或接受——通过对每一思想和感觉的觉察，头脑才能够得到安静。如果你去培养安静，那么就会破坏创造性的理解。当你去追求平静，你就是在施行意念，而意念则是欲望的产物；而且欲望，就其本质而言，就是一种扰乱因素。只有通过邀请悲伤，而不是通过逃避苦难，你才能够理解真实。

问：鉴于在寻求权力的过程中，其推动力是兴趣，那么又是什么创造了兴趣呢？我认为"是什么创造了兴趣"是一个有价值的问题。是痛苦所创造的吗？

克：如果没有兴趣，就不会有寻求。这种寻求正是虔诚的奉献。但并不存在通向真实的奉献之路。只要有寻求，就会有行动，而行动的途径不可能一分为二。只要有对"当下实相"的深入探寻，就会出现智慧的行动，而没有单独的智慧之路存在。

这样的兴趣是怎样产生的呢？认真随着对悲伤的领悟而来，所以当我们去寻求逃避悲伤的出路时，领悟就与我们擦肩而过了。这种通过社会活动，通过上师，通过娱乐和知识来逃避悲伤的行为会驱散认真。困难并不在于理解悲伤，而在于我们将精力浪费在试图克服悲伤的行为之上。其结果就是悲伤需要一次又一次地去征服，而我们由此也要一次又一次地经受痛苦。

痛苦不会导致理智的出现。只有在了悟中，智慧才会存在。只有当所有逃避悲伤的行为都告一段落——在面对悲伤的过程中，当然你首先面对的会是一种震惊——当头脑不再从痛苦中逃避，那么痛苦的根源就会得到揭示，你也就不必去找寻这些根源了。找寻根源是逃避的另一种形式。如果你觉察到痛苦，那么痛苦的内容就会自我揭示。你对痛苦之卷了解得越多，你的智慧就会越博大。当你在逃避痛苦，其实你是在逃避智慧。

只有通过无为而机敏的觉察，真理才会降临，而只有真理才能够将人类从悲伤之中解救出来。是真理带来了福佑。所有对悲伤所做的积极行动都是一种逃避行为。只有通过消极的思考——这是思考的最高形式——悲伤才会得到消解。

（在孟买的第十次演讲，1948年3月21日）

自知是智慧的开端

我们大多数人都面对着很多问题，很多忧虑、冲突及斗争，为此，我们找不到一个永恒的解决方法。我们并没有清晰、准确地认清问题；我们也没有深入而质朴地看到问题错综复杂的脉络及其涵义。我们在问题中，在我们自身的内心中设立了许多屏障，这些屏障使问题变得模糊不清。不论问题是什么——是经济方面的或是社会方面的，是肤浅的还是心理上的——我们都会得出某些结论，为它们备好答案。我们用忧虑或是用预先设想的准则来处理问题。而这样则会阻碍我们对问题的持续理解，因为答案离问题并不遥远，答案就存在于问题本身。于是，我们所有的困难就在于能否清晰、质朴地看待问题，因为问题永远都不会是相同的，问题也永远都不会是静止的，它处于永恒的变化之中。要理解一个问题，我们必须理解问题的制造者——即头脑、本我、"自我"。

我们很大程度上满足于机器或双手所制造的产物，或是满足于头脑、思想、信仰所制造的事物。双手或头脑所制造出的事物都是感官方面的。双手制造出的事物很快就会消磨殆尽，头脑所制造的也一样。头脑很快会建立起一种评估体系，并进而被固定在参考系的框架之中，但是这种标准化不能持久。

所以，在我们对永恒的寻求和很快耗尽并消失的事物之间永远存有斗争。双手制造的事物被头脑以错误的方式利用。食物、衣服、住所被头脑冠以错误的价值。正是这种由头脑所制造的对事物的错误心理评估滋生了冲突和苦难。所以，我们的苦难归咎于这种错误的利用。因此，我们必须要理解头脑，以及头脑的意念和其评估能力——即理智。

只要意念——这个欲望的表现，这种评估的能力，这个渴望的产物——没有得到清晰和完整的理解，只要你还没有认识到它们的微妙和意义，那么就会出现冲突和苦难。这种对欲望的运作方式的理解，对欲望所带来的意念和评估、选择和辩护、辨识和否定的理解就是自知。自知可以使沟壑平坦。只要你还不具备自知的能力，只要头脑还在运作，那么就必定会出现错误的价值观，这将不可避免地滋生出混乱和敌对。

自知是智慧的开端，而没有理解，就不会有快乐。因此，觉察"当下实相"——无论某个问题或许看起来再怎样复杂——不要扭曲它，这就是问题的解决方法。如果没有自知，要深入且敏锐地观察问题就是不可能的。

没有冥想，就不会有自知。冥想是一个认知到每一思想感觉和行为真正面目的过程。冥想并不是排除所有思想，将意念集中在某一特别的物体、意象或观念之上。冥想是当每一思想和感觉出现时便能随时不加选择、斥责或辩护地觉察到它们。正是对问题真相的认知才能将思想从问题中解放。随着自知的展开，由对事物、他人和观念的错误评估所导致的悲伤就会褪去。自知并不是指高层自我或低层自我所具备的知识，因为这仍旧属于头脑的范畴，而且这是一个为了自我保护而产生的错误划分，其中没有任何真实存在。自知指的是对一个人自身完整存在过程的知识。

所以，只要自知还没有出现，那么我们的问题就会继续繁殖、更新。只为了这个原因，个体就变得极为重要。而只有个体自己才能够将自己转化。只有他自己才能在其关系中带来革新，才会为他的关系世界带来必要的更新。

这种转化只有通过自我的知识才能够发生；书本知识、推理判断或是他人的知识无论再怎样伟大，都不能带来这种转化。这种知识和我们生活的这个世界之间并不是敌对关系。它也不是自我孤立的过程。没有关系，人类便不能够生存。只有理解了这种同事物、他人及观念的关系，你才能得到快乐。快乐并非随着评估和选择而来；当选择者、行为者和头脑不再只关注他自己，快乐就会到来。当头脑安静，真实和福佑便会出现。做到这一点的人才是受到护佑之人。

问：为什么您不展现一些奇迹呢？所有的老师都会这样做。

克：治愈人们的身体并没有治愈人类的心理那样重要。过去，我曾做过身体上的治疗。而现在，我关心的是内心的治疗，这要重要得多，不是吗？如果头脑和内心被顽疾所困，那么它们也会影响身体，而身体反过来又会影响头脑。如果我们过于重视外在身体而忽视了内心世界，那么内心世界就会一直压制外部的状况。

这种奇迹，这种内心的转化都是你所期望的。你希望奇迹发生，而实际上这是一种懒惰、不负责任的标志。你希望其他人为你工作。治愈外部或许会得到人们的爱戴，但是不会将人类引向快乐。所以，我们应该理解内部的空虚，内部的顽疾和腐化。没有人可以治愈你的内心，而这正是奇迹所在。一个医生可以治愈你的外部身体；一个精神分析学家或许可以使你正常、适应地生活在一个堕落的社会里；但是要进行超越，要想内心真实、明澈、不受腐化，这只有你自己才可以做到，而不是其他人。这就是最大的奇迹：完全地治愈你自己。

这就是过去的三个月我们在这里所做的事——理解我们自己，理解我们顽疾、冲突和矛盾的根源；清晰、质朴地观察到事物的本来面貌，不加任何扭曲。当你清晰地观察到某种事物，奇迹就会发生；此时，"当下实相"就会得到不加扭曲地认知，而且理解所带来的真理便能够治愈你的内心。只有通过你自己的觉察，而不是通过他人所为的奇迹，理解之真理才能够到来。奇迹会发生，只是我们并未觉察到。现在的你和昨日的你不尽相同。如果你可以轻松、迅敏地追随头脑的内部本质，那么你就会看到奇迹发生：更新的奇迹、生命的奇迹、美和快乐的奇迹。但是如果你被缚于你自身的成就和信仰之中，那么你就跟随不上生命迅敏的运动了。一个满腹经纶之人，一个被困在自己所知之中的人，他身上不会发生任何奇迹。但是一个不确定之人，一个不做任何询问的人——对于他来说，生活就是一个奇迹，因为会有无止境的持续更新出现。

问：您说过在所有这些听者的内心都会发生某些转化。而据您所说的这些来推测，他们必须等着这种转化自己呈现出来。那么您是怎样能够立即地招致这些转化的呢？

克：只要你在寻找这种转化，将它当做一种可获得的结果，那么转化就不会发生。只要你还在思考成就，思考时间，那么就不会出现任何转化，因为此时头脑被困于时间之网中。当你说你在思考即刻的转化，你其实是在思考昨天、今天和明天。这样属于时间范畴的转化其实仅仅是一种改变，是修正了的延续。当思想从时间中解脱，就会出现非时间性的永恒转化。

只要问题仍在被思考，它便会继续存在。是思想制造了问题。作为过去的产物，头脑并不能解决问题。头脑可以分析，可以检视，但是它不能够解决问题。不论是多么复杂，多么相近的问题，只有当思想的过程终结，问题才会停止。当头脑这个由许多个昨天而造成的产物停止运作，当头脑所带来的理性和计算不复存在，问题才能够终结。时间的结果并不能够带来转化；它可以、也会带来一种改变，这种改变只是修正了的延续，或是一种模式的重新排列，但是这样的行为不会带来自由。

我们所说的转化是什么意思呢？当然是指所有问题的终止，指从冲突、混乱和苦难中摆脱。如果你观察了，你会发现头脑正在培育、播种、收获，就像一个农民在培育、播种、收割一样。但不同的是，农民允许土壤在冬天的时候休耕，而头脑却从不让自己修整。正如雨水、暴风雪和阳光会使世界焕然一新一样，在头脑无为而机敏的休耕状态中，头脑便会恢复活力，更新重生。所以，当头脑将自己更新，问题便可以得到解决。只有当问题得到了清晰和敏锐的观察，它们才能够得到解决。

头脑不停地在分心、逃避，尤其是因为，要清晰地看到某个问题或许会导致行动，而这种行动又可能会制造进一步的麻烦。所以，头脑在不停地回避与问题面对面，而这只会使问题变得更为严重。然而，当你能够不加扭曲地观察问题，那么问题就会停止存在了。只要你还思考着转化，就不可能出现转化，现在不会有，之后也不会出现。只有当每个问题都能够得到即刻的理解，转化才会发生。当你不再选择，也不再寻求某个结果，当你不再斥责或辩护，那么你就可以理解问题。只要有爱，就不会出现选择，不会有对某个结果的寻求，也不会有斥责和辩护。正是这种爱带来了转化。

问： 正确谋生的基础是什么呢？我怎能知道某个谋生手段是否正确？在根本上便是错误的社会里，我怎样才能找到正确的谋生手段呢？

克： 在一个根本上便是错误的社会里，不可能存有一种正确的谋生手段。这样的谋生方式会不可避免地助长了广泛意义上的苦难和毁灭。这种社会建立在嫉妒、恶念之上，建立在利欲心和对权力的渴望之上。这样的社会会培养出军人、政治力量和律师。由这种分裂的社会所制造出的产物会不可避免地带来进一步的分裂、斗争和痛苦。这些分裂因素同时也会培育出大商人和大政治家，培育出其所支持的党派政治及意识形态。

所以，所有这些元素都必须得到转化，新的社会才能够建立起来，在这种新的社会里，会存有正确的谋生方式。这样的革新并不是一个不可完成的任务。你和我都必须为此行动。只有当你和我都不再嫉妒，不再寻求权力，不再相互敌对、贪得无厌，那么这样的革新便能够实现。这时，我们就可以创造出一个新的社会；我们即使是身处一个分裂的社会中，也便能够找到一种正确的谋生方式了；这时我们就能创造出一个新的社会，在其中，人们不再会被静态的欲望所困，他们的行动也不是为了某种回报，也不会存有高于他人之上的权威或权力。他们的内在是充实的，因为真理降临于他们身上。只有那些寻求真实的人才能够创造出一种新的社会秩序。只有爱才能给这个腐朽的世界带来转化。

问：一个从未摆脱过其头脑限制的人怎样才能超越他的头脑，进而去体验与真实的直接交流呢？

克：当你认识到自己的头脑受到限制，难道你不是已经超越它了吗？觉察到你所受到的限制——当然这是第一步——这本身就是不易的，因为头脑的限制很巨大。若能不加斥责地觉察到某种限制，那么你就已经摆脱了那种限制。不加选择、斥责或辩护地觉察到某种偏见就相当于摆脱了这种偏见。如果头脑不了解自身的限制，那么就不可能出现与真实直接交流的体验。对限制的觉察是自知的开端。

自知不是一个目标。自知是一个人自身在每时每刻的体验和发掘。真理并不是延续的，也从未被时间所束缚。你，这个限制实体，永远不可能与真理统一。你永远不可能找到真理。你必须停止运作，真理才会到来。所以，你必须理解你受限制的程度，并且无为地觉察到这种限制。此时，在这种无为之中，真理才会出现。

黑暗不可能与光明统一；无知不可能变成智慧。智慧没有终点。当你每时每刻都能够体验、发掘无知，并将其消解，智慧便会到来。

问：依赖是我们制造出的东西。我们怎样才能摆脱依赖呢？

克：毫无疑问，依赖并不是一个问题，不是吗？为什么你会想要依赖他人，你又为什么会依赖他人呢？你为什么会在依赖与不依赖之间徘徊，不停挣扎斗争呢？你为什么会产生依赖？如果你并没有依赖，会发生什么呢？

如果没有依赖，你就会迷失，你就会空虚。没有了财产，没有了名誉，你好像什么都不是。没有了你的银行账户（如果你有的话），离开了你的信仰，你是什么呢？你只是个空壳，难道不是吗？所以，因为害怕什么都不是，因此你依赖于某些事物。诸多问题会随着依赖而来，比如说恐惧、沮丧、残忍。由于被困于依赖所带来的痛苦之网中，你试图变得独立，于是你试着放弃你的财产、你的家庭和你的观念；然而你并没有真正解决"害怕什么都不是"这个问题。去掉你的头衔，抛去你的职位，摘下你的珠宝和其他所有外物，你是什么呢？

你内心了解到有这样一种空洞、空虚、虚无，因为害怕它，所以你依靠、你依赖、你占有。在占有和依赖之中就会有残忍的行为出现。一旦你占有了某人，你就不会去关心那个人，而只会关心你自己，而你将这样的占有称为爱。所以，为什么你不接受"当下实相"呢？"是"即是空。不是说你要变得什么都不是，而是你本身实际上什么也不是。

这种对"当下实相"的认识将头脑从所有那些不论是依赖、独立还是抛却的行为中解放出来。只有这样，才会出现一种大美，一种富足，一种福佑，而那些害怕面对"当下实相"的人则不会理解这一点。对于那些害怕这种空虚的人来说，生活就是一种挣扎和痛苦，于是他便会陷入对立面之间无止境的冲突之中。一个虚无之人了解爱，因为爱便是虚无。

问：延伸性的觉察和创造性的空虚是相同的吗？觉察难道不是无为的，因而便不具备创造性吗？自我觉察的过程难道不是乏味而痛苦的吗？

克：如果觉察被拿来练习，被塑造成一种习惯，那么它就会变得乏味而痛苦了。觉察不能够被规制。能够练习的行为已经不再是觉察了，因为练习就意味着创造出习惯，意味着施加努力和意念。努力便是扭曲。我们不但要有对外界的觉察——觉察到鸟儿的飞翔，觉察到树阴，觉察到波涛汹涌的大海，树林和山风，觉察到乞丐和擦身驰去的豪华香车——还要觉察到心理过程，觉察到内心的紧张和冲突。你不会去斥责一只飞翔的小鸟；你会观察它，你看到了它的美。然而，当你在考虑你自身内在的斗争之时，你就会去斥责或合理化这种斗争。你没有能力去不加选择或辩护地观察这种内在的冲突。

不加辨识和否定地觉察你的思想与感觉并不乏味痛苦，但在寻求某种结果、寻求某种想要得到的结局的过程中，冲突会加剧，单调乏味的斗争也会就此开始。在觉察之中并没有成为的过程，也没有要得到的结局。有的只是不加选择和斥责的安静观察，而理解便是由此而生。在这个思想和感觉揭示其自身的过程中——只有不存在获取也不存在接受的情况下，这种过程才可能实现——就会出现一种延伸性的觉察。在这种延伸性的觉察中，所有的隐藏层面和其意义都会得到揭示。这种觉察揭示了那种不可被设想或规划的创造性空灵。这种延伸性的觉察和创造性空灵是一个完整过程，并非是不同阶段。

当你不加斥责或辩护地、安静地观察一个问题，就会出现一种无为的觉察。在这种无为的觉察中，问题就会得到理解和解决。在这种觉察中，会出现高度的敏感，而最高形式的消极性思维也会出现其中。当头脑在不停地规划、生产，那么就不可能会有创造出现。只有当头脑安静并空灵，当它不再制造问题——在那种机敏的无为之中，就会出现创造。

创造只可能在消极无为的状态中发生，而这种消极并不是积极的对立面。虚无的状态并不是"是什么"状态的对立面。只有当你去寻求结果，问题才会出现。只有当你停止对某种结果的寻求，才不会出现问题。

问：您所说的爱是什么？

克：爱是不可知的。只有当已知之物得到了理解和超越，你才会意识到爱。只有当头脑从已知中解脱，爱才会出现。所以，我们必须消极、而非积极地对待爱。

对于我们大多数人来说，爱是什么呢？对于我们来说，当我们去爱的时候，就会出现占有、控制或者屈从。从这种占有之中就会生出嫉妒和对失去的恐惧，而我们本能地将这种占有合法化。从占有之中会生出嫉妒和无尽的冲突，这一点每个人都熟悉。所以，占有并不是爱。感情用事也不是爱。情绪化、感情用事都会排斥爱。应激性和情绪仅仅是感官作用。一个所谓的宗教信徒，若他是在为其崇拜的对象而哭泣，那么他就只是沉溺在感觉之中。感觉和情绪是思想的过程，而思想并不是爱。感情用事和意气用事都是自我扩张的形式。情绪是残忍的；其中包含着喜欢和不喜欢。一个情绪化的人可以被激向仇恨和战争。

怜悯和同情，原谅和尊敬都不是情绪。当感情、情绪及虔诚终止，爱便会到来；虔诚是自我扩张的一种形式。尊敬并不是对于少数人的尊敬，而是对人类的尊敬，不论他的地位是高还是低。慷慨和同情不需要有任何的回报。

只有爱才能够转化愚顽、混乱和斗争。没有任何左翼或右翼的体制及理论可以给人类带来和平与快乐。只要有爱，就不会出现占有和嫉妒。同情和怜悯并不是存于理论之中，而是指现实中对你的妻子和孩子，对你的邻居和仆人的同情怜悯。当你对你的仆人和上师都充满尊敬，那么你就会了解爱为何物了。只有爱才能够转化这个世界。只有爱才能够带

自知是智慧的开端 393

来美和悲悯，带来秩序与和平。当你停止运作，爱及其福佑便会到来。

问：我们能够请您明确地说明一下是否有上帝存在吗？

克：你们为什么要向我求证呢？我要么会助长你的信仰，要么会动摇你，要你抛却信仰。如果我肯定了上帝的存在，那么你会很高兴，然后继续你艰难而丑陋的道路。而如果我扰乱了你的心绪，那么你不久便会掩盖起这种烦恼，而后继续你日常的惯性生活。但是为什么你想要知道呢？要找到你想要知道的原因，这要比是否真的有上帝存在重要得多。若要了解真实，了解上帝，你就一定不能去寻求他。如果你寻求了，那么你就是在逃避"当下实相"。你希望从痛苦中逃到一个你称之为上帝的幻象之中。你的书籍里满是上帝。那些寺院和其中关于上帝的画像其实都不是上帝。

为了真实能够到来，苦难必须要停止，而单纯地寻求真理，寻求上帝和永恒都是逃避苦难的方式。讨论是否有上帝存在要比解决苦难的根源愉快得多。那些忙于谈论上帝本质的人永远都不会了解上帝。真实不可能陷入词语所编制的花环中。你不能够将风抓在手中。你也不能在寺庙里或是在仪式中捕捉到真实。

所有的逃避都是发生在同一层面的，不论是通过寺院逃避还是借助于酒精来逃避。或许寻求上帝对社会造成的伤害不及通过获取来逃避的方式，但是这种对上帝的寻求并不能使上帝实现。在你理解并超越痛苦之前，真实不会出现。所以，你们就上帝是否存在所进行的询问是徒劳的；这个提问没有任何意义。你的询问只会导致虚妄。这个陷入每日的贪婪和痛苦、困于无知和嫉妒的头脑怎么会了解那种不受限制、无法言说之物呢？作为时间产物的头脑怎能了解非时间性的事物呢？当然不能。所以，思考真理，思考上帝只是逃避的另一种形式。思想是时间的结果，是回忆的产物。所以，思想怎能找到非时间性的永恒呢？当然不能。

当思想的过程停止——即理解痛苦并且不从中逃避——那么不但是浅层的痛苦，还包括意识各个不同层面的痛苦都会得到超越。这就意味着我们必须对痛苦敞开心扉，敏于接受。你是在遭受痛苦没错，但是这种痛苦总会伴随着偶尔射来的阳光。

既然你在经受痛苦，那么为什么你不彻底地理解它，最终将其解决呢？这种对悲伤的终结并没有那么困难。对于一个困在痛苦之网的头脑来说，要寻得上帝更加困难，因为上帝是未知的，而你不能够去寻求未知。但是你可以觉察到痛苦，在这种觉察之中，你便可以知晓痛苦的根源。由于你通过许多逃避的方式来逃离悲伤，那么，去觉察这些逃避，与痛苦直接、真实地面对面吧。只有这样，悲伤才会终结。此时，头脑才能得到平静。这种平静并不是一种结果；它也不是一种受到规诫、受到控制的头脑的产物。正如当微风停止湖面便会平静一般，头脑也会这样得到平静。这样的头脑是一种福佑，因为此时，它便有能力接收至高的存在。对真实的体验并非是幻象，而通过一种你称之为上帝的逃避方式所得来的体验则是一种虚妄。

所以，要寻求上帝并非是要找到他，而是要理解痛苦，而对于头脑来说，如果它能够将自己从自我制造的问题中解脱，那么它便会得到平静。只有这样，真实才会出现。

（在孟买的第十一次演讲，1948 年 3 月 28 日）

图书在版编目（CIP）数据

学会思考 /（印）克里希那穆提著；常霜林译. -- 北京：九州出版社，2014.5（2022.10重印）
（克里希那穆提集）
书名原文：The observer is the observed
ISBN 978-7-5108-2988-8

Ⅰ.①学… Ⅱ.①克… ②常… Ⅲ.①人生哲学－通俗读物 Ⅳ.①B821-49

中国版本图书馆CIP数据核字（2014）第103423号

Copyright© 1991-1992 Krishnamurti Foundation of America
Krishnamurti Foundation of America,
P.O.Box 1560, Ojia, California 93024 USA
E-mail: kfa@kfa.org. Website: www.kfa.org
For more information about J.Krishnamurti, please visit: www.jkrishnamurti.org

著作权合同登记号：图字 01-2013-7996

学会思考

作　　者	（印）克里希那穆提 著　常霜林 译
责任编辑	李文君
出版发行	九州出版社
地　　址	北京市西城区阜外大街甲35号（100037）
发行电话	（010）68992190/3/5/6
网　　址	www.jiuzhoupress.com
电子信箱	jiuzhou@jiuzhoupress.com
印　　刷	三河市东方印刷有限公司
开　　本	880毫米×1230毫米 32开
印　　张	12.75
字　　数	328千字
版　　次	2014年8月第1版
印　　次	2022年10月第5次印刷
书　　号	ISBN 978-7-5108-2988-8
定　　价	55.00元

★版权所有　侵权必究★